普通高等院校计算机基础教育“十四五”规划教材

数字媒体技术基础实训指导

张琦琪　曹蓓蓓◎主　编
吴丽萍　陈　群　袁姗姗◎副主编

中国铁道出版社有限公司
CHINA RAILWAY PUBLISHING HOUSE CO., LTD.

内容简介

本书结合高等学校信息技术课程标准、上海市高校信息技术水平考试大纲（2021 版）编写。全书共 6 章，主要包括音频处理、视频处理、数字图像处理、二维平面动画制作、三维数字绘图和数字媒体的集成与应用等内容。本书以模块化结构设计实验内容，每章的实验由简单基础开始，难度逐步加深，每章最后都设有综合实训突出实践技能训练，以递进的方式引导学生掌握数字媒体技术常用技能，同时，针对实验操作涉及的重点难点还配套了相关小视频讲解，帮助学生巩固所学，加深理解。

本书的内容贴近实际应用，操作性强，在实验选材中融入爱国、爱岗、爱校等课程思政元素，既可以作为高等院校进行数字媒体基础普及的通识教材，也可作为高等院校学生参加各类信息技术等级考试的辅助教材。

图书在版编目（CIP）数据

数字媒体技术基础实训指导 / 张琦琪，曹蓓蓓主编．—北京：中国铁道出版社有限公司，2021. 12（2024.12 重印）
普通高等院校计算机基础教育“十四五”规划教材
ISBN 978-7-113-28720-7

Ⅰ. ①数… Ⅱ. ①张… ②曹… Ⅲ. ①数字技术－多媒体技术－高等学校－教材 Ⅳ. ① TP37

中国版本图书馆 CIP 数据核字（2021）第 263977 号

书　　名：数字媒体技术基础实训指导
作　　者：张琦琪　曹蓓蓓

策　　划：曹莉群　　**编辑部电话：**（010）63549501
责任编辑：贾　星
封面设计：刘　莎
封面制作：刘　颖
责任校对：安海燕
责任印制：赵星辰

出版发行：中国铁道出版社有限公司（100054，北京市西城区右安门西街 8 号）
网　　址：https://www.tdpress.com/51eds
印　　刷：北京盛通印刷股份有限公司
版　　次：2021 年 12 月第 1 版　2024 年 12 月第 4 次印刷
开　　本：787 mm×1 092 mm 1/16　**印张：**12.25　**字数：**327 千
书　　号：ISBN 978-7-113-28720-7
定　　价：51.00 元

前言

随着互联网和数码产品的普及，人类社会逐渐进入数字媒体时代。多媒体数据的采集、编辑和发布等已不再是一种专业技术，而是逐渐成为普通大众参与社会工作生活的基本手段和技能。因此，掌握数字媒体常规应用技能将成为现代人的基本文化素养。

本书以让学生掌握数字媒体技术常用软件的使用为宗旨，通过实训项目使学生了解数字媒体技术在生活中应用的环境，掌握数字媒体信息采集净化、加工制作、编辑处理的方法，从而培养学生的数字化创新与发展能力，为其职业发展、终身学习和服务社会奠定基础。

全书共分为6章。第1章基于Audition CS6设计实训项目，介绍数字声音的获取、处理、应用等方法，让学生掌握音频编辑处理的基本技能；第2章基于快剪辑软件介绍数字视频处理的技术，帮助学生掌握视频制作、剪辑和发布等基本操作；第3章围绕Photoshop CC 2015介绍数字图像处理的常用操作，通过多个实训项目培养学生使用可视化方式进行图像处理的技能；第4章基于Animate CC 2017介绍二维动画的产生原理、制作方法及生成过程等，让学生掌握动画制作的常用技能；第5章介绍三维数字图像的绘制，培养学生掌握3D绘图工具的使用；第6章基于Dreamweaver CC 2018介绍将各种数字媒体元素集成到网页并对网页进行合理布局的方法，让学生学习可视化的数字媒体集成与应用的技能。为便于教学，本书配有数字资源包，包括实验素材、源文件和教学视频等，有助于教师开展混合式教学，提高学生的学习兴趣。

本书由上海出版印刷高等专科学校计算机中心教学团队编写，由张琦琪、曹蓓蓓任主编，吴丽萍、陈群、袁姗姗任副主编，具体编写分工如下：第1、2章由陈群编写并制作电子资源，第3章由吴丽萍编写并制作电子资源，第4章由袁姗姗编写并制作电子资源，第5章由曹蓓蓓编写并制作电子资源，第6章由张琦琪编写并制作电子资源。本书可作为普通高等院校各专业数字媒体技术基础课程的教学或教辅用书，也可作为需要掌握数字媒体基础操作和常用软件应用技能的学习用书。

本书在编写过程中得到了上海理工大学顾春华，同济大学龚沛曾、杨志强、朱君波等老师的大力支持和帮助，在此表示诚挚的感谢。由于时间仓促和水平有限，书中难免有不妥之处，望广大读者批评指正。

编　者

2021年10月

目　录

第一章　音频处理

【实验一】　Audition CS6 基本操作

一、实验目的

1. 熟悉 Adobe Audition CS6 的工作界面。

2. 掌握 Adobe Audition CS6 中对所录制的音频进行降噪处理的方法。

3. 掌握 Adobe Audition CS6 中对音频进行复制、裁剪等编辑的方法。

4. 掌握 Adobe Audition CS6 中对音频进行混响、淡入淡出等效果处理的方法。

5. 掌握 Adobe Audition CS6 中对多轨音频进行合成的方法。

Audition CS6 基本操作

二、实验内容

1. 在 Audition CS6 中打开录音素材文件“1.1.m1.mp3”。

提示：

执行“文件”|“打开”命令，在单轨波形编辑界面中打开录音素材文件“1.1.m1.mp3”，如图 1-1-1 所示。

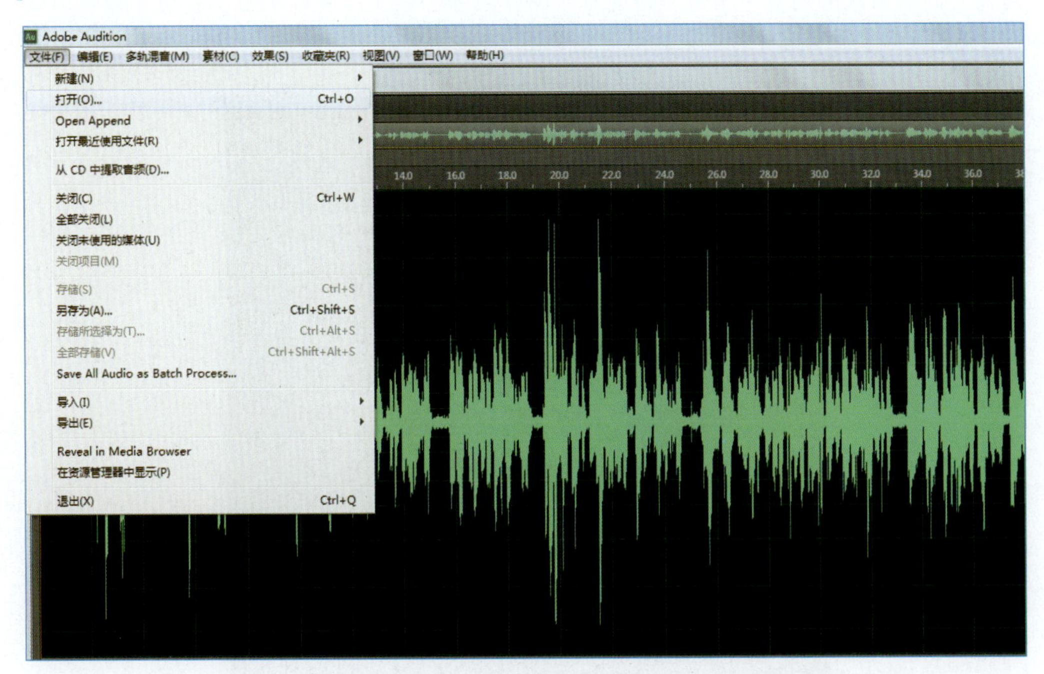

图 1-1-1　打开录音素材文件

2．对录音素材文件“1.1.m1.mp3” 进行降噪处理。

提示：

① 在录音素材文件“1.1.m1.mp3” 中选择一段噪声，作为噪声样本，再执行“效果” | “降噪 / 恢复” | “降噪（处理）” 命令，如图 1-1-2 所示，进入“降噪” 对话框。

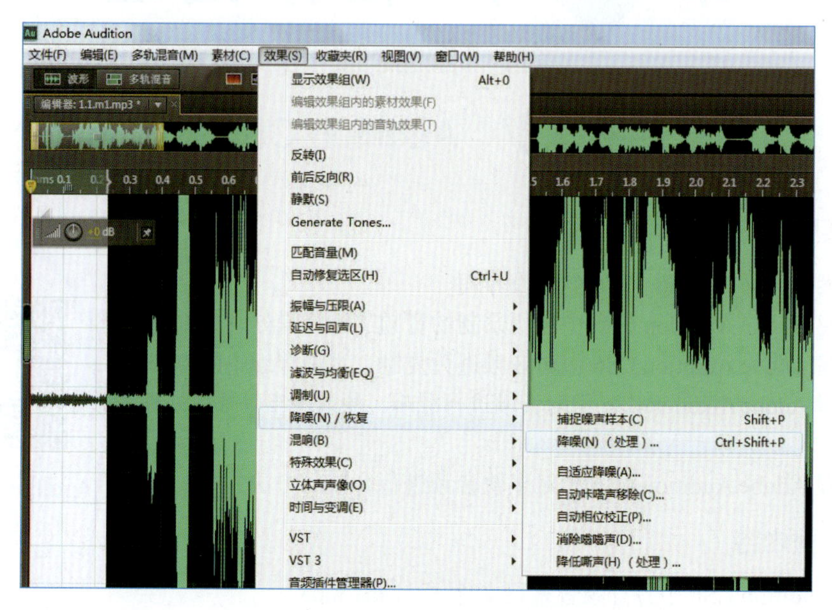

图 1-1-2 进入“降噪”对话框

② 在“降噪” 对话框中，依次单击“捕捉噪声样本” “选择完整文件” 按钮，再根据“预演播放” 的输出效果调整“降噪” 强度与“降噪依据” 强度，最后单击“应用” 按钮确认，如图 1-1-3 所示。降噪前后的音频波形对比如图 1-1-4 所示。

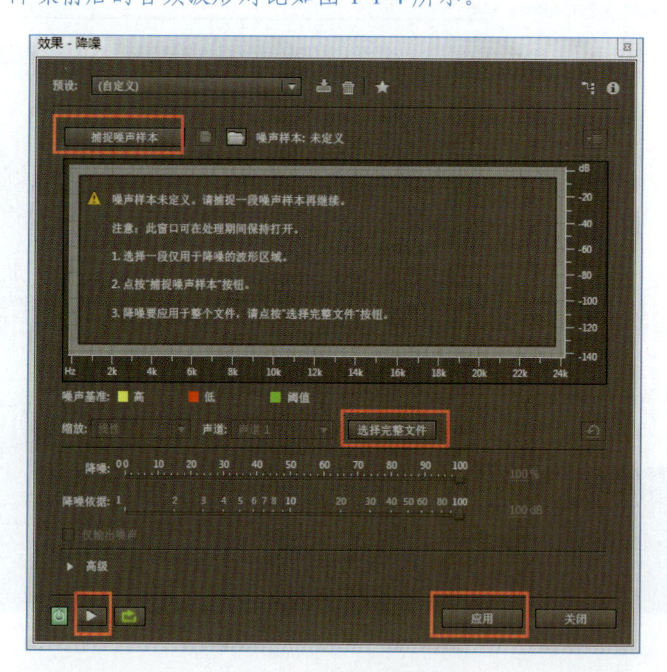

图 1-1-3 “降噪”对话框

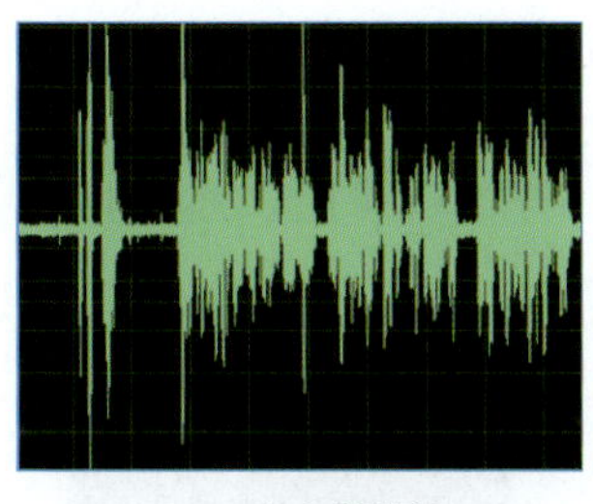

（a）降噪前

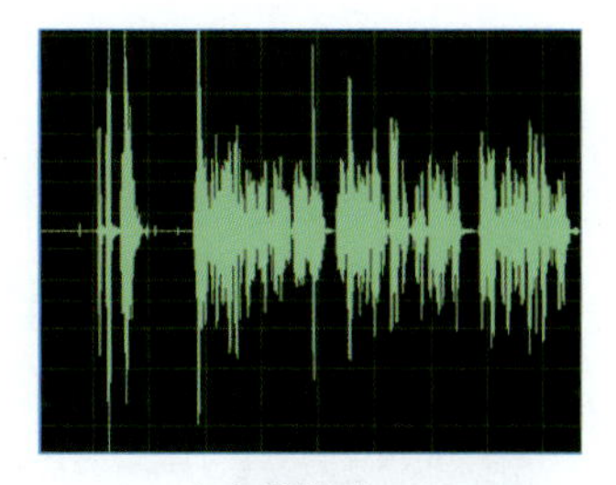

（b）降噪后

图 1-1-4　降噪前后部分音频波形对比

3．删除录音素材文件“1.1.m1.mp3”前面的清嗓音以及后面的敲击声噪声。

提示：

①通过试听播放，找到并选中录音素材文件“1.1.m1.mp3”前段部分的清嗓音，右击选择“删除”命令，如图 1-1-5 所示。

图 1-1-5　删除清嗓音

②通过试听播放，找到并选中文件后段部分的敲击声噪声，右击选择“删除”命令，如图 1-1-6 所示。

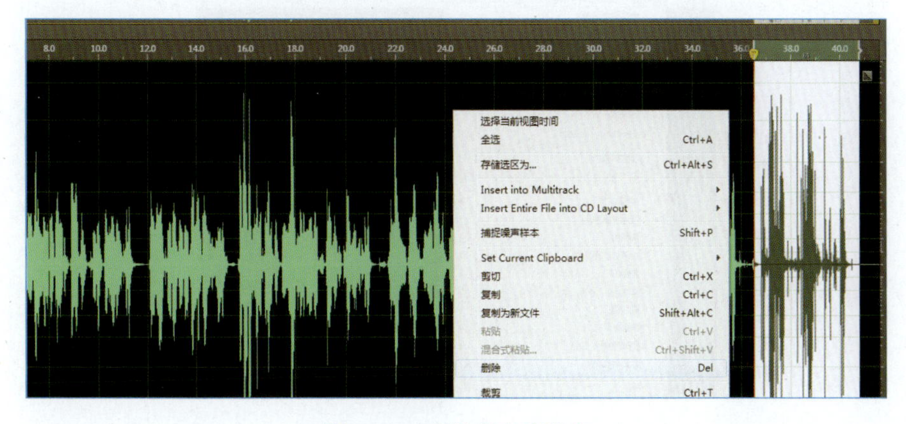

图 1-1-6　删除敲击声噪声

4. 进一步对录音素材文件做强压缩的咔哒声消除处理。

提示:

①执行“效果”|“降噪/恢复”|“自动咔嗒声移除”命令，如图 1-1-7 所示。

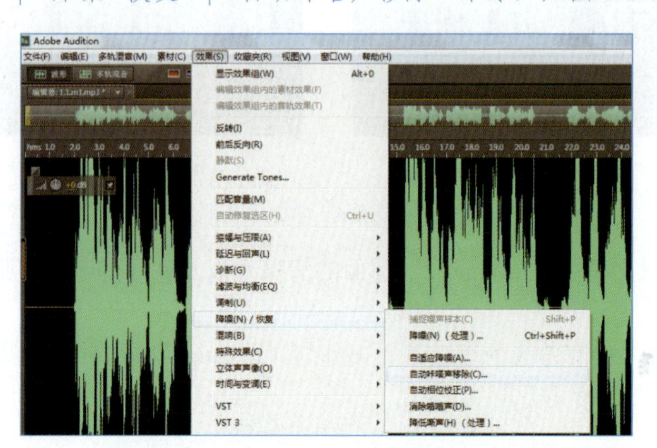

图 1-1-7 执行“自动咔嗒声移除”命令

②在弹出的对话框中，将“预设”设置为“强压缩”，然后单击“应用”按钮，如图 1-1-8 所示。

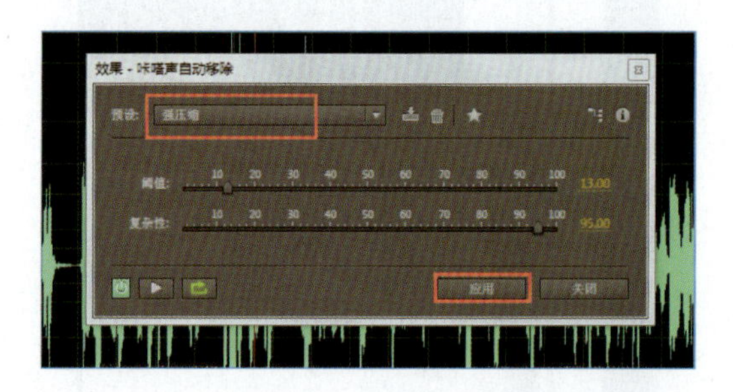

图 1-1-8 “咔嗒声自动移除”对话框参数设置

5. 为录音素材文件“1.1.m1.mp3”添加“Lecture Hall”的卷积混响特效。

提示:

①执行“效果”|“混响”|“卷积混响”命令，如图 1-1-9 所示。

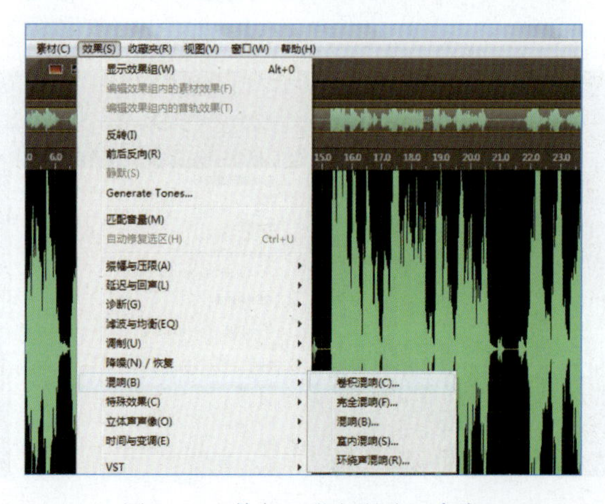

图 1-1-9 执行“卷积混响”命令

②在弹出的对话框中，更改“Impluse”为“Lecture Hall”，单击“应用”按钮确认，如图 1-1-10 所示。处理好后的音频波形效果如图 1-1-11 所示。

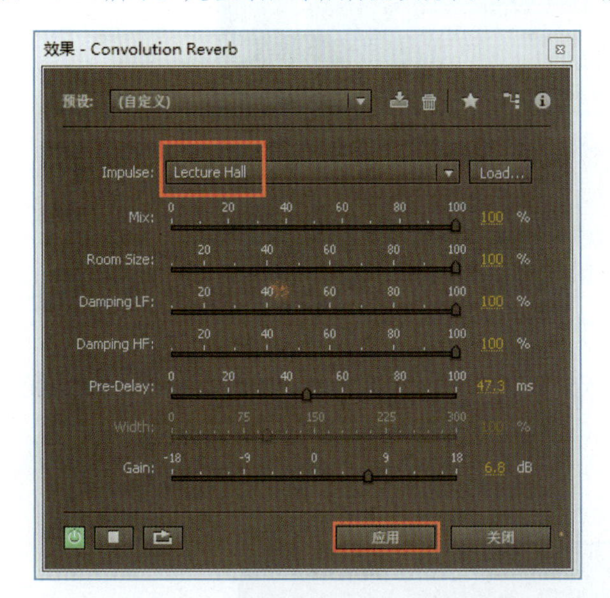

图 1-1-10 卷积混响对话框参数设置

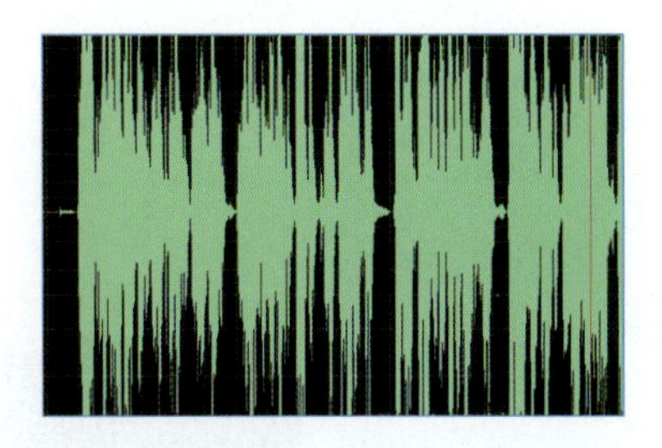

图 1-1-11 添加卷积混响效果之后的音频文件波形

6. 将处理好的音频文件插入到多音轨编辑界面的轨道 1 中。

提示：

①执行“编辑”|“插入”|“到多轨混音项目中”|“新建多轨混音”命令，如图 1-1-12 所示。

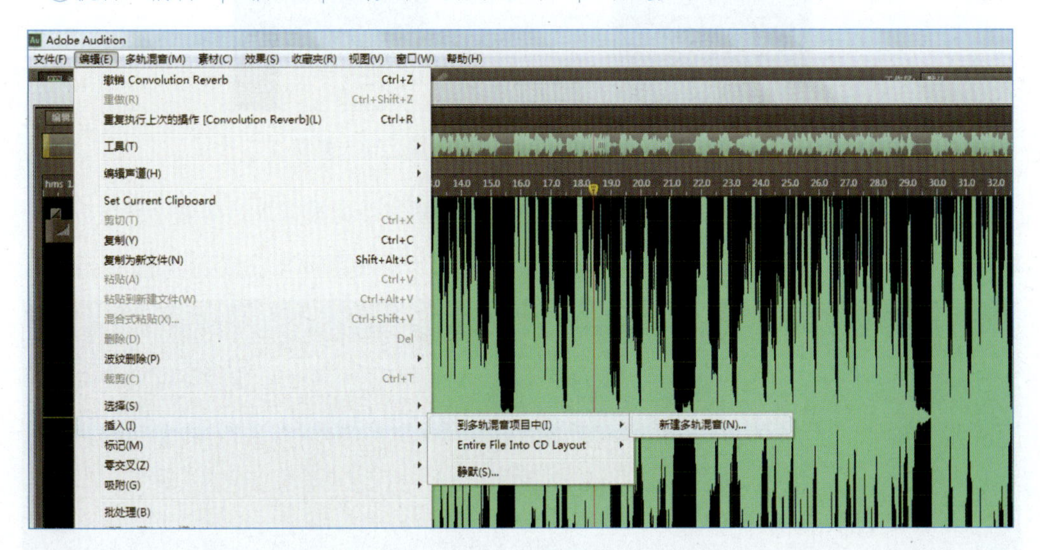

图 1-1-12 新建多轨混音

②在弹出的对话框中，将“混音项目名称”设置为“音频实验一”，保存至计算机桌面，如图 1-1-13 所示。

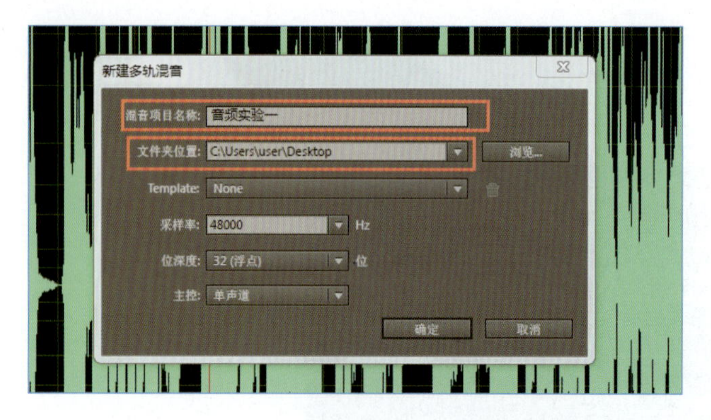

图 1-1-13 “新建多轨混音”对话框参数设置

7. 在多音轨编辑界面的轨道 2 上，导入音频“1.1.m2.mp3”，作为“1.1.m1.mp3”的背景配乐。

提示：

①在轨道 2 上右击选择“插入”|“Files”命令，如图 1-1-14 所示，选择相应的素材文件导入。

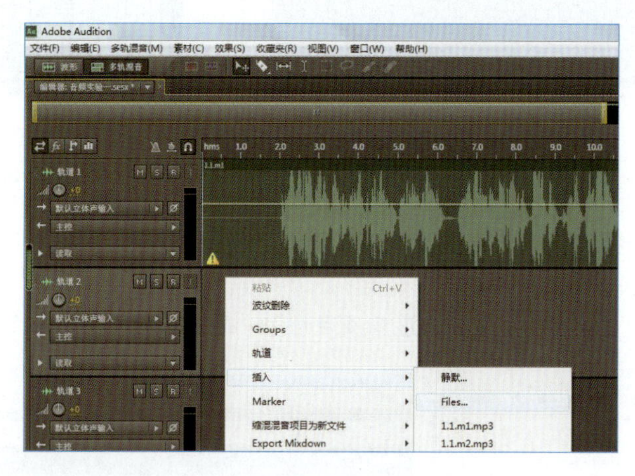

图 1-1-14 在多轨混音对话框轨道上导入素材

②在轨道 2 上拖动音频“1.1.m2.mp3”，将其移到轨道 2 的最前方，如图 1-1-15 所示。

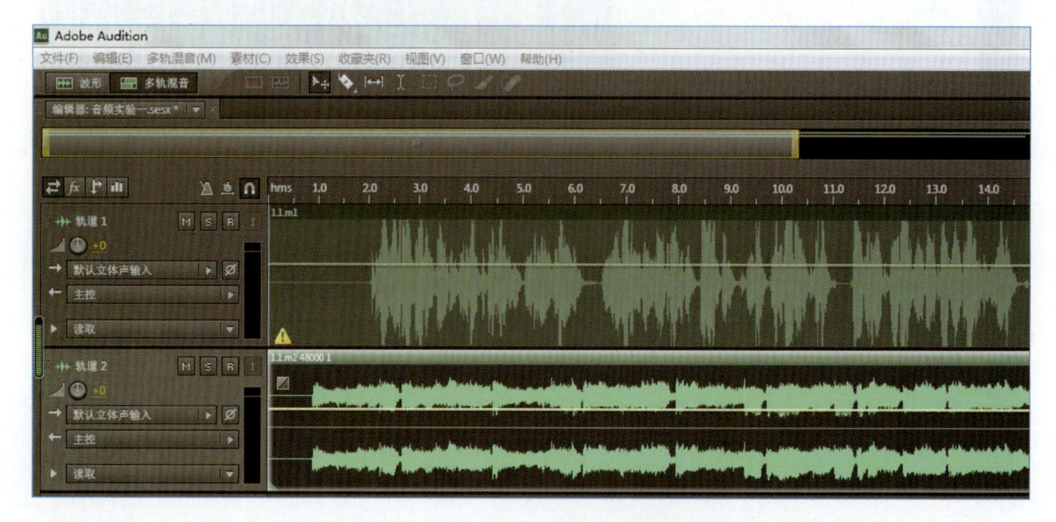

图 1-1-15 在多轨混音对话框轨道上移动素材

8. 复制轨道 2 上音频文件的开头部分音频，粘贴至原文件尾部，使整个轨道 2 的音频文件长度与轨道 1 的音频 1 文件长度一致。

提示：

①将播放时间轴放至轨道 1 的最后，记住左下角的时间，如图 1-1-16 所示。

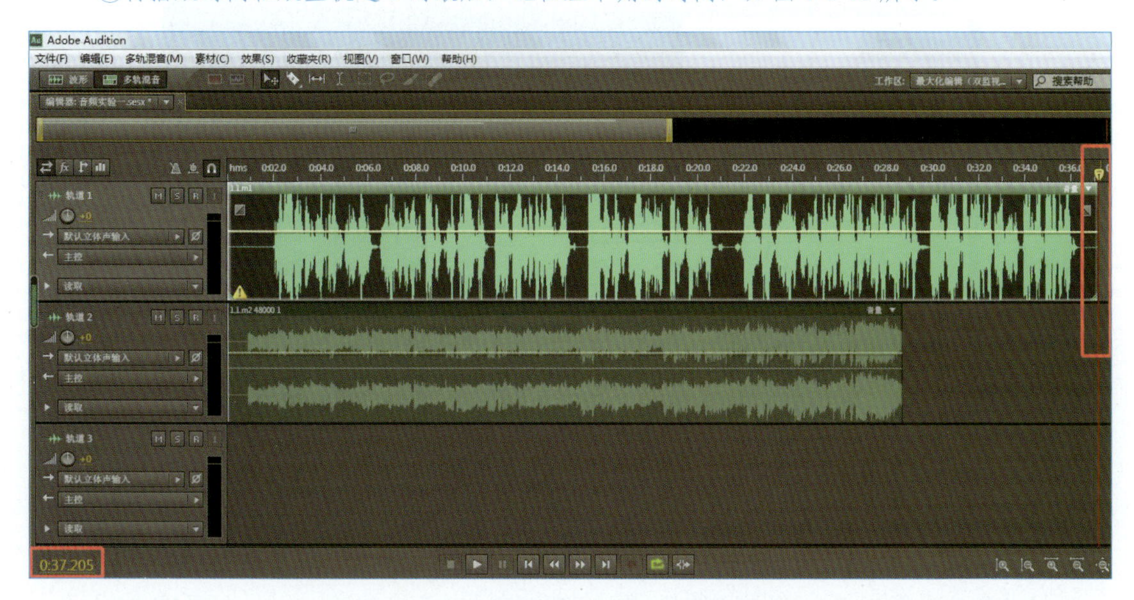

图 1-1-16　查看轨道 1 音频文件的长度

②双击轨道 2 上的音频文件“1.1.m2.mp3”，进入单轨音频编辑器，如图 1-1-17 所示。

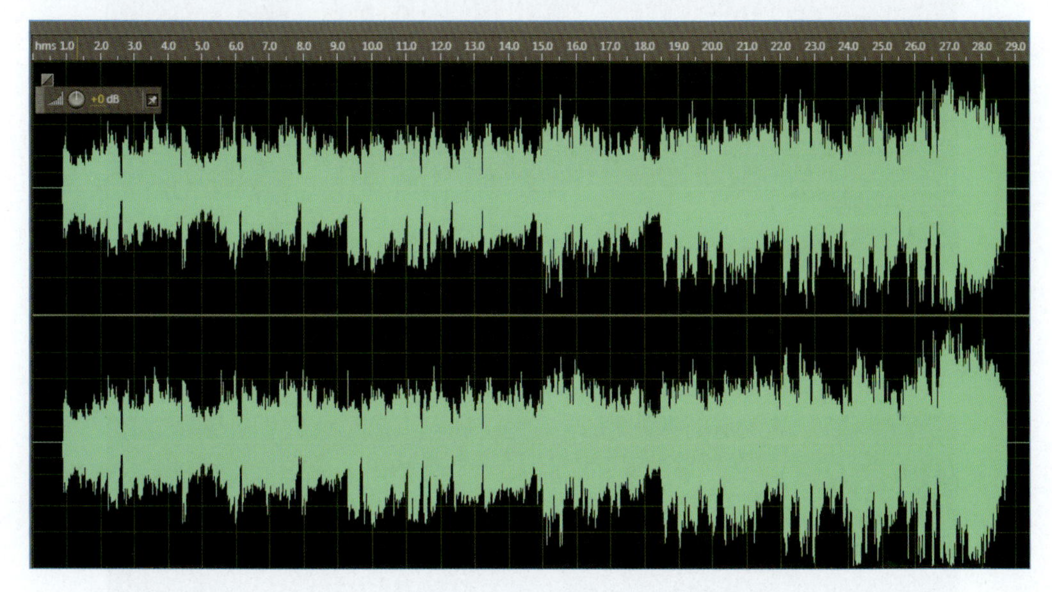

图 1-1-17　轨道 2 音频文件的单轨编辑器窗口

③选中前段的一部分音频，复制粘贴到原文件的最后，加长整个背景音乐的长度，如图 1-1-18 所示。如若粘贴部分过长，可以选中多余部分，再进行右击删除。

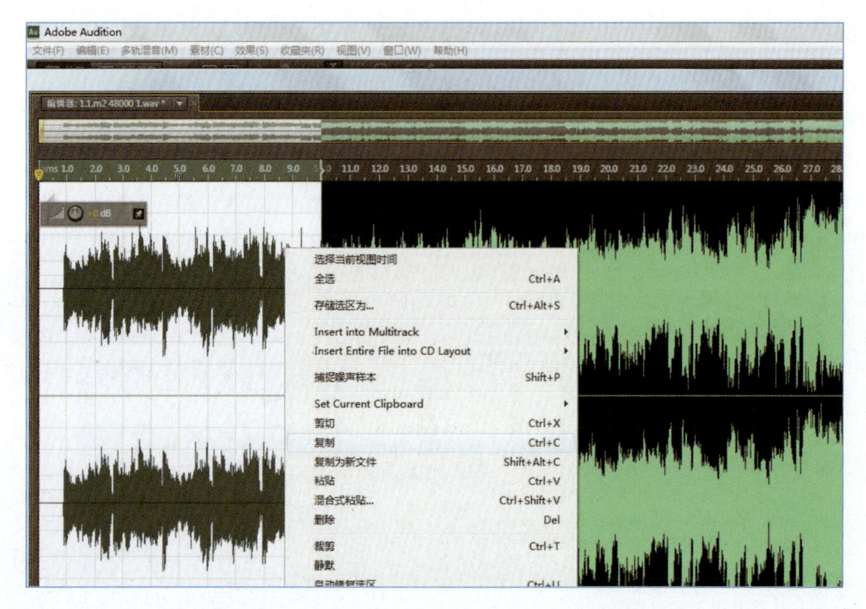

图 1-1-18　复制部分音频文件到原文件最后

9．对背景音频文件“1.1.m2.mp3”的开头做淡入出理，同时对尾部做淡出处理。

提示:

①拖动左上角的“淡入”正方形按钮，制作音频文件开头部分的淡入效果，如图 1-1-19 所示。

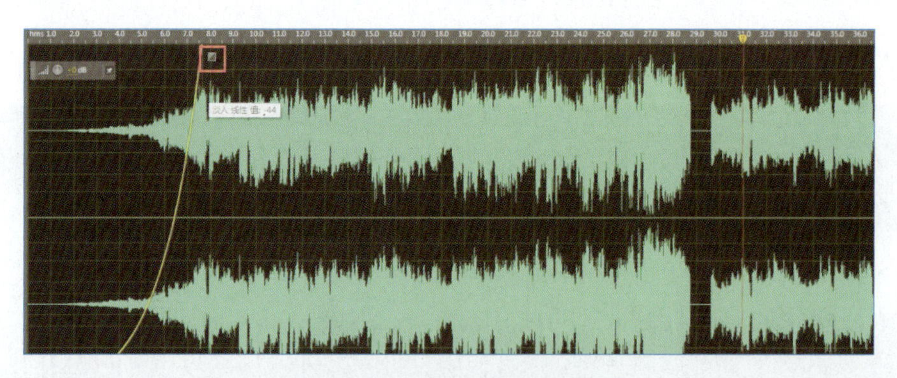

图 1-1-19　音频文件淡入处理

②拖动右上角的“淡出”正方形按钮，制作音频文件尾部的淡出效果，如图 1-1-20 所示。

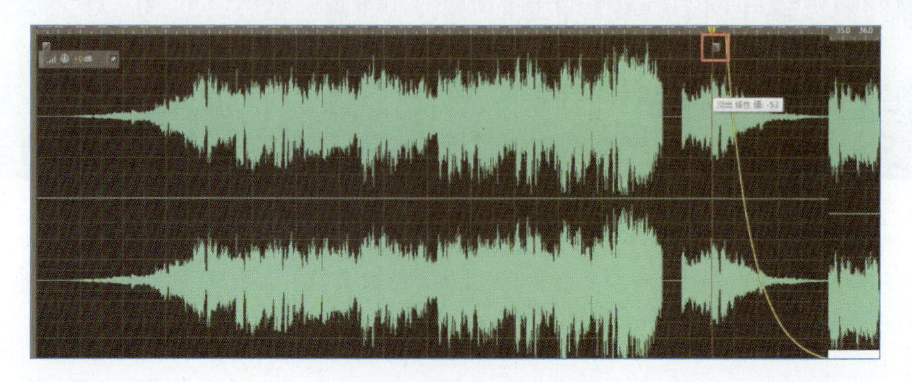

图 1-1-20　音频文件淡出处理

10．返回至多轨混音窗口。

提示：

①关闭背景音频文件“1.1.m2.mp3”的编辑器窗口。

②单击软件上方的“多轨混音”按钮，返回多轨编辑器窗口，如图 1-1-21 所示。

图 1-1-21　多轨混音编辑器切换按钮

11．将轨道 2 上的文件长度拉长至与轨道 1 的音频文件长度一致。

提示：

将指针放至在轨道 2 上音频文件的结尾处，并向右拖动，使其长度与轨道 1 的音频文件长度一致，如图 1-1-22 所示。

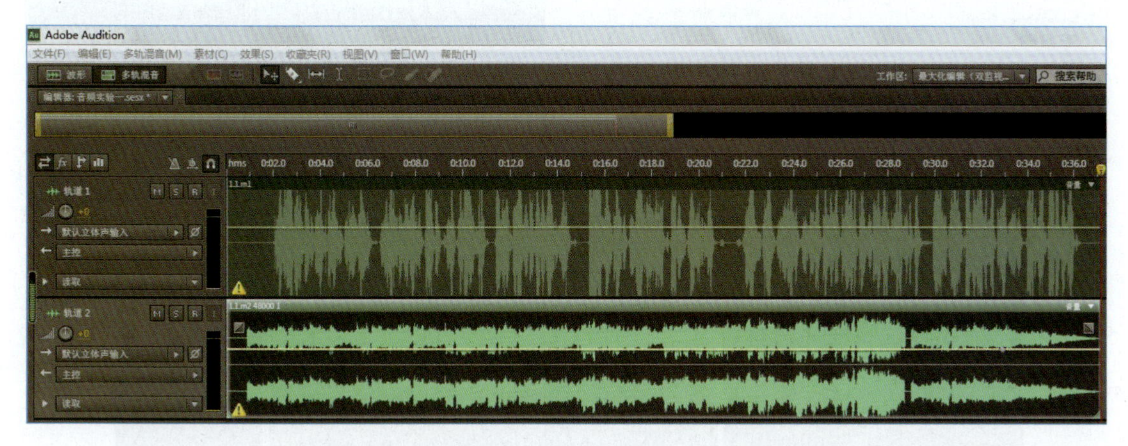

图 1-1-22　拖动轨道 2 上的音频文件长度

12．降低轨道 2 上的背景伴奏音乐音量，将其调整为 -20db，使录音和背景音乐更加融合。

提示：

在轨道 2 上的音量调节值中输入“-20”降低背景音乐的音量，如图 1-1-23 所示。

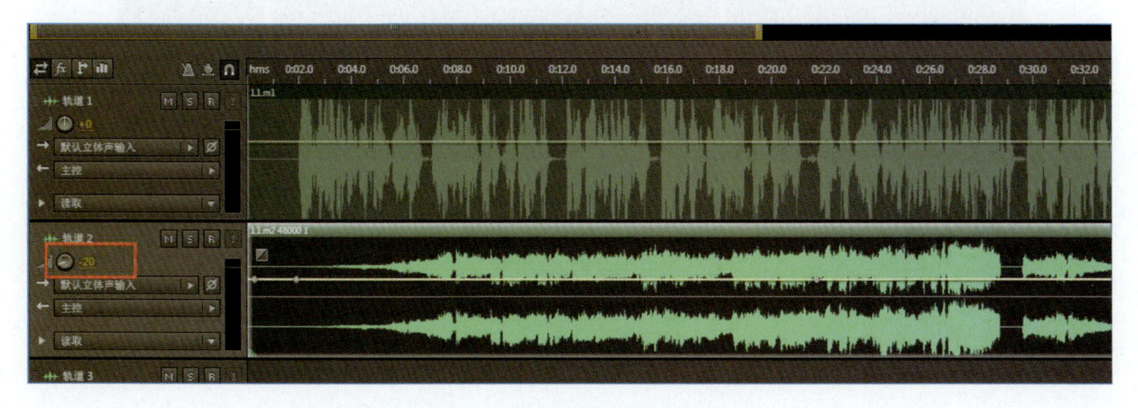

图 1-1-23　降低背景音乐轨道的音量

13．混缩音频输出，将多轨混音以WAV格式保存至桌面上，命名为“音频实验—混音”。

提示：

①执行“文件”|“导出”|“多轨缩混”|“完整混音”命令，如图1-1-24所示。

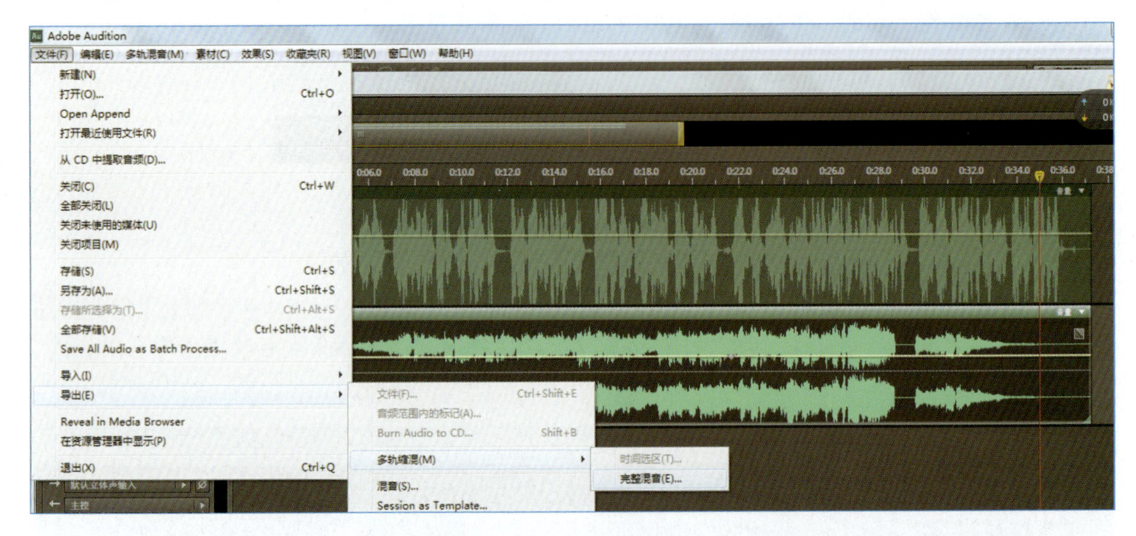

图1-1-24 导出混音

②在弹出的“导出多轨缩混”对话框中修改“文件名”“位置”“格式”，如图1-1-25所示。

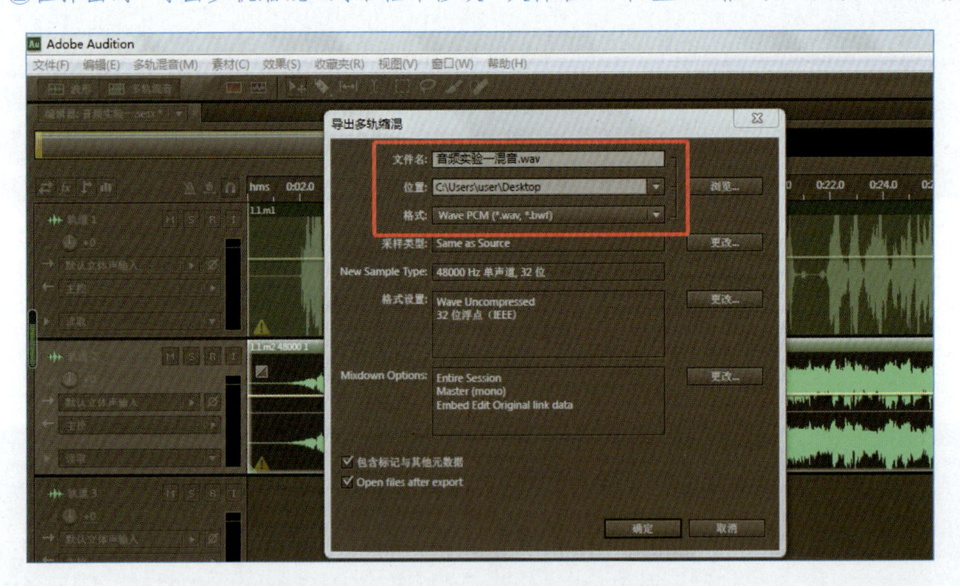

图1-1-25 “导出多轨缩混”对话框参数设置

【实验二】　Audition CS6 综合实训

一、实验目的

1. 掌握 Adobe Audition CS6 中音频处理的基本思路和过程。
2. 掌握 Adobe Audition CS6 中为录音素材降噪、消除齿音的基本方法。
3. 掌握 Adobe Audition CS6 中调整音频素材音量的方法。
4. 掌握 Adobe Audition CS6 中添加视频轨的方法。
5. 掌握 Adobe Audition CS6 中多轨项目合成的方法。

二、实验内容

1. 为视频“1.2.v1.mp4”录制《青春》诗歌朗诵，命名为“青春 .mp3”。音频《青春》的文字内容见素材“1.2.t1.txt”。可以使用 Audition CS6，也可以使用手机录音软件录制音频文件（录制要求：录制一段空白环境噪声以便后期降噪处理）。

提示：

①打开素材视频文件“1.2.v1.mp4”，同时打开录音文字素材“1.2.t1.txt”，在录音软件中进行录音，注意录音速度与视频中出现的文字速度同步，视频字幕截屏如图 1-2-1 所示。

图 1-2-1　视频字幕截屏

②录音结束前，注意录制小段空白环境噪声，以便后期降噪处理。录音完成后，将文件命名为“青春 .mp3”。

2. 在 Audition CS6 软件中，新建多轨混音，命名为“音频实验二”。插入视频轨，在该轨道上导入视频文件“1.2.v1.mp4”，并在音频轨 1 上导入录制好的诗歌朗诵文件“青春 .mp3”。

提示：

①单击软件顶部的“多轨混音”按钮，如图 1-2-2 所示，在弹出的“新建多轨混音”对话框中，输入混音项目名称“音频实验二”。

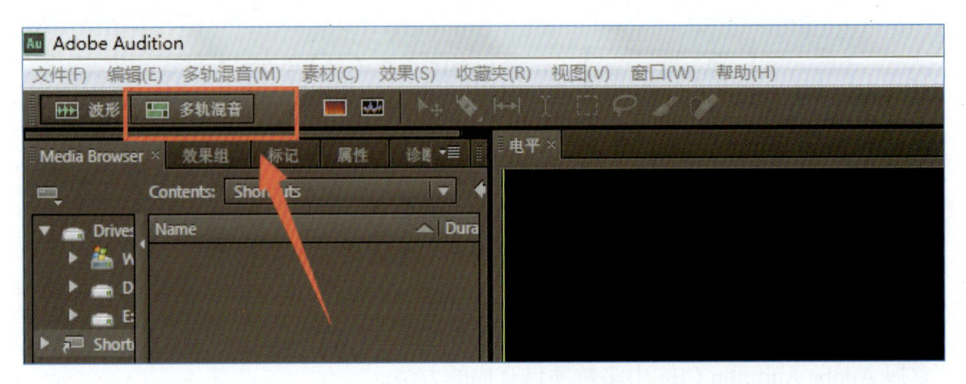

图 1-2-2　新建多轨混音项目

②在轨道 1 上，右击选择“插入” | “Files”命令，添加录音文件“青春.mp3”，效果如图 1-2-3 所示。

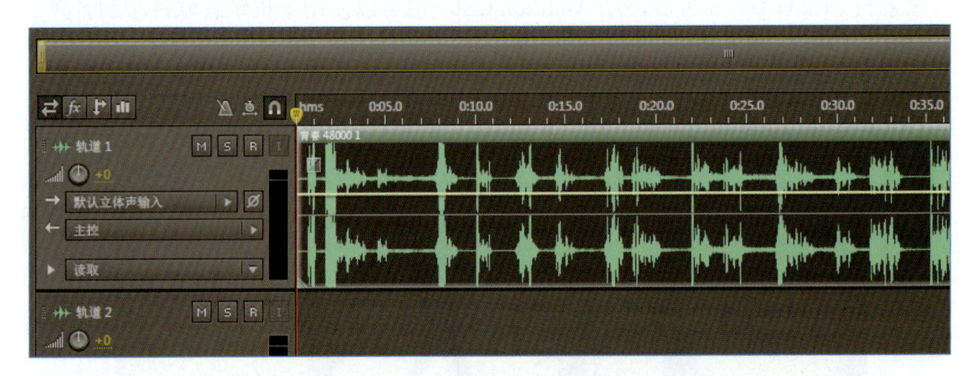

图 1-2-3　在轨道 1 上导入录音文件

③为项目添加一个视频轨。执行“多轨混音” | “轨道” | “添加视频轨”命令，如图 1-2-4 所示。采用右击方式导入视频文件“1.2.v1.mp4”，如图 1-2-5 所示。如果在插入之后提示图 1-2-6 所示错误，需要执行“编辑” | “首选项” | “媒体与暂存盘”命令，将“Enable DLMS Format Support”勾选上。导入视频之后效果如图 1-2-7 所示。

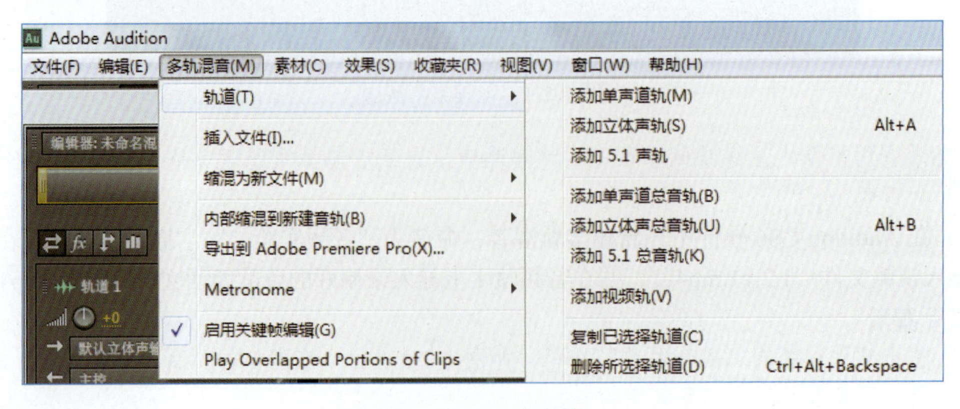

图 1-2-4　添加视频轨

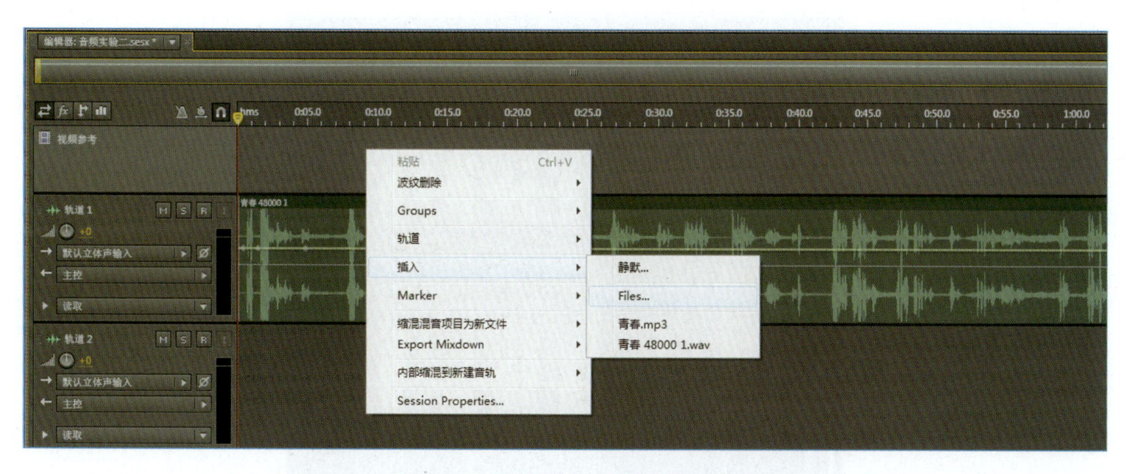

图 1-2-5　在视频轨上添加视频素材

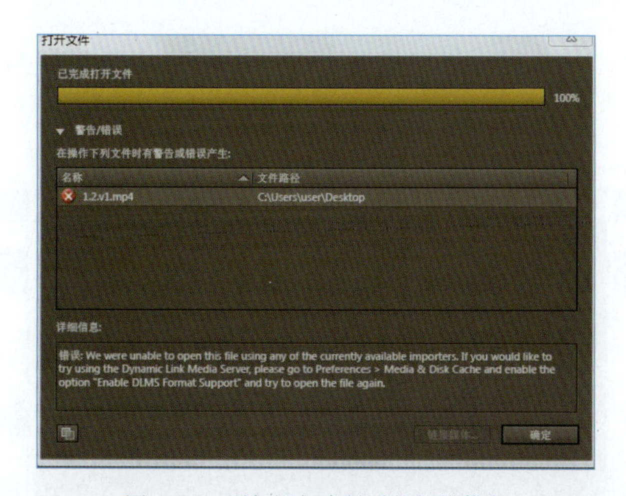

图 1-2-6　添加视频素材时的报错信息

图 1-2-7　导入视频后的轨道效果图

3．对轨道 1 上的音频文件“青春 .mp3”做降噪处理。

提示：

①双击轨道 1 上的音频文件“青春 .mp3”，进入单轨编辑器窗口。如图 1-2-8 所示。选择一段噪声，作为噪声样本。

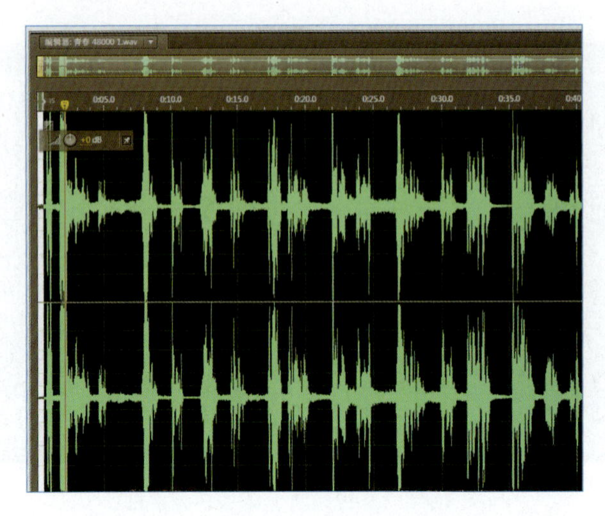

图 1-2-8 “青春 .mp3”文件轨道编辑窗口

②执行“效果”|“降噪 / 恢复”|“降噪（处理）”命令，依次单击“捕捉噪声样本”“选择完整文件”按钮，根据“预演播放”效果设置降噪强度与降噪依据强度，单击“应用”按钮，如图 1-2-9 所示。

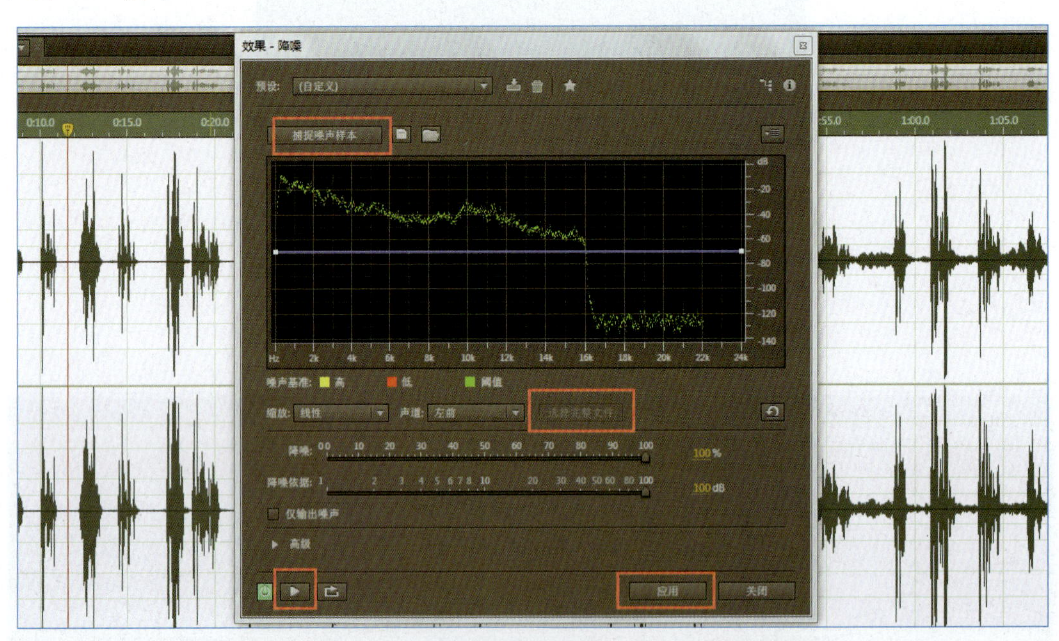

图 1-2-9 “青春 .mp3”文件“降噪”对话框

4．继续对音频文件“青春 .mp3”做消除齿音处理。

提示：

①执行“效果”|“振幅与压缩”|“消除齿音”命令（见图 1-2-10），进入消除齿音处理对话框，如图 1-2-11 所示。

②根据“预演播放”的输出效果设置合适的参数，如图 1-2-11 所示。

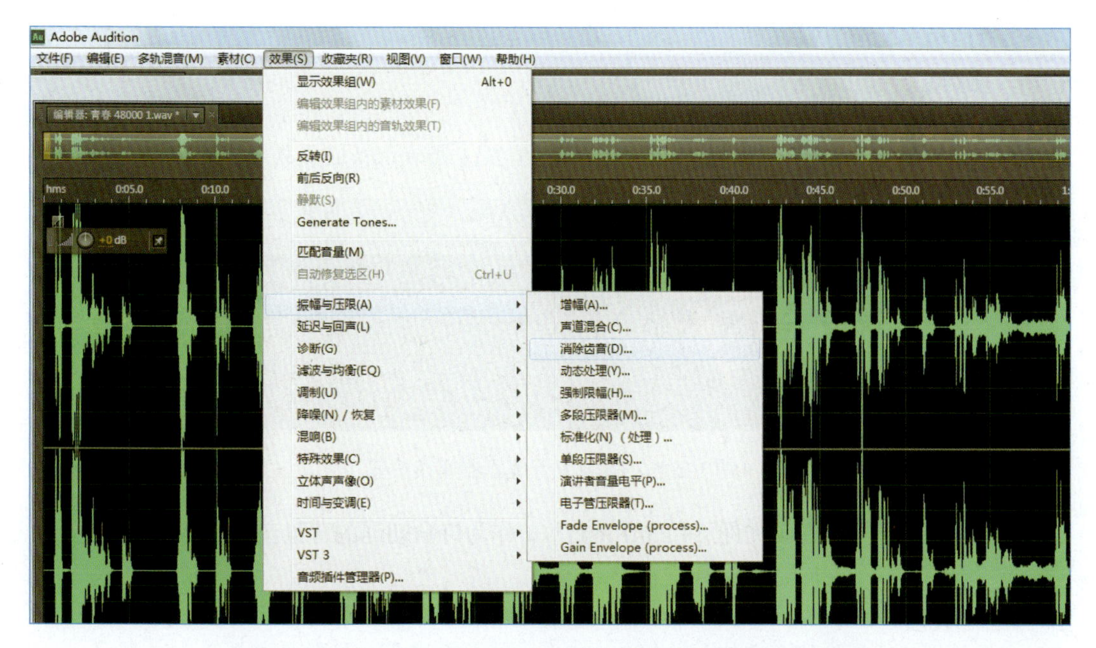

图 1-2-10　为“青春”文件消除齿音处理

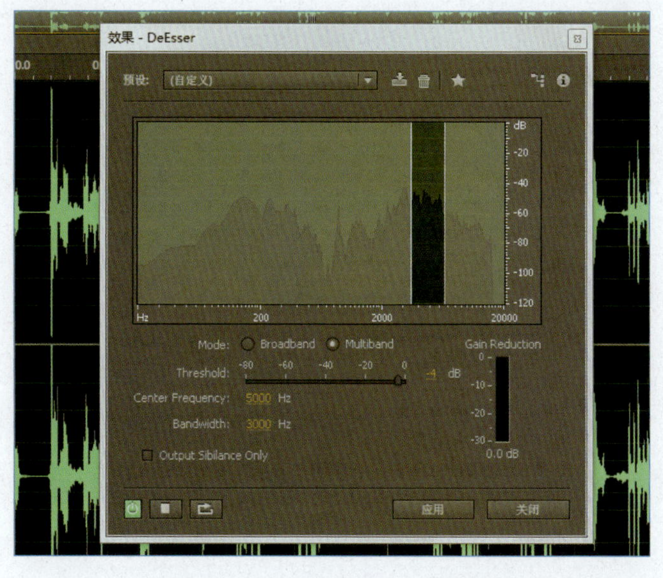

图 1-2-11　消除齿音处理对话框

5. 通过调整振幅参数来放大音频文件“青春.mp3”的音量。

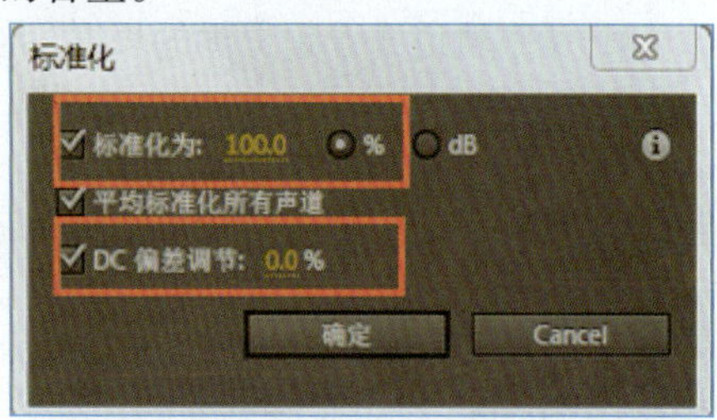

图 1-2-12　音频文件振幅调整对话框

提示：

①执行“效果”|“振幅与压缩”|“标准化(处理)”命令，在打开的对话框中，选中“标准化为”复选框，并设置为 100%。

②选中“DC 偏差调节”复选框(调整直流偏移)，参数设置为 0%，如图 1-2-12 所示。

6．返回至多轨混音窗口。

提示：

①关闭“青春.mp3”文件编辑器窗口。

②单击软件上方的“多轨混音”按钮，如图 1-2-13 所示，返回多轨编辑器窗口。

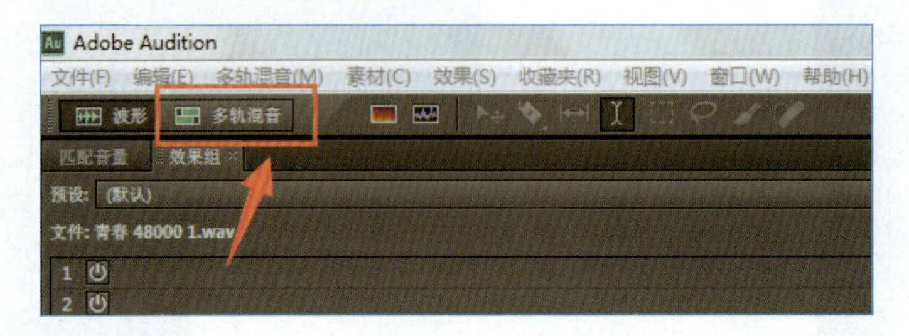

图 1-2-13　多轨混音编辑器切换按钮

7．在轨道 2 上导入音频文件“1.2.m1.mp3”，作为诗歌朗诵的背景音乐。

提示：

①在轨道 2 上，右击选择“插入”|“Files”命令，添加音频文件“1.2.m1.mp3”。

②把音频文件拖到轨道 2 的最开始处，导入背景音频文件后的效果如图 1-2-14 所示。

图 1-2-14　导入背景音频文件后的轨道效果图

8．调整轨道 2 音频文件的长度，使之与轨道 1 音频文件长度一致。

提示：

①拖动软件顶部的滑动条，直至能在窗口中看到轨道 2 音频文件的尾部，鼠标指针放至在轨道 2 的尾部，并按住鼠标左键往左拖，如图 1-2-15 所示。

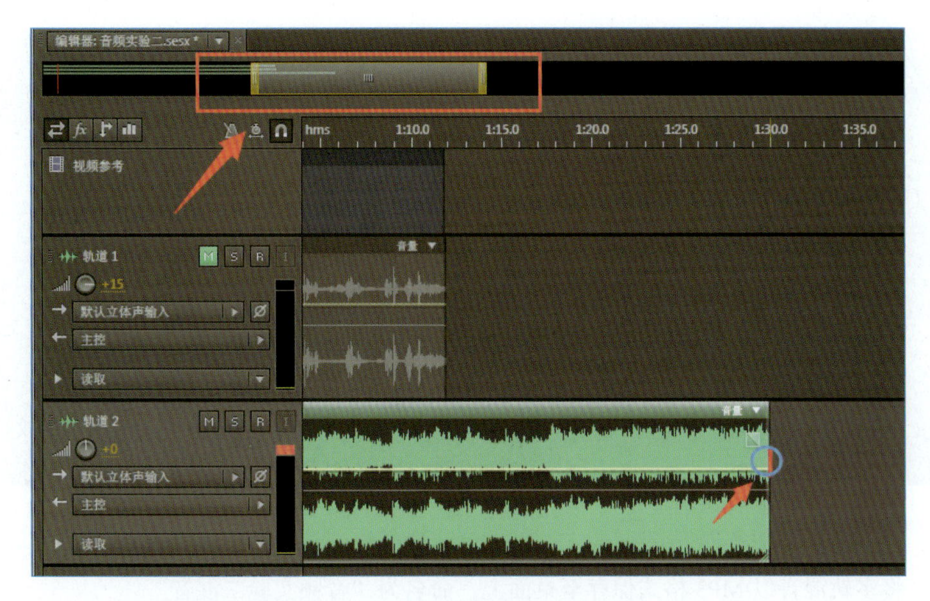

图 1-2-15　调整轨道 2 音频长度

②将轨道 2 的音频长度拖至与轨道 1 音频的长度一致，如图 1-2-16 所示。

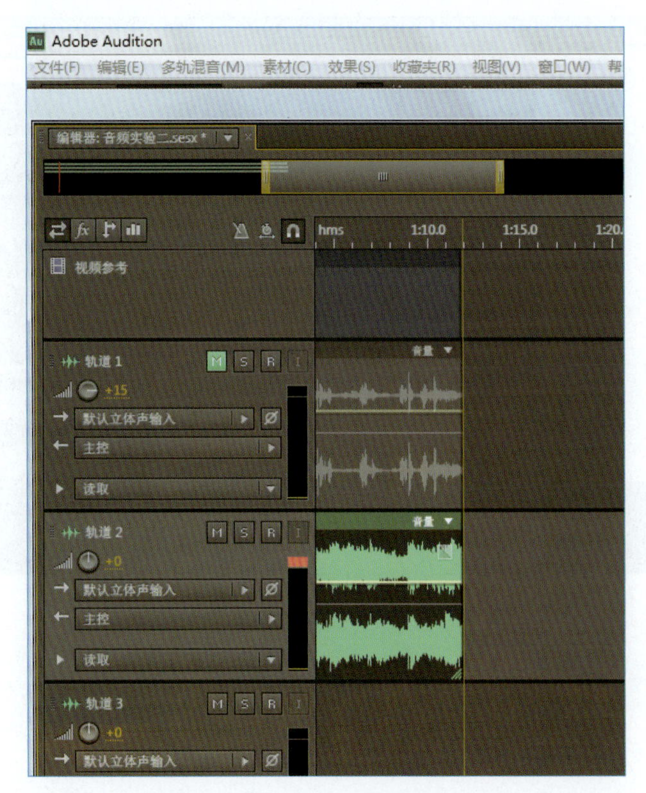

图 1-2-16　调整轨道 2 音频文件长度

9．执行“窗口”|“视频”命令，试听音频合成效果，如图 1-2-17 所示。

图 1-2-17　打开视频窗口试听音频合成效果

10．将多轨混音以 MP3 格式保存至桌面上，命名为“音频实验二混音”。

提示：

①执行“文件”|“导出”|“多轨缩混”|“完整混音”命令，如图 1-2-18 所示。

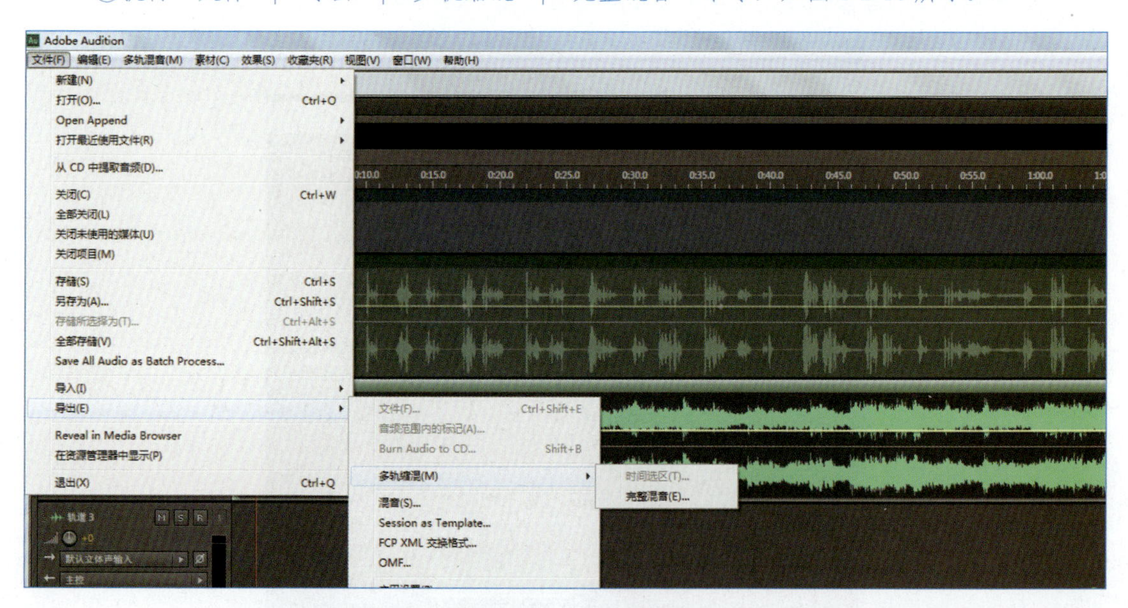

图 1-2-18　导出混音

②在弹出的“导出多轨缩混”对话框中修改“文件名”“位置”“格式”，如图 1-2-19 所示。

图 1-2-19 “导出多轨缩混”对话框参数设置

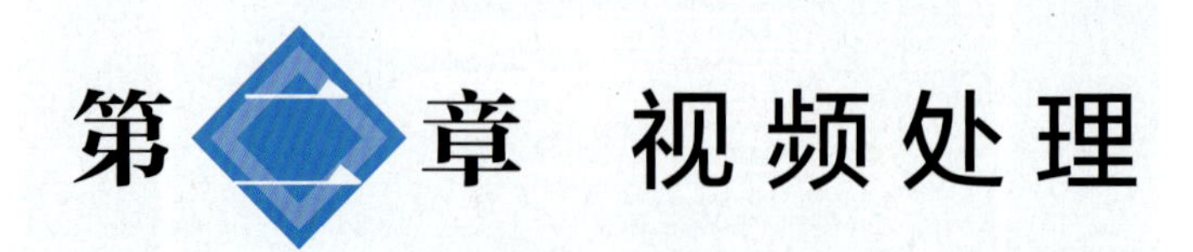

第二章 视频处理

【实验一】 快剪辑基本操作

一、实验目的

快剪辑基本操作

1. 熟悉快剪辑的工作界面。
2. 掌握使用快剪辑进行视频素材剪辑的基本方法。
3. 掌握使用快剪辑进行视频与音频的分离及合成方法。
4. 掌握使用快剪辑为视频添加转场的方法。
5. 掌握使用快剪辑为视频添加字幕的方法。
6. 掌握快剪辑中视频项目导出时的参数设置方法。

二、实验内容

1. 新建项目，导入素材“2.1.v1.mp4”，将这个视频素材添加到视频轨，删除前4 s的视频内容。

提示：

①启动快剪辑，如图2-1-1所示，单击“新建项目”按钮，选择“专业模式”选项。

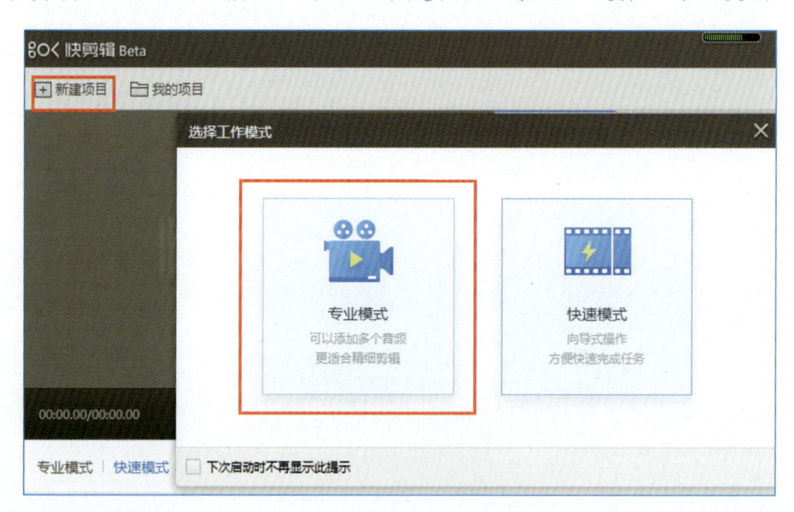

图2-1-1 模式选择

②单击“本地视频”按钮，如图2-1-2所示，从弹出的对话框中选择想要导入的视频素材文件进行素材的添加。

图2-1-2 添加视频文件

③在视频轨上方输入精确时间00:04.00，并单击右上方的“分割”按钮，将视频分割为两段。选中第一段视频，按【Delete】键进行删除，如图2-1-3所示。

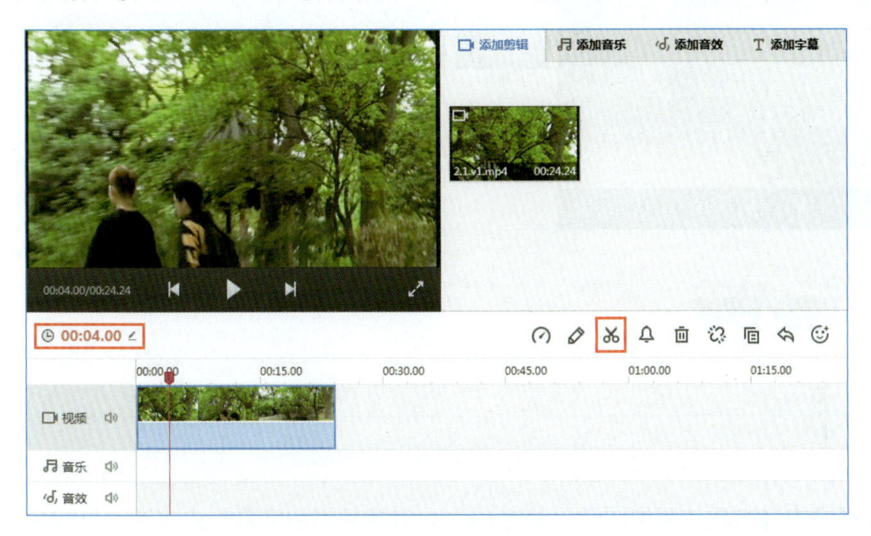

图2-1-3　视频分割

2. 在视频内容出现“亭子”处（10s），将视频分割为两段，并在两段视频中间添加“交融”的视频转场。

提示：

①在视频轨上方输入精确时间00:10.00，并单击右上方的“分割”按钮，将视频分割为两段，如图2-1-4所示。

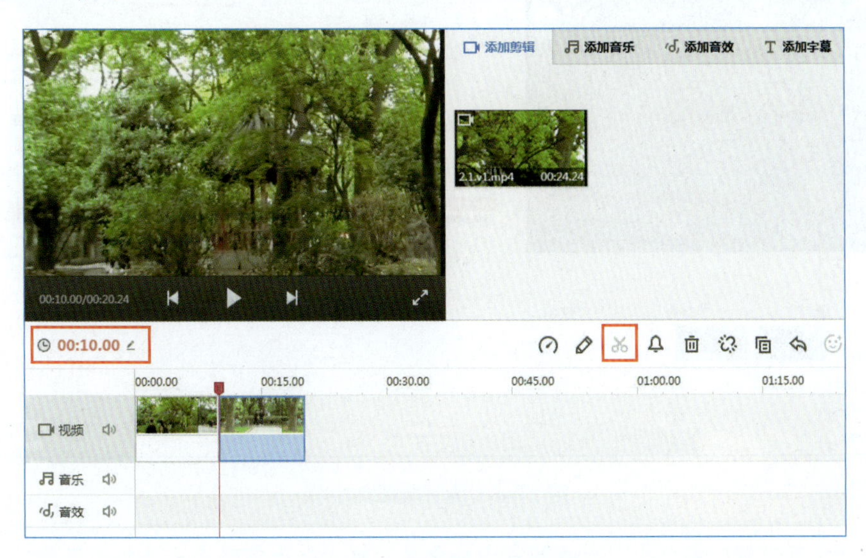

图2-1-4　视频第二次分割

②在刚分割的两段视频中间添加转场效果。单击“添加转场”按钮，选择“交融”选项，如图2-1-5所示。

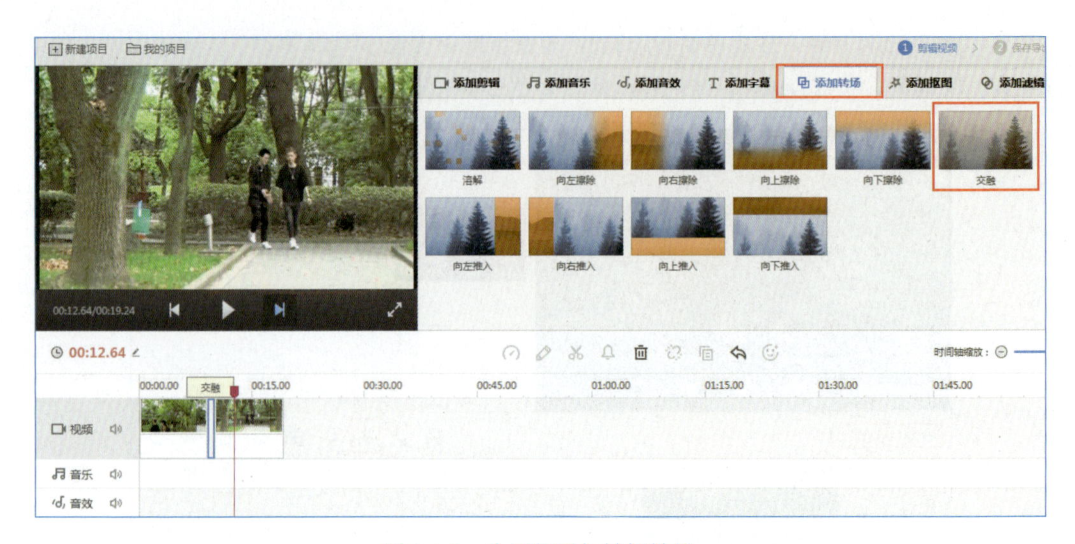

图 2-1-5　为视频添加转场效果

3．在视频内容出现“两位同学”处（1 s），对视频添加字幕，内容为“校园风景”。字幕选择第三行第四列的样式，字幕持续 10 s。调整字幕的大小和位置（屏幕右上角）。

提示：

①在视频轨上方输入精确时间 00:01.00，并单击“添加字幕”按钮，单击第三行第四列字幕样式右上角的“+”号，进入“字幕设置”窗口，如图 2-1-6 所示。

图 2-1-6　为视频添加字幕

②在“字幕设置”窗口中，双击视频中的字幕并将文字内容修改为“校园风景”，拖动、拉长文本框，并放至右上角。将右下角的“持续时间”设置为 10 s，如图 2-1-7 所示。单击“保存”按钮退出。

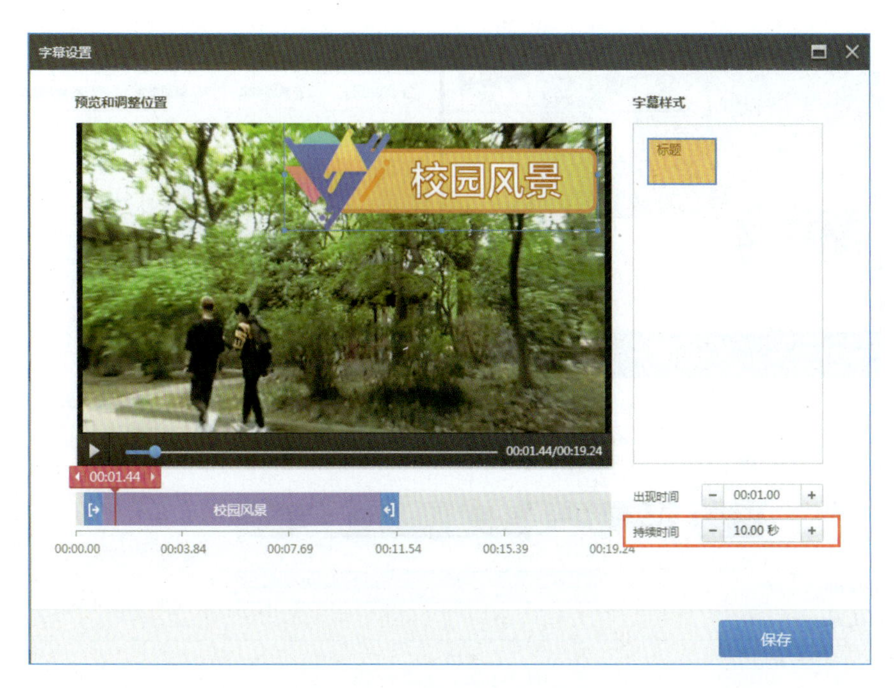

图 2-1-7 字幕持续时间设置

4. 在视频末尾处添加第二段视频“2.1.v2.mp4”，将其视频与音频分离，并将分离出来的音频作为第一段视频“2.1.v1.mp4”的背景音乐，将背景音乐的音量大小调整至 500% 以内。

提示：

①单击“本地视频”按钮，选择视频“2.1.v2.mp4”进行添加，如图 2-1-8 所示。

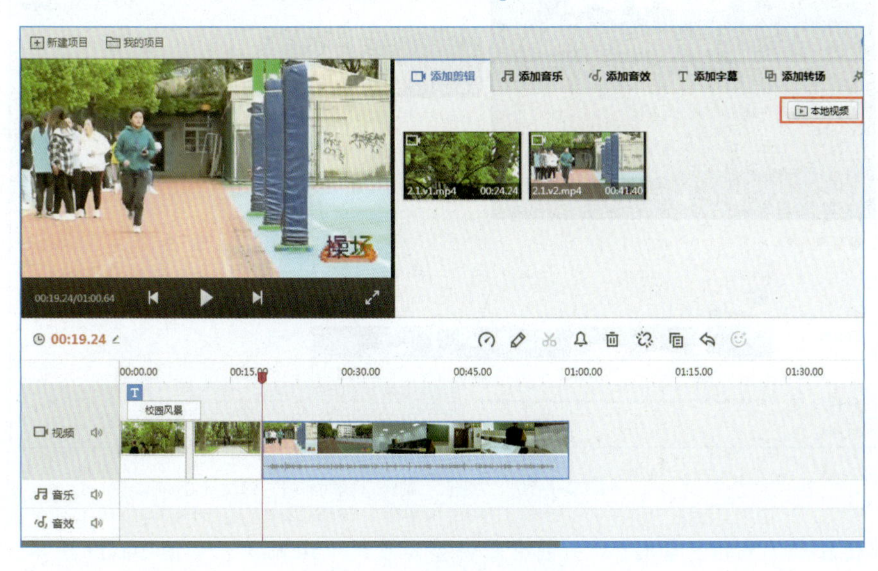

图 2-1-8 添加第二段视频

②在视频轨上选择视频“2.1.v2.mp4”，并单击上方的“分离音轨”按钮将该段视频的音频进行分离，如图 2-1-9 所示。

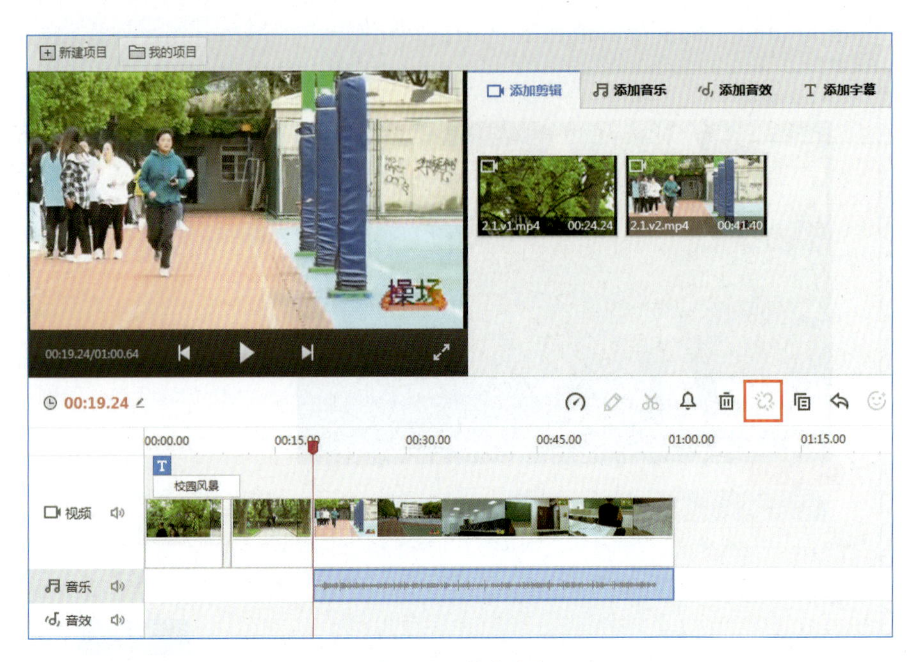

图 2-1-9　分离音频

③在音乐轨上，将分离出来的音频拖动到音乐轨的起始处，并在这段音频上右击，选择“拷贝”命令将其复制一份。将多余部分音频利用“分割”工具进行分割、删除，如图 2-1-10 所示。

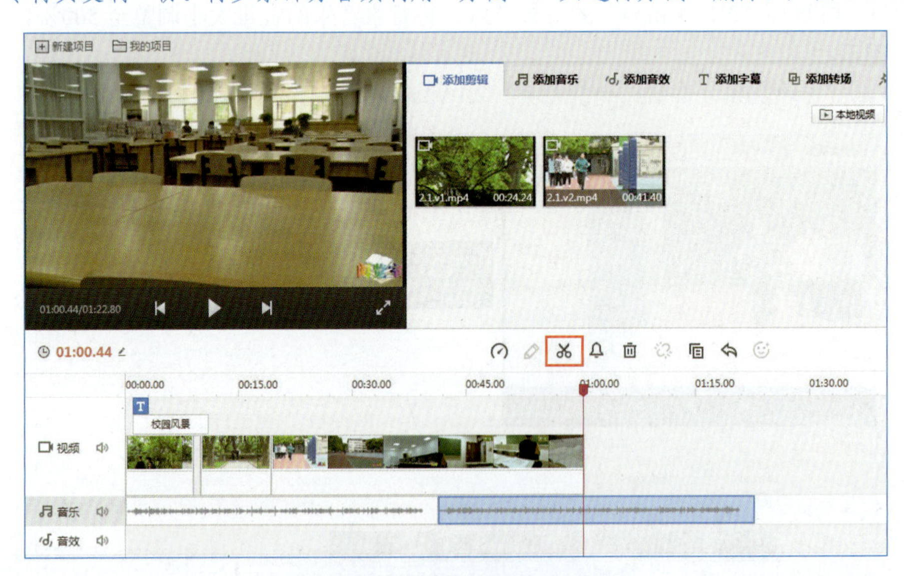

图 2-1-10　分割、删除多余音频

④单击音乐轨上的音量图标，并将音量调整为最大（500%），如图 2-1-11 所示。

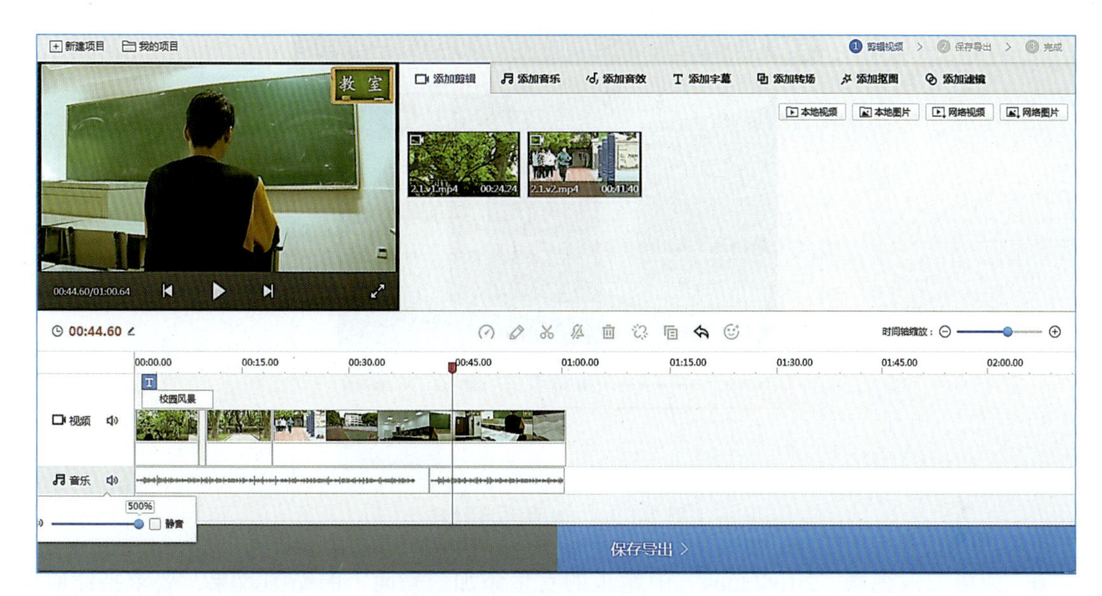

图 2-1-11　音乐轨音量调整

5. 在第二段视频“2.1.v2.mp4”中添加“八月”的滤镜效果。

提示：

①选中第二段视频“2.1.v2.mp4”，单击“添加滤镜”按钮，选择“电影”选项下第一行第二列“八月”滤镜模板，如图 2-1-12 所示。

图 2-1-12　为视频添加滤镜

②在弹出的“滤镜设置”对话框中，调整滤镜的效果强度为 100%，如图 2-1-13 所示。

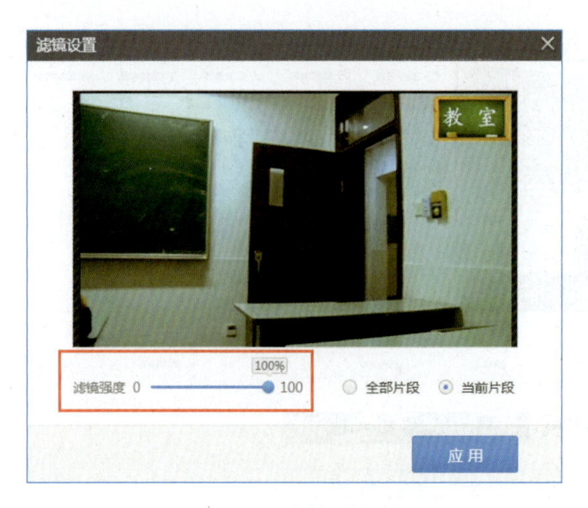

图 2-1-13 滤镜强度设置

6．为第二段视频“2.1.v2.mp4”中跑步的女生添加“呆萌”的贴图效果，要求持续时间为 5 s。

提示：

①在视频轨道上双击视频“2.1.v2.mp4”，进入“编辑视频片段”窗口，手动调整下方的时间轴，使视频中的内容对应到“跑步的女生”位置，如图 2-1-14 所示。

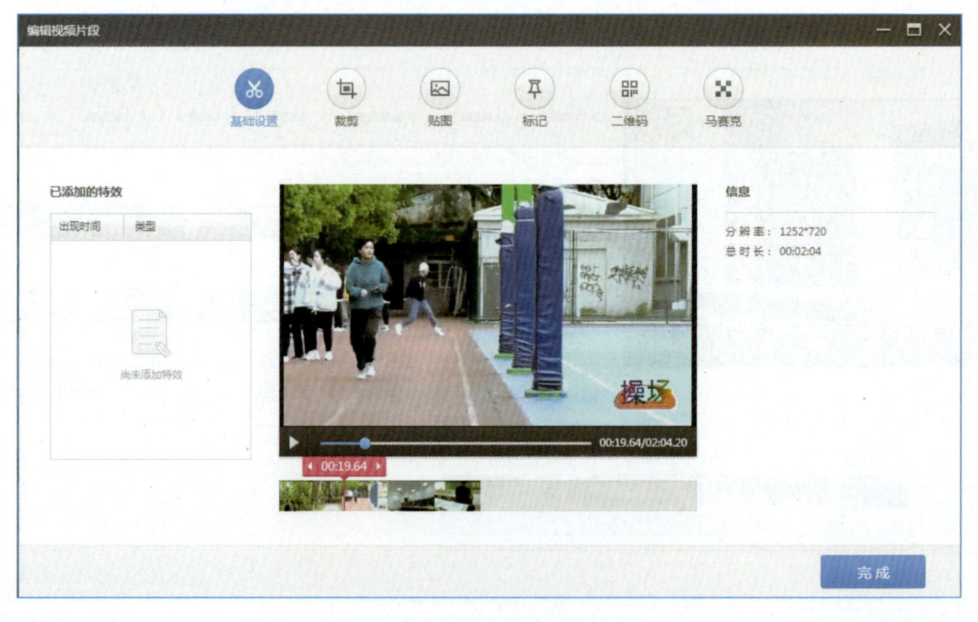

图 2-1-14 编辑视频片段窗口

②单击“贴图”按钮，在右边“添加贴图”的选项中找到“推荐”中第二行第一列的“呆萌”贴图样式。将右下角的“持续时间”改为 5 s，如图 2-1-15 所示。

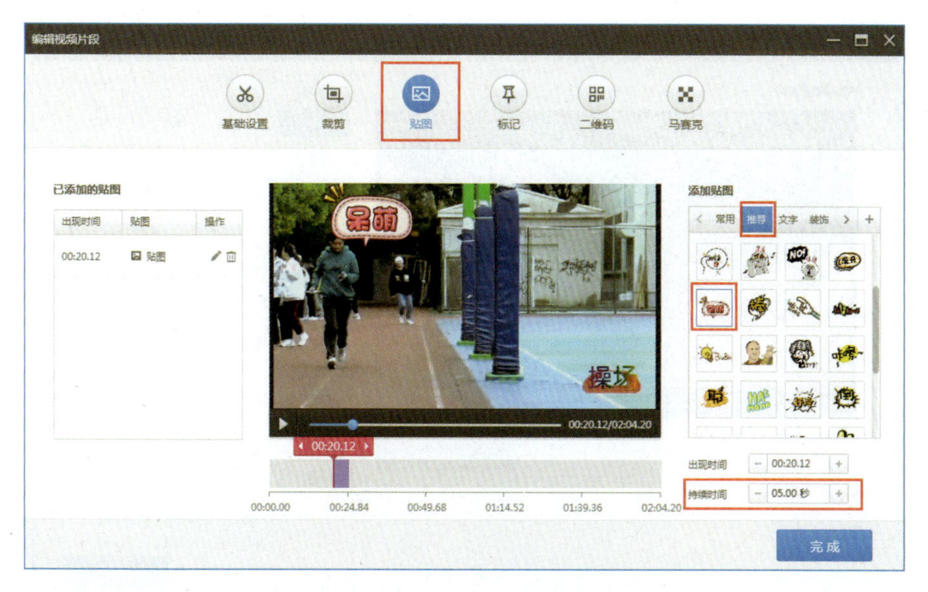

图 2-1-15 贴图参数设置

7. 为视频片尾 45 s 处添加个人信息，样式为“万花筒字幕”。

提示:

①在视频轨道上方输入精确时间 00:45.00，并单击“添加字幕”按钮，单击第一行第一列的“万花筒”字幕样式右上角的“+”号，如图 2-1-16 所示。

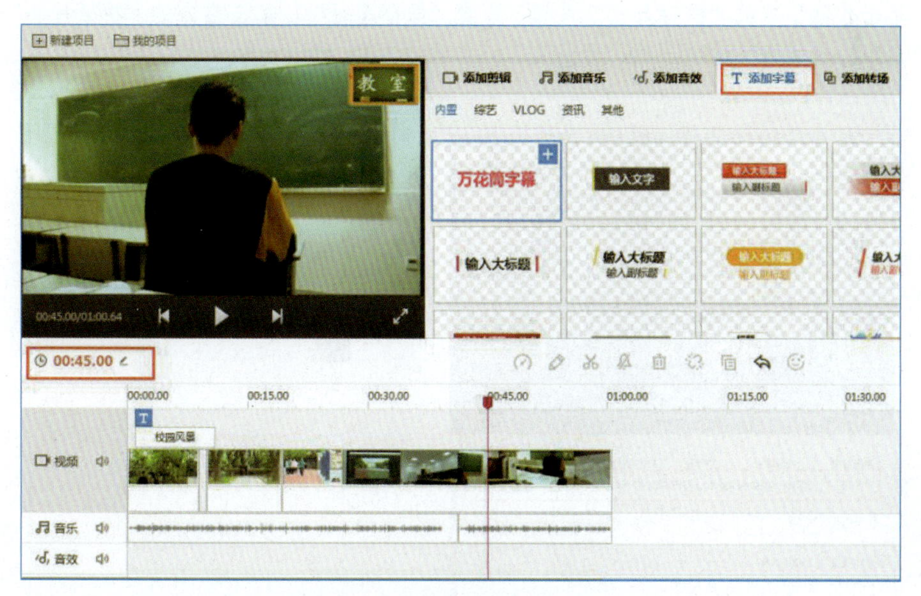

图 2-1-16 为视频添加万花筒字幕

②进入“字幕设置”窗口，设置字幕内容（“×××”处填入学生的个人信息），如图 2-1-17 所示。同时拉动下方“万花筒”字幕的长度，调整持续时间至视频结束。

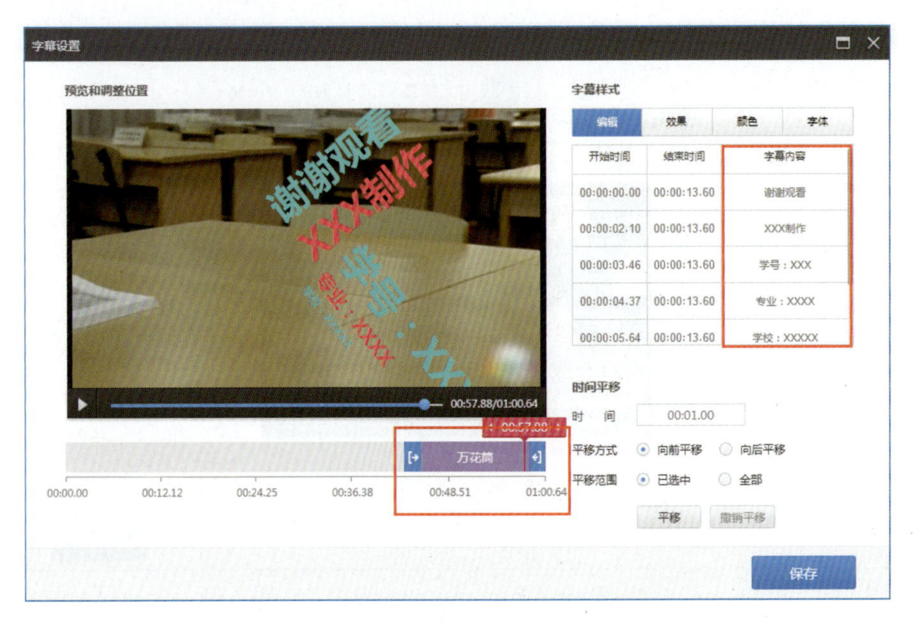

图 2-1-17　设置万花筒字幕的内容与长度

8．视频导出。将视频以 MP4 格式导出，尺寸为 1080P，视频比特率、视频帧率、单频质量均使用推荐选项，选择“无片头”，命名为“快剪辑实验一”，导出至桌面。

提示：

①单击软件下方的“保存导出”按钮，设置“保存路径”，单击右方的“特效片头”按钮，选择“选择特效片头”选项下的“无片头”，如图 2-1-18 所示。

图 2-1-18　视频导出参数设置

②单击“开始导出”按钮进行视频导出，跳过“填写视频信息”窗口，导出视频文件。

【实验二】 快剪辑综合实训

一、实验目的

1. 掌握利用快剪辑进行视频处理的基本思路和过程。
2. 掌握使用快剪辑进行视频素材切割、编辑的基本方法。
3. 掌握使用快剪辑为视频添加转场的方法。
4. 掌握使用快剪辑为视频添加字幕的方法。
5. 掌握快剪辑中视频项目导出时的参数设置方法。

二、实验内容

1. 新建项目，导入素材“2.2.v1.mp4”，添加到视频轨。

提示：

①启动快剪辑，单击“新建项目”按钮，选择“专业模式”选项。

②单击“本地视频”按钮，选择视频文件“2.2.v1.mp4”进行视频素材的添加，如图2-2-1所示。

图2-2-1 添加视频素材

2. 为视频“2.2.v1.mp4”添加5 s长度的片头字幕，内容为“欢迎来到文斌课堂”，字幕样式选择字幕库中的第二行第三列样式。

提示：

①单击“添加字幕”按钮，单击第二行第三列字幕样式右上角的“+”号（见图2-2-2），进入“字幕设置”窗口。

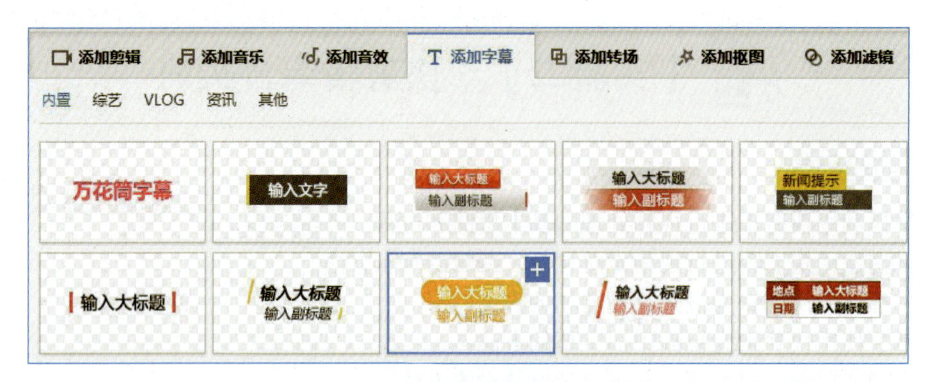

图 2-2-2　添加字幕

②在“字幕设置”窗口，双击视频中的字幕并修改为“欢迎来到文斌课堂”，删除副标题。调整字幕的样式、大小和位置，如图 2-2-3 所示。将右下角的持续时间改为 5 s，单击“保存”按钮退出。

图 2-2-3　字幕效果设置

3. 在视频“2.2.v1.mp4”的末尾处添加第二段视频“2.2.v2.mp4”，并在“2.2.v1.mp4”与“2.2.v2.mp4”这两段视频中间添加“溶解”的视频转场。

提示：

①单击“本地视频”按钮，选择视频“2.2.v2.mp4”进行素材添加，如图 2-2-4 所示。

图 2-2-4　添加第二段视频

②在视频轨上的两段视频中间添加转场，单击“添加转场”按钮，选择“溶解”选项，如图 2-2-5 所示。

图 2-2-5　添加“溶解”的视频转场效果

4. 为视频“2.2.v2.mp4”添加 10 s 长度的片头字幕，内容为“一起来学高尔夫球”，字幕样式选择字幕库中的第四行第一列样式。调整字幕的大小和位置。

提示：

①将时间轴定位至视频“2.2.v2.mp4”的起始位置，单击“添加字幕”按钮，单击第四行第一列字幕样式右上角的“+”号，如图 2-2-6 所示。

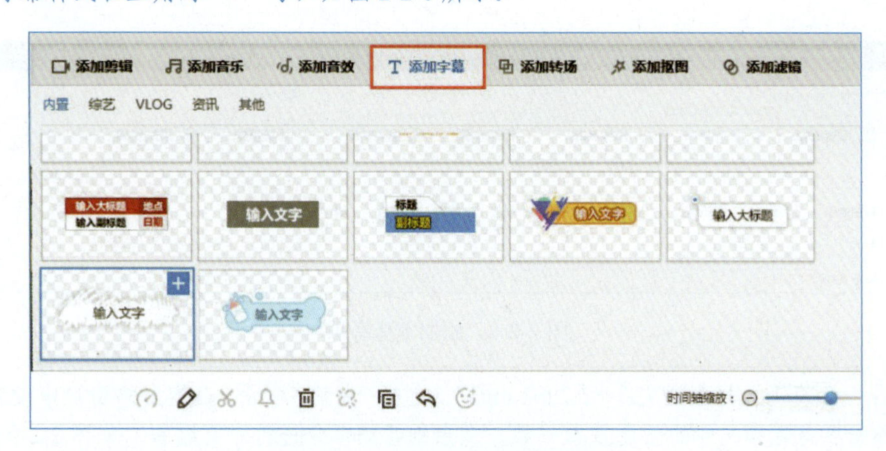

图 2-2-6　为第二段视频添加字幕

②在“字幕设置”窗口，双击视频中的字幕并修改为“一起来学高尔夫球”。调整字幕的大小和位置，如图 2-2-7 所示。将右下角的持续时间改为 10 s，单击“保存”按钮退出。

图 2-2-7　为第二段视频添加字幕

5. 为视频添加背景音乐“2.2.m1.mp3”，调整音频的播放速度，使之与视频轨中视频文件的长度一致。

提示：

①单击“添加音乐”按钮，再单击“本地音乐”按钮，导入音频文件“2.2.m1.mp3”，如图 2-2-8 所示。

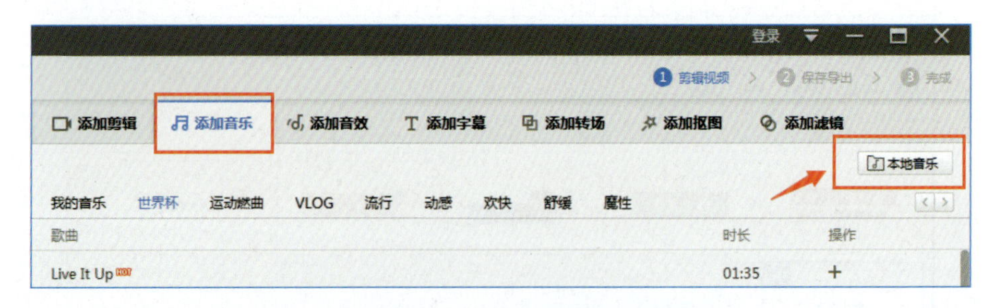

图 2-2-8　添加本地音乐

②右击音频轨上的音频文件“2.2.m1.mp3”，选择“调速”命令。在弹出的窗口中设置时间，使视频的长度与音频文件的长度基本一致，多余的音频部分进行分割删除。如图 2-2-9 所示。

6. 视频导出：将视频以 MP4 格式导出，尺寸为 720P，视频比特率、视频帧率、单频质量均使用推荐选项。选择“黑底白色”特效片头。标题内容为“学习视频”，创作者为制作者个人姓名。片头不使用快剪辑 LOGO，不使用片尾。整个视频文件命名为“快剪辑实验二”，导出至桌面。

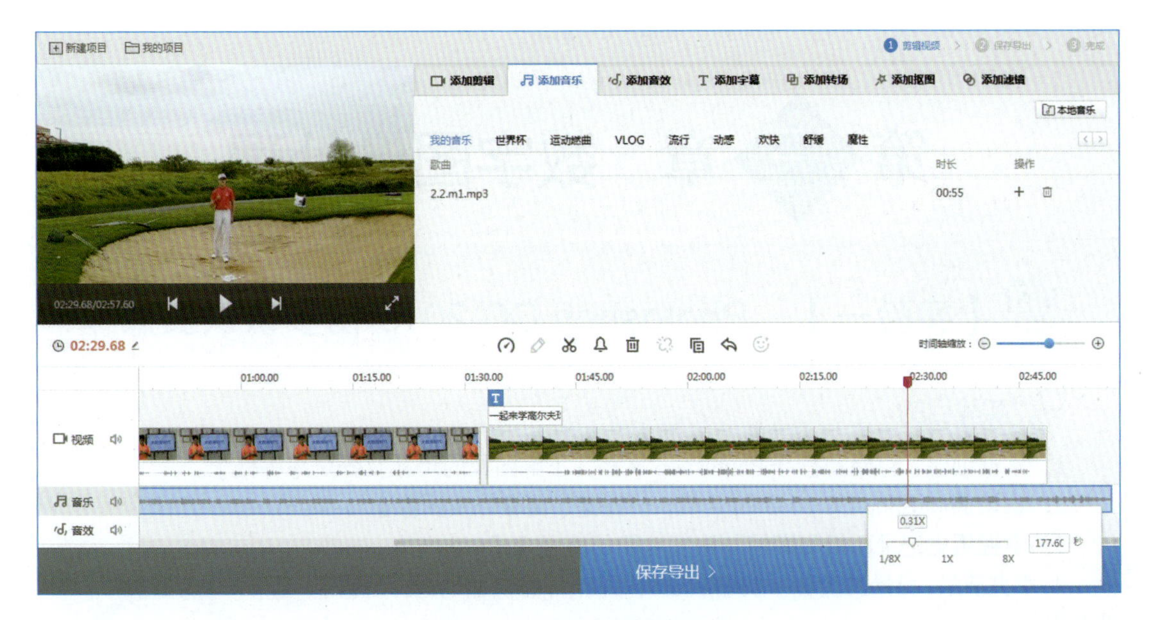

图 2-2-9 设置音频播放速度

提示：

①单击软件下方的“保存导出”按钮，在左半部区域按题目要求进行视频导出的参数设置，如图 2-2-10 所示。在右边区域的“特效片头”中选择“黑底白字”类型，在下方勾选“使用片尾”复选框；必填项“标题”处输入“上海出版印刷高等专科学校介绍”；“创作者”处输入个人姓名；取消勾选“片头使用快剪辑 Logo”复选框。

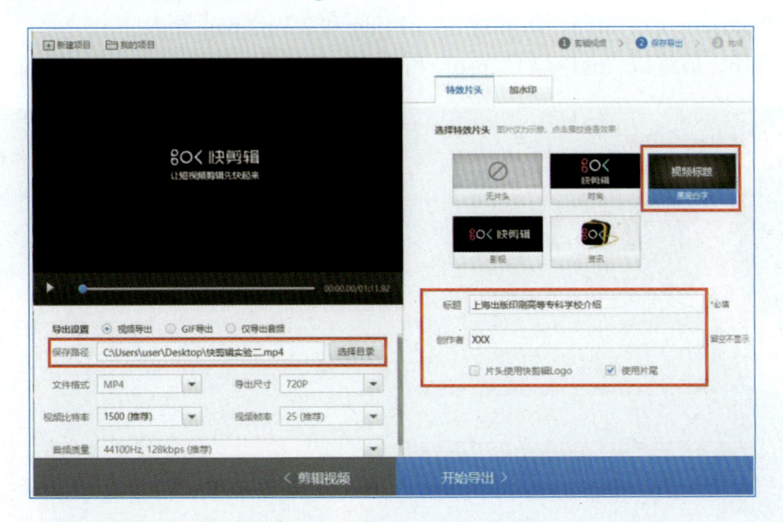

图 2-2-10 视频导出参数设置

②单击“开始导出”按钮进行视频导出，跳过“填写视频信息”窗口，导出视频文件。

第三章　数字图像处理

【实验一】　Photoshop CC 2015 初步认识及操作

一、实验目的

1．掌握创建、存储和打开 Photoshop 文档，了解图像的尺寸及分辨率等概念。

2．认识 Photoshop CC 2015 的菜单、快捷键、面板以及图像窗口。

3．掌握历史记录面板和撤销与恢复功能的使用方式。

4. 掌握前景、背景的设置以及缩放工具的使用，能快速地选择、查看、缩放图像。

5．掌握图层的基本概念，了解图层的基本用法。

6．掌握移动工具、渐变工具、油漆桶工具、吸管工具的使用方法。

7．掌握图像变换的使用方法。

8．了解选区的概念，能利用矩形选框工具完成填色制作新图像。

Photoshop认识与基本操作

二、实验内容

1．启动 Photoshop CC 2015，将素材 3.1.p1.png 和 3.1.p2.png 导入，按照以下要求操作，最终以“ps1- 学号 .psd”和“ps1- 学号 .jpg”保存，效果样张如图 3-1-1 所示。

图 3-1-1　Photoshop“实验一”样张

2．文件的创建和存储。

（1）新建文件：1 600 × 1 200 像素，方向为横向，分辨率为 72，RGB 颜色模式，背景透明。

提示：

对文档指定属性有两种方式：第一种是利用现有素材的文档属性；第二种是执行“文件”|“新建”命令创建新文档并指定新文档的属性，通常设置文件宽度、高度（相应的指定了方向）、分辨率、颜色模式和背景内容，如图 3-1-2 所示。

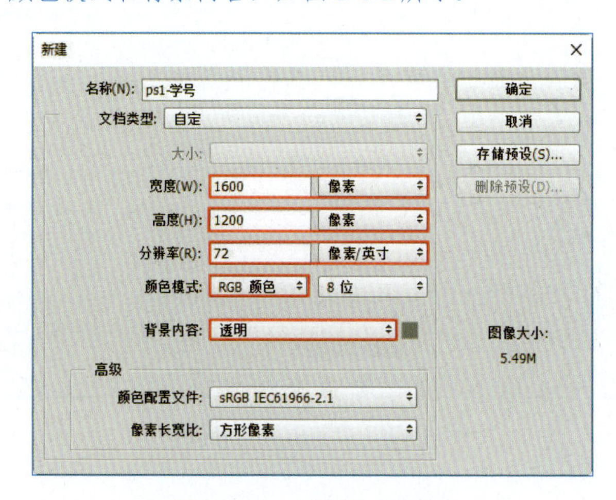

图 3-1-2　“新建”对话框

（2）存储文件：将当前文档存储为“ps1- 学号 .psd。”

提示：

① Photoshop 中文件的存储分为源文件的存储和输出文件的存储，源文件的存储通常使用“文件”|“存储”命令完成。

②当完成源文件的处理后，执行“文件”|“存储为”或者“文件”|“导出”命令将当前文件输出为能用第三方图片查看器查看的图片文件，格式多样，如图 3-1-3 和图 3-1-4 所示。

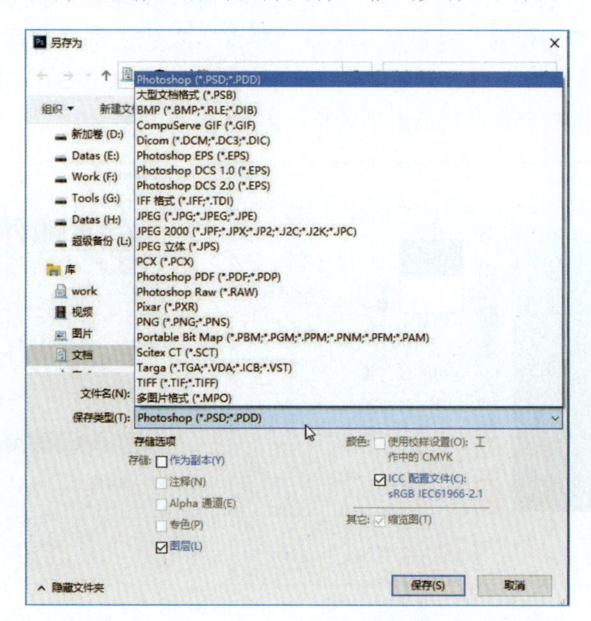

图 3-1-3　“另存为”对话框

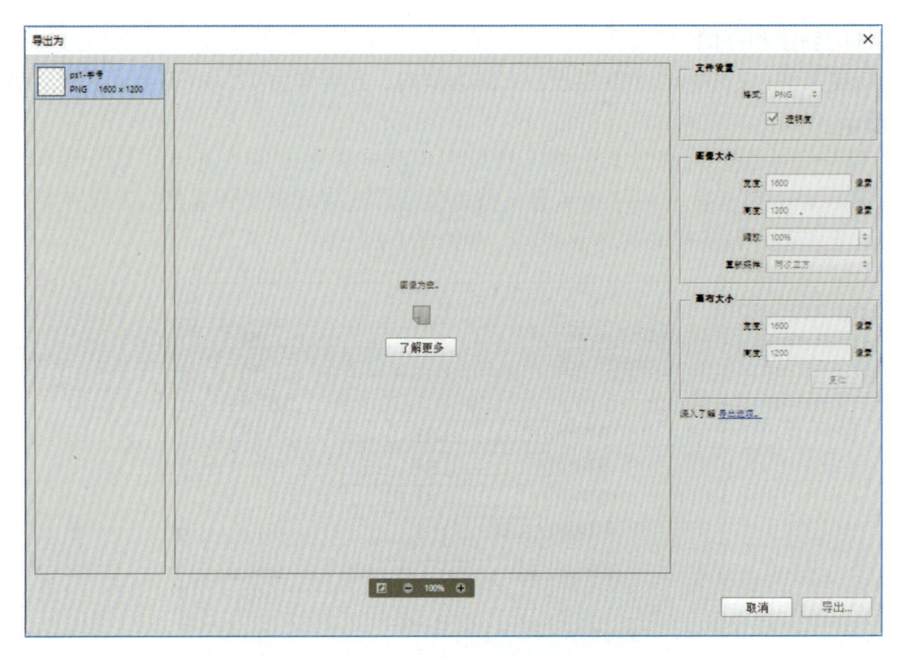

图 3-1-4 “导出为”对话框

3．背景设置。

设置前景色 RGB:98,148,149 和背景色 RGB:4,37,44，以径向渐变的方式完成背景填充。

提示:

①获取颜色。单击工具箱中的“设置前景色”/“设置背景色”，在“拾色器（前景色）”/“拾色器（背景色）”对话框中设置前景/背景颜色，设置的数值可以按照某一种色彩模式的参数设置，也可以在下方的颜色框中输入色号，如图 3-1-5 所示；如果要利用现有素材的颜色，可以先使用吸管工具吸取颜色范围，将颜色载入拾色器。

②填充渐变颜色。利用工具箱中的“渐变工具”可以获取两种及以上的颜色，打开渐变工具属性栏中的“渐变编辑器”对话框，选择一种预设渐变形式“前景色到背景色渐变”，如图 3-1-6 所示；在属性栏中设置渐变方式为“径向渐变”，如图 3-1-7 所示；在主窗口中从靠左中心向右下角拉出渐变线，完成渐变填充，如图 3-1-8 所示。

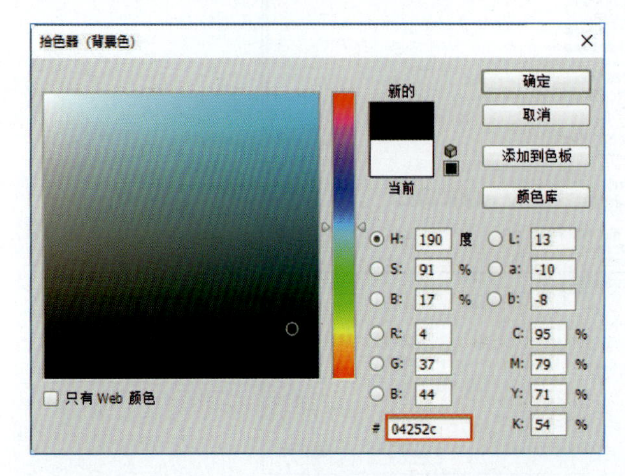

图 3-1-5 设置前景色 / 背景色

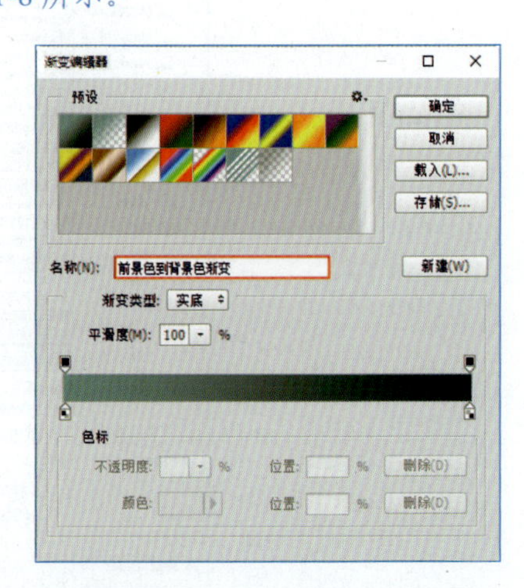

图 3-1-6 “渐变编辑器”对话框

图 3-1-7　“渐变”属性栏

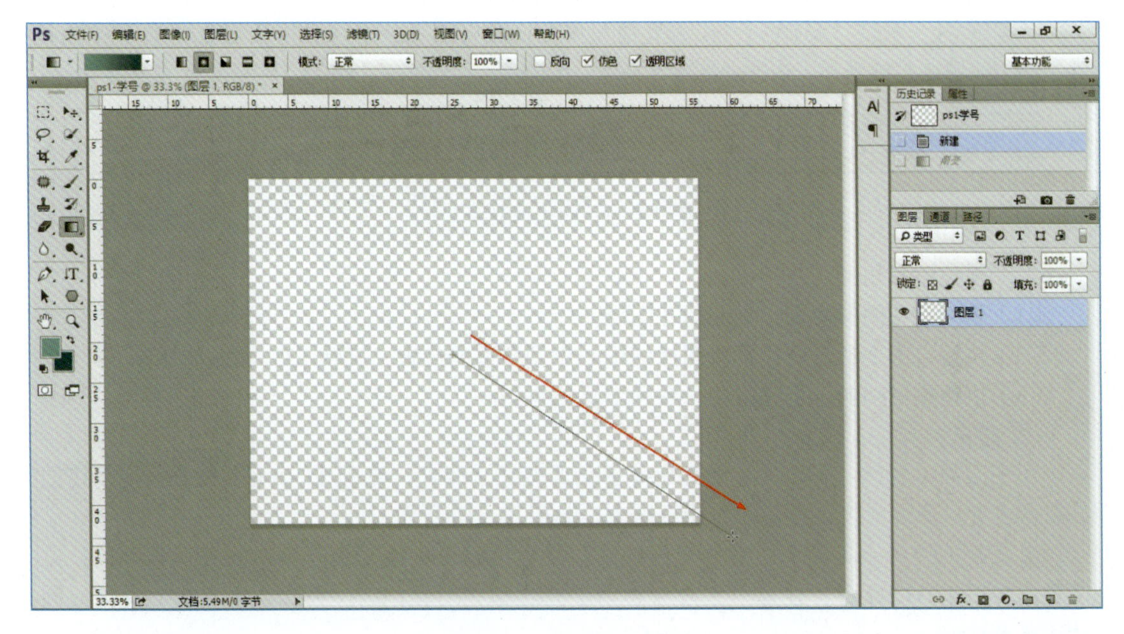

图 3-1-8　渐变拉伸范围

③纯色填充。如果是纯色填充，选择“油漆桶工具”或者执行“编辑”|“填充”命令完成填充，也可以直接使用【Alt+Delete】键完成前景色或背景色的纯色填充。

④撤销与复原。如果拉伸的渐变色不符合需求，执行“窗口”|“历史记录”命令打开历史记录面板，如图 3-1-9 所示，返回到上一步，重新拉伸渐变范围。

历史记录　属性
ps1学号
新建
渐变

图 3-1-9　“历史记录”面板

4. 合成素材。

将素材 3.1.p1.png 合成到“ps1- 学号 .psd”文档中。

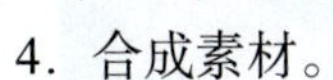

提示：

①将素材合成到另一个素材，可以在被合成的素材中使用“移动工具”，按住鼠标左键拖动内容到合成素材窗口，鼠标指针变成白箭头带加号状态时释放鼠标即可，如图 3-1-10 所示。

②另一种操作方式是在被合成的素材 3.1.p1.png 中，全选并复制，然后在合成素材 3.1.psd 中粘贴；还可以利用执行图层快捷菜单中的“复制图层”命令完成合成。

③如果被合成素材要在合成素材中心位置放置，那么在移动过程中，需要按住【Shift】键移动，在合成素材中释放鼠标的同时释放【Shift】键。

图层和变换

图 3-1-10　移动合成鼠标指针变化情况

5. 变换素材。

将素材荷花进行自由变换，调整为原来大小的 80%。

提示：

选择素材，执行“编辑”|“自由变换”命令，在自由变换属性栏中设置宽、高变换比例为 80%，如图 3-1-11 所示。注意：调整时将宽、高的“保持长宽比”锁定，能一次性调整宽和高。

图 3-1-11 自由变换大小

6. 变换位置和角度。

（1）移动荷花图像位置，复制荷花图层。

（2）执行自由变换命令，设置图像的中心点到合适的位置，旋转 12° 和缩放 95%。

（3）执行重用功能，完成荷花一系列变化的再制。

提示：

①图层副本创建。将图层拖动到新建图层的按钮上即可，使用【Ctrl+J】组合键能创建图层副本或者以图层内选区为基础的图层副本，如图 3-1-12 所示。

②变换的中心点是变换中心的带圈“十”字标记，在执行变换命令期间可以移动到任意位置。如图 3-1-13 所示。注意：中心点移动不宜过远也不宜过近，否则会造成后面变换间隔过远或者过近。

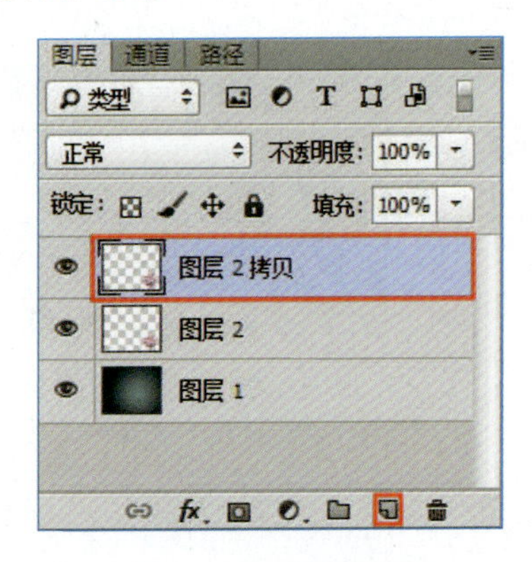

图 3-1-12 复制图层

3-1-13 设置变换属性

③逐一按下【Ctrl】键、【Shift】键、【Alt】键后再按下【T】键，将前述一系列变化操作进行再制，完成重用功能；保持前面三个键不动的情况下，每按一次【T】键，会生成一个新图层，并执行一次完整的变形过程，多次执行重用后效果如图 3-1-14 所示。

图 3-1-14 执行重用后效果

7. 合并图层。

选择所有荷花图层调整大小后合并成新图层，调整新图层内容到适合的位置。

提示:

①选择所有的荷花图层，执行“自由变换”命令，对所有的图层内容进行等比例缩放，如图 3-1-15 所示。注意：控制框如果过小或超过操作窗口范围，可以按【Ctrl】和【+】或【–】组合键完成视图的扩大或缩小，Windows 系统中也可以利用【Alt】键和鼠标中键的组合完成缩放。

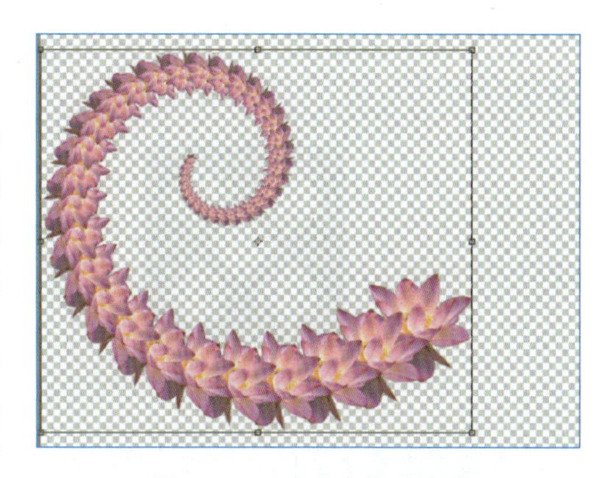

图 3-1-15 自由变换后效果

②隐藏背景图层，执行“图层”|“合并图层”命令或者执行“盖印”命令完成所有荷花图层的合并；只显示合并后的荷花图层，执行“自由变换”命令调整当前荷花图层的位置和旋转角度，显示背景图层后的效果如图 3-1-16 所示。

③创建盖印或合并图层副本，设置水平翻转效果，调整位置，如图 3-1-17 所示。

图 3-1-16 盖印后自由变换效果

图 3-1-17 创建图层副本后的效果

8. 利用选区创建标志。

利用选区，填充白色获得不同的选区效果，制作 logo。

提示:

①新建图层，绘制正方形选区，设置选区大小为 0.74cm × 0.74cm，如图 3-1-18 所示，将选区羽化 1 像素，旋转 45°，填充白色，如图 3-1-19 所示。

②创建副本，调整大小和位置，如图 3-1-20 所示。

图 3-1-18 绘制正方形选区

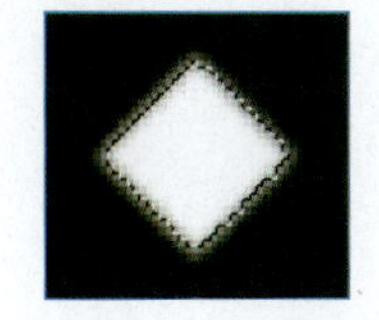

图 3-1-19 填充选区

图 3-1-20 周边选区的位置效果

③按住【Ctrl】键单击中间主体方块图层的“图层缩览图”，载入中间主体的选区，调整旋转角度，回正选区，如图 3-1-21 所示，删除选区范围内的内容，如图 3-1-22 所示。

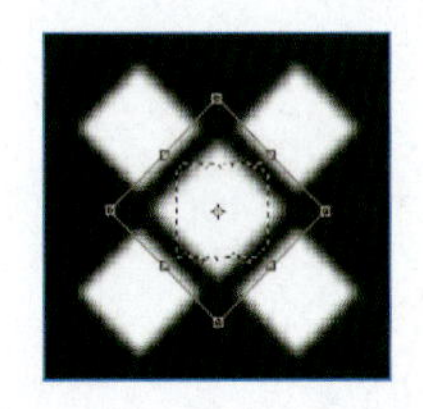

图 3-1-21　主体选区的调整位置效果

图 3-1-22　主体选区的最后效果

④盖印或者合并 logo 图层，移动到合适的位置，调整图层不透明度，隐藏其他 logo 图层内容，如图 3-1-23 所示。

9．合成素材。

将素材 3.1.p2.png 合成到“ps1- 学号”中，调整大小，以 logo 附近的底色对 SPPC 填充。

提示：

对 SPPC 内容填色，需要将当前图层内容作为选区选出来（SPPC），再执行填色命令，填色后的效果如图 3-1-24 所示。

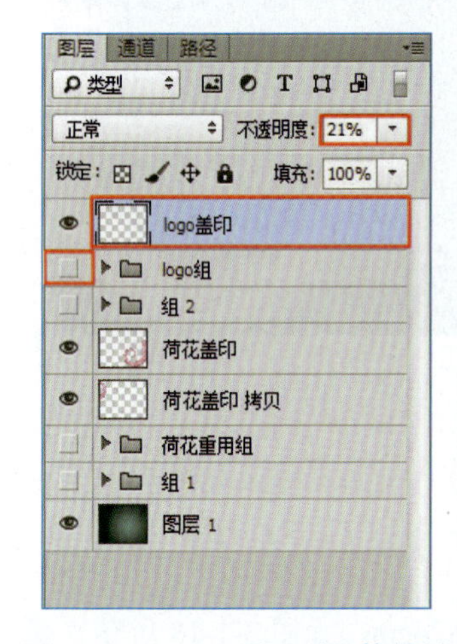

图 3-1-23　logo 设置后整体效果

图 3-1-24　logo 文字区填色后的效果

10．将制作好的内容保存源文件格式后，再存储为“ps1- 学号 .jpg”文件到指定文件夹。

【实验二】 Photoshop CC 2015 基本抠像及合成

一、实验目的

1．掌握基本抠像组工具（矩形、椭圆、套索、多边形）的使用及抠像方式。

2．进一步掌握选区的合成、删除及减少。

3．掌握智能抠像组工具抠像方式及属性设置。

4．掌握快速蒙版的使用方式。

选区与抠像

二、实验内容

1．使用 Photoshop 软件打开 3.2.p1.psd 文件，将素材 3.2.p2.jpg 导入，按照以下要求操作，最终以“ps2- 学号 .psd”和“ps2- 学号 .jpg”保存，效果样张如图 3-2-1 所示。

图 3-2-1　Photoshop 实验二样张

2．合成主图。

选择素材，设置羽化边缘并删除多余的内容。

提示：

①调整素材大小和位置后，绘制椭圆选区并调整该选区，如图 3-2-2 所示。

②执行“选择”|“修改”|“羽化”命令，设置羽化值为 30 像素，再执行“选择”|“反选”命令获得主体外区域，使用【Del】键删除内容，或者利用【Ctrl+J】组合键创建选区内容的新图层，如图 3-2-3 所示。

图 3-2-2 变换选区

图 3-2-3 修整素材主体内容

3．合成背景。

移动合成 3.2.p3.jpg，抠选出轮廓，进一步合成。

提示：

①打开 3.2.p3.jpg 文件合成到主图中，选择图层内容，移动创建多个副本，使其填满图层上方区域，如图 3-2-4 所示，将所有的灰色绒布背景图层选择并执行“合并”命令，如图 3-2-5 所示。

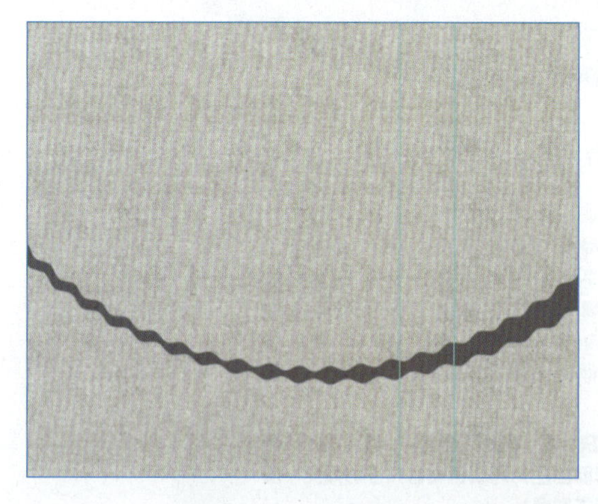

图 3-2-4 背景扩展

图 3-2-5 合并背景

②选择“边线”图层，获取当前内容的选区，保持选区不变，再选择纹理背景所在的图层，删除选区所有内容，如图 3-2-6 所示，使用“快速选择工具”，选择下方内容，将所选内容删除，如图 3-2-7 所示。

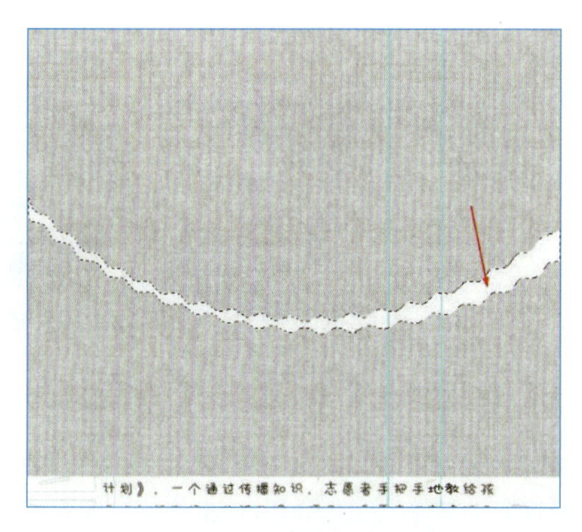

图 3-2-6　选择删除区域

图 3-2-7　背景合成后效果

③拖动图层，调整图层 2（背景合并层）的顺序到 Background 层的上方，如图 3-2-8 所示。

4．合成子元素。

（1）打开 3.2.p4.jpg 文件，合成到主图中，调整大小和位置。

提示：

①使用“魔棒工具”，容差设置为 10，选择背景，利用“快速选择工具”修正选区，如图 3-2-9 所示。

图 3-2-8　调整图层顺序

图 3-2-9　3.2.p4.jpg 抠像

②反选选区，设置收缩 1 像素、羽化 1 像素进行合成。

注　意：①“魔棒工具”或者“快速选择工具”笔触的大小可以通过【 [】或【] 】键来缩小或增大，配合视图的缩放，对于选区的控制有较好的辅助作用。②抠像的方式有很多种，此处仅举例一种。设置的收缩像素不是绝对的，需要根据抠像情况采用收缩、扩展、平滑中的某一种方式来调整选区的形态，以下操作相同。

（2）打开 3.2.p5.jpg 文件，合成到主图中，调整大小和位置。

提示：

①使用“多边形套索工具”，沿着边缘进行绘制，如图 3-2-10 所示。

②设置扩展 1 像素、平滑 2 像素、羽化 1 像素后进行合成。

图 3-2-10 3.2.p5.jpg 抠像

注 意：“多边形套索工具”是针对边界进行绘制的工具，因此结合视图的“缩放工具”以及“抓手工具”适当放大视图和移动视图，能较好地完成抠像。在绘制时按住空格键切换成“抓手工具”就可以移动视图，绘制中适度放置多边形节点，也对选区的细腻程度起到关键作用。

（3）打开 3.2.p6.jpg 文件，合成到主图中，调整大小和位置。

提示：

①利用“魔棒工具”，设置容差 30，取消“连续”复选框的勾选，选出背景，再利用“矩形选框工具”，将文字区域内容加选到选区中，如图 3-2-11 所示。

②反选选区后，设置羽化 1 像素进行合成。

注 意：“魔棒工具”的“容差”属性控制选择像素的精确性，“连续”属性控制选区是否按照连续范围选择。

（4）打开 3.2.p7.jpg 文件，合成到主图中，调整大小和位置。

提示：

①利用“快速选择工具”，调整视图，使用合适的画笔大小，在主体内容上按住鼠标左键拖动，选出主体轮廓，通过选区的加和减，控制选区的匹配度，如图 3-2-12 所示。

②设置收缩 1 像素，羽化 1 像素后进行合成。

（5）打开 3.2.p8.jpg 文件，合成到主图中，调整大小和位置。

提示：

①利用“魔棒工具”，设置魔棒容差 30，勾选“连续”选项，选择背景区域，但内容相近的地方抠像不准确，如图 3-2-13 所示。

图 3-2-11 3.2.p6.jpg 抠像

图 3-2-12 3.2.p7.jpg 抠像

图 3-2-13 3.2.p8.jpg 魔术棒抠像

②单击工具栏中的“以快速蒙版模式编辑”按钮，进入快速蒙版编辑状态，如图 3-2-14 所示。

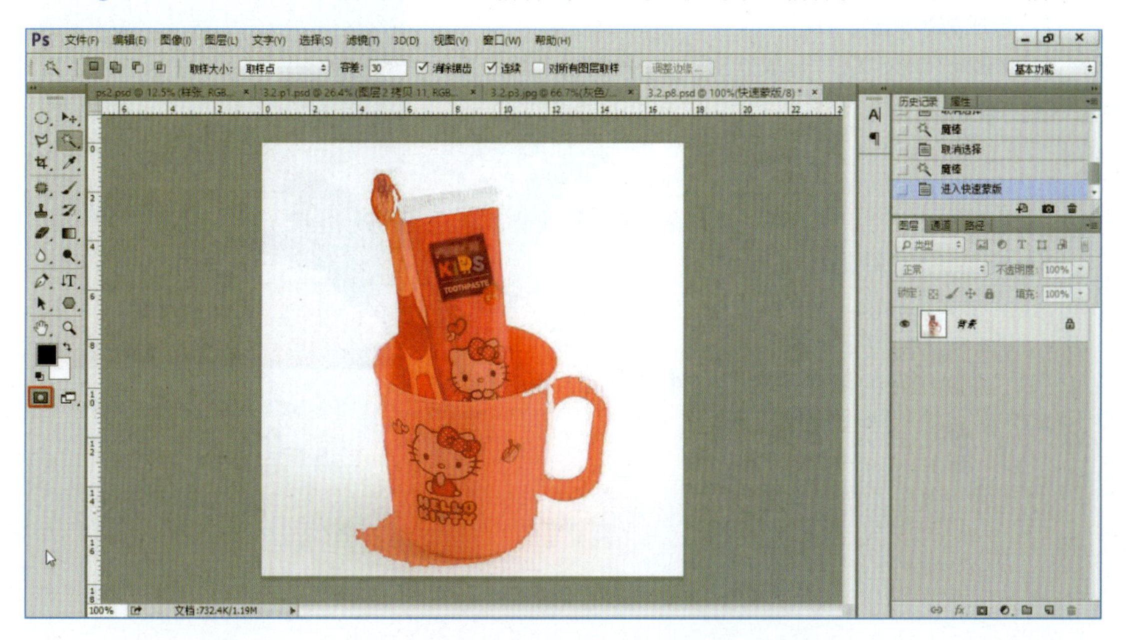

图 3-2-14　3.2.p8.jpg 进入快速编辑状态

③将前景色设置为黑色，使用画笔工具在主体部分非红色标记的位置涂抹，使其变成红色标记，切换前景色为白色，在不是主体的位置涂抹，取消红色标记，使其恢复原色，调整后，在快速蒙版编辑状态，选择区域以红色标记显示，非选择区域以原色显示，如图 3-2-15 所示。

④按【Q】键，退出快速蒙版编辑状态，反选选区，设置收缩 1 像素、羽化 1 像素后进行合成。

（6）打开 3.2.p9.jpg 文件，合成到主图中，调整大小和位置。

提示：

①利用“魔棒工具”，设置容差 30，勾选“连续”复选框，选出背景，再结合“快速选择工具”加、减选区，将背景抠选出来，如图 3-2-16 所示。

图 3-2-15　3.2.p8.jpg 快速编辑

图 3-2-16　3.2.p9.jpg 抠像

②反选后设置收缩 1 像素、羽化 1 像素进行合成。

（7）在主图中调整各个子元素的位置、大小。

5. 合成剪影元素。

打开3.2.p10.jpg文件，合成到主图中，调整大小和位置。

提示：

①利用“魔棒工具”和选区的加操作获得选区，如图3-2-17所示，移动合成到主图，设置水平翻转效果。

②利用“吸管工具”，吸出“脸盆计划”形状背景色，并填色到这个合成对象中。

③调整图层顺序，不要覆盖文字，降低图层透明度为70%，最终效果如样张所示。

6. 将制作好的内容保存源文件格式后，再存储为“ps2-学号.jpg”文件到指定文件夹。

图3-2-17　3.2.p10.jpg抠像

【实验三】　Photoshop CC 2015 进阶抠像及调色合成

一、实验目的

1．掌握色彩范围抠像的要领。

2．掌握钢笔工具抠像的方式方法。

3．掌握抠像工具中的选项—“调整边缘”的使用方式方法。

4．掌握利用曲线、色阶、色彩平衡等方式进行调色的方法。

5．掌握修补工具组、仿制图章组、填充命令的使用方法。

6．掌握文字输入及调整的方式。

二、实验内容

1．使用 Photoshop 软件打开 3.3.p1.jpg 文件，按照以下要求操作，最终以“ps3- 学号 .psd”和“ps3- 学号 .jpg”保存，效果样张如图 3-3-1 所示。

图 3-3-1　Photoshop 实验三样张

2．更换背景。

选出背景层中蓝天等内容进行替换。

提示：

①执行“选择”|“色彩范围”命令，在“色彩范围”对话框中调整合适的容差，勾选“反相”复选框，利用“添加到取样”和“从取样中减去”选项，在背景区域吸取颜色，将背景

和前景进行分离，如图 3-3-2 所示，抠出背景的大体轮廓，如图 3-3-3 所示。

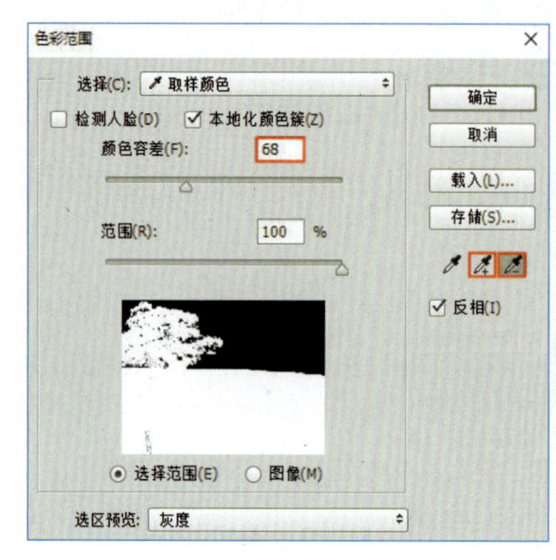

图 3-3-2 色彩范围的设定

图 3-3-3 分离背景主体

②使用其他选区工具和选区加的操作，对选区修正，如图 3-3-4 所示。

③以当前选区创建新图层，打开 3.3.p2.jpg 并合成，调整图层顺序，形成新的背景效果，如图 3-3-5 所示。

图 3-3-4 背景选区修正

图 3-3-5 合成新背景

3. 木屋合成。

抠选木屋，合成到主图中。

提示：

①打开 3.3.p3.jpg 文件，使用“钢笔工具”在木屋的边缘绘制路径，如图 3-3-6 所示。

②利用“路径选择工具”、“直接选择工具”和“转换点工具”等路径工具完成对路径的节点调整，如图 3-3-7 所示。

图 3-3-6　绘制木屋外框路径

图 3-3-7　调整木屋外框路径

③在“钢笔工具”的属性栏中设置路径布尔运算为“排除重叠形状”，再绘制廊柱区域路径并调整。将三组路径全部选择，如图 3-3-8 所示，执行右键快捷菜单中的“建立选区”命令将路径转换为选区，如图 3-3-9 所示，获得木屋的轮廓，如图 3-3-10 所示。

④合成木屋到主图，调整位置以及方向，使用“橡皮擦工具”，在属性栏中选择柔边画笔，调整合适的笔刷大小，在木屋草地边缘进行擦涂，将其和背景融合，如图 3-3-11 所示。

图 3-3-8　完善木屋内框路径

图 3-3-9　木屋路径转选区

图 3-3-10 木屋轮廓抠像

图 3-3-11 木屋合成

4. 小狗合成。

抠选出两只小狗，合成到主图。

提示：

①打开 3.3.p4.jpg 文件，利用“快速选择工具”，抠选出小狗轮廓，如图 3-3-12 所示。

②单击属性栏中的“调整边缘”按钮，在弹出的“调整边缘”对话框中交替使用“调整半径工具”和“抹除调整工具”，在小狗轮廓边缘点涂，让原始的边缘毛发清晰或者将缺失的部分补全，如图 3-3-13 所示。

注 意：在调整的时候，可以通过多个视图模式进行查看，以清晰显示边缘。

③调整完成后，勾选“净化颜色”复选框，设置输出方式，如图 3-3-14 所示，获得抠选好的小狗选区，选择图层合成到主图，调整大小和位置。

图 3-3-12 小狗主体轮廓

图 3-3-13 补全选区（黑白视图）

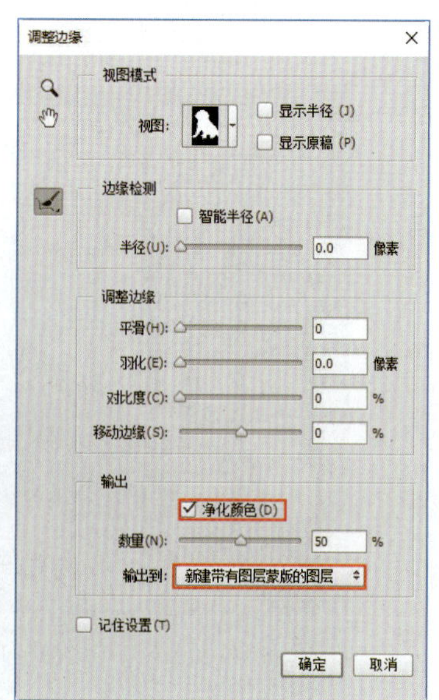

图 3-3-14 输出抠像

④使用同样的方式，抠出另一只小狗的大体轮廓，调整边缘，如图 3-3-15 所示；然后补全耳朵及其他位置，如图 3-3-16 所示；抠出小狗再合成到主图，如图 3-3-17 所示。

图 3-3-15　调整边缘

图 3-3-16　补全选区（黑白视图）

图 3-3-17　输出合成

5. 调整围栏形状。

将围栏所有的木桩都换成一致的圆木形状。

提示：

①选择“修补工具”，在主图图层（图层 1）上，圈出要替换的部分，如图 3-3-18 所示；按住鼠标左键，向左移动到左侧的木桩位置，对齐电线，释放鼠标，如图 3-3-19 所示；补全后效果如图 3-3-20 所示。

图 3-3-18　圈选需要替换的区域

图 3-3-19　修补一根桩子效果

图 3-3-20　修补效果

②利用“仿制图章工具”，在找到电线正常的位置，按下【Alt】键获得仿制源，然后在电线错位的位置涂抹，将错位的电线调整，如图 3-3-21 所示。

图 3-3-21　修整电线后效果

6. 调色。

将合成的背景及木屋调整色调，让合成更自然。

提示：

①选中木屋图层，执行“图像”|“调整”|“曲线”命令，在弹出的“曲线”对话框中将亮度提升（参考数值：输出 150，输入 110），如图 3-3-22 所示。

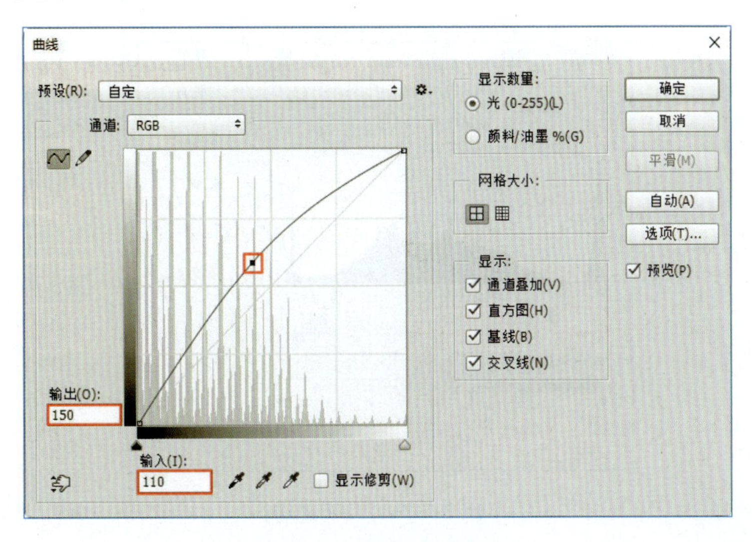

图 3-3-22　调整木屋亮度

②执行“图像”|“调整”|“色彩平衡”命令，在弹出的“色彩平衡”对话框中调整暖色调（参考数值：阴影色阶 −1，−29，−66；中间调色阶 +10，−12，−33；高光色阶 +28，−18，−49），如图 3-3-23、图 3-3-24、图 3-3-25 所示。

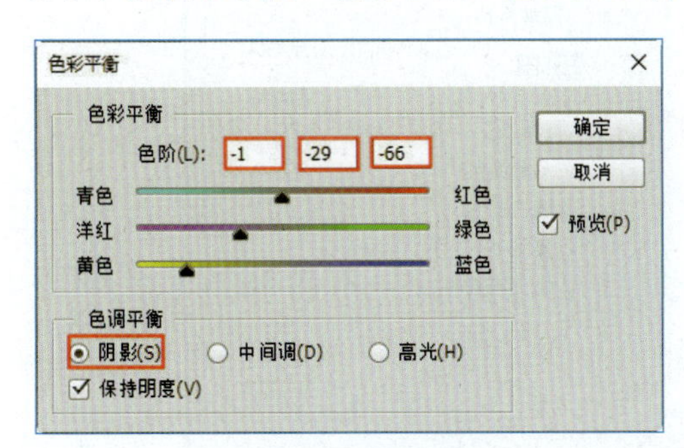

图 3-3-23　调整阴影

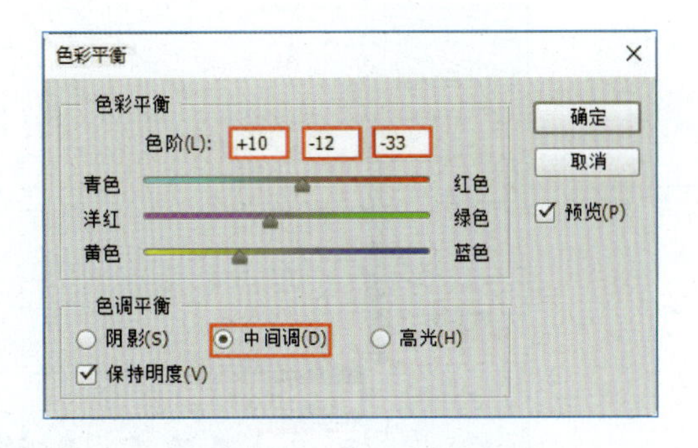

图 3-3-24　调整中间调

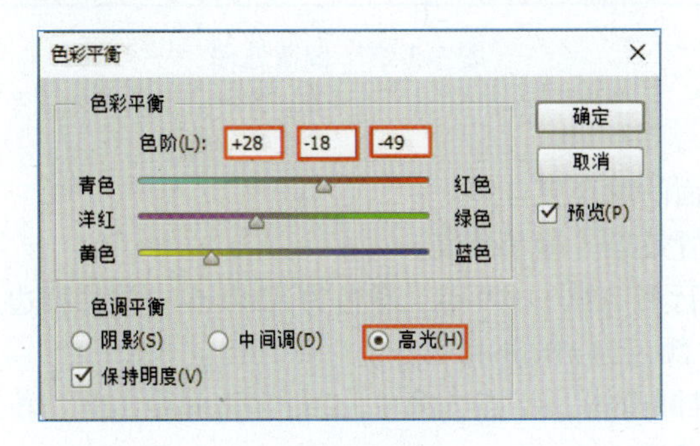

图 3-3-25　调整高光

③选中合成背景（图层2），执行“图像”|“调整”|“色阶”命令，弹出“色阶”对话框进行提亮（色阶参考数值：暗部0，中间调1.29，亮部215），如图3-3-26所示；再执行“曲线”命令，在弹出的“曲线”对话框中进行偏蓝色处理（曲线参考数值：蓝通道输出142，输入93），如图3-3-27所示。

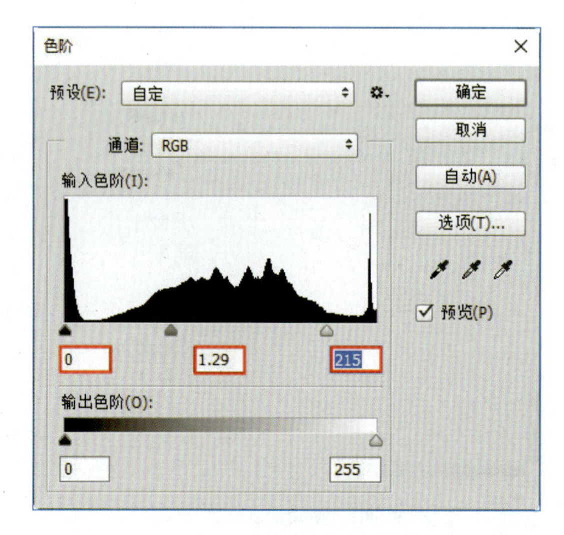

图3-3-26　提亮背景

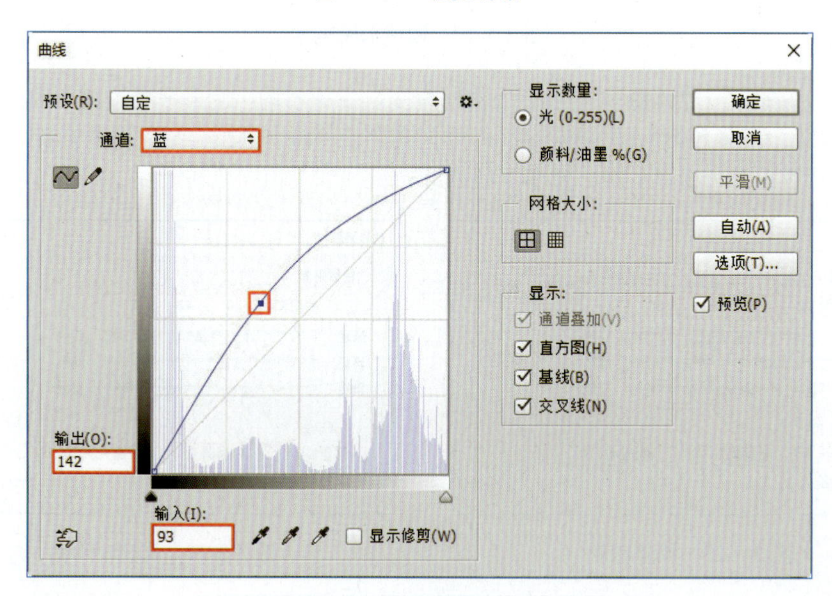

图3-3-27　偏蓝处理

7. 其他处理。

（1）处理小狗与地面的融合更自然。

（2）添加文字及设置效果。参考数值：

“回”“归”：博洋行书7000，149点，颜色为#240a04；添加描边，宽度3像素，位置居外，颜色为#ffe7b4。

偏左文字段：方正准圆简体，12点，第1、2行字符间距120，第3行字符间距–100，颜色#240a04。

文字处理

偏右文字段：方正大标宋简体，12 点，第 1 行字符间距 380，第 2 行字符间距 –150，颜色 #240a04。

提示：

①使用“模糊工具”对黄色的小狗接触地面的部分进行模糊处理。

②添加文字“回”，设置字体属性，如图 3-3-28 所示，将“回”文字层创建副本层，修改文字为“归”。

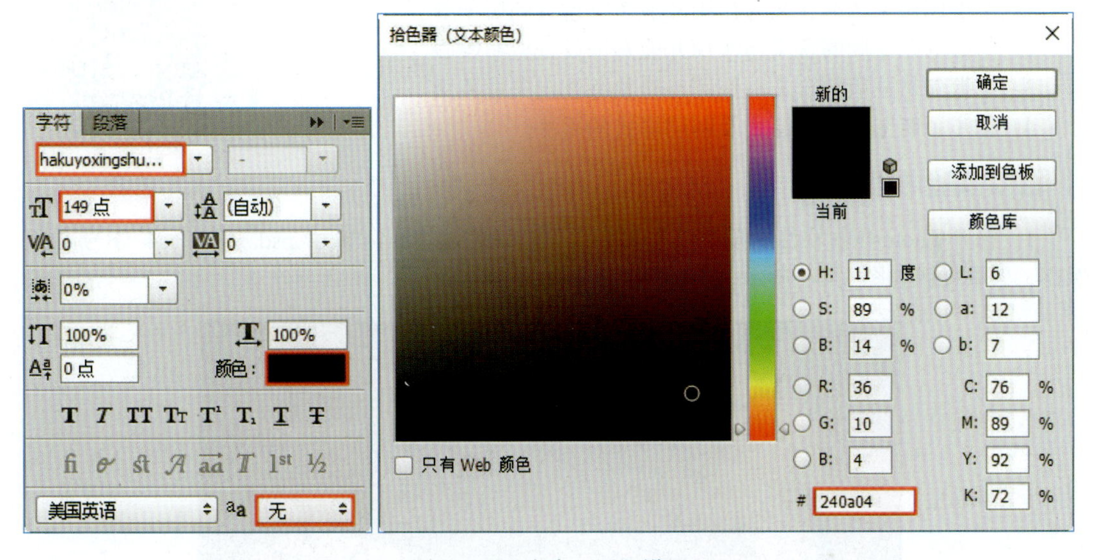

图 3-3-28　文字“回”设置

③新建文字图层，将“3.3.t1.txt”内容第一部分粘贴到文字层中，设置字体属性。

④新建文字图层，将“3.3.t1.txt”内容第二部分粘贴到文字层中，设置字体属性。

⑤将“回”“归”文字层栅格化，执行“编辑”|“描边”命令，添加 3 像素描边，如图 3-3-29 所示。

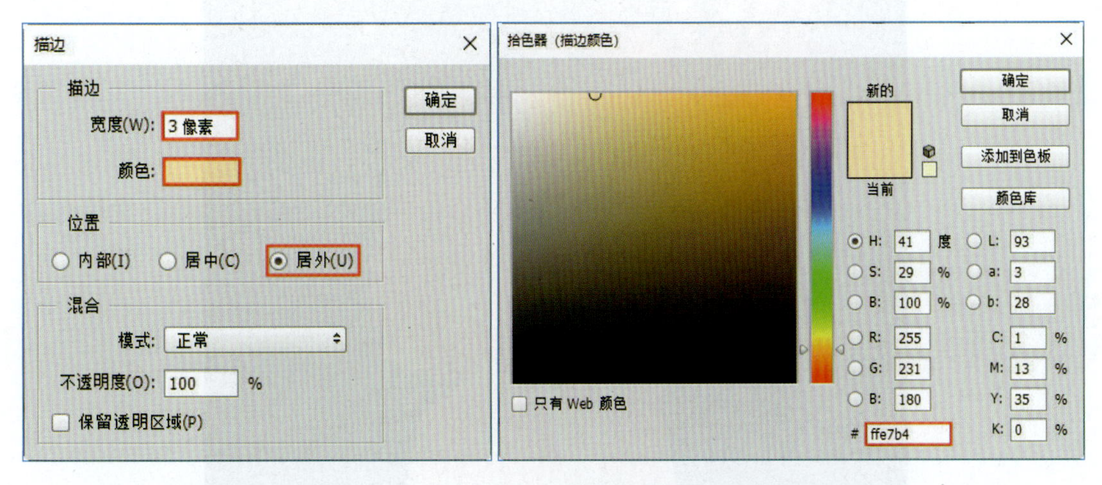

图 3-3-29　文字描边设置

8．将制作好的内容保存源文件格式后，再存储为“ps3- 学号 .jpg”文件到指定文件夹。

【实验四】 Photoshop CC 2015 深入抠像及调色合成

一、实验目的

1. 掌握图层蒙版的含义与作用并能熟练设置图层蒙版。
2. 掌握剪贴蒙版的含义与作用并能熟练设置剪贴蒙版。
3. 掌握矢量蒙版的含义与作用并能熟练设置矢量蒙版。
4. 初步了解图层混合模式及图层样式的用法。

蒙版

二、实验内容

1. 打开 Photoshop 软件，按照以下要求操作，最终以“ps4- 学号 .psd”和“ps4- 学号 .jpg”保存，效果样张如图 3-4-1 所示。

图 3-4-1　Photoshop 实验四样张

2．创建新文件，并设置背景。

（1）新建文件：1000 × 1415 像素，RGB 颜色模式，透明背景，72 像素分辨率。

（2）背景用渐变色填充，填充模式是前景（#ff2528）到背景（#890100）的径向渐变。

（3）利用素材设置背景纹路，创建有纹理的背景效果。

（4）合成彩绸和星光作为闪耀背景。

（5）合成人群，作为群体背景。

提示：

①新建文件，设置文件基本参数，存储为“ps4- 学号 .psd”。

②设置前景色和背景色后，使用“渐变工具”填充图层，在拉伸渐变前，在渐变工具的属性栏里设置渐变模式及渐变方向，完成效果如图 3-4-2 所示。

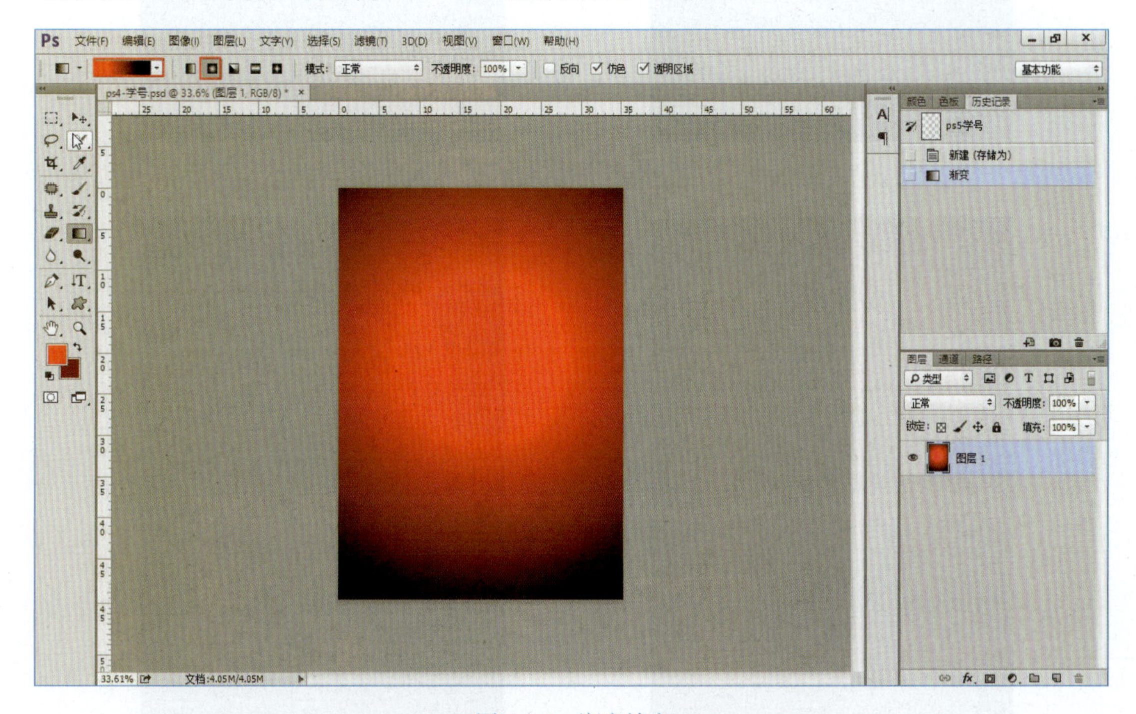

图 3-4-2 渐变填充

③打开 3.4.p1.jpg 文件并合成到主文件中，单击图层窗格中的“添加图层蒙版”按钮，为合成的图层创建图层蒙版，设置前景色为黑色，使用合适的柔边画笔和笔刷，在蒙版中涂抹，使得该纹理边缘和背景融合，如图 3-4-3 所示。

④打开 3.4.p2.jpg 文件并合成到主文件中，设置图层混合模式为“滤色”，降低不透明度，将背景处理为带纹理的效果，如图 3-4-4 所示。

⑤打开 3.4.p3.jpg 文件并合成到主文件中，设置图层混合模式为“明度”，降低不透明度，如图 3-4-5 所示。

⑥打开 3.4.p4.jpg 和 3.4.p5.jpg 文件并分别合成到主文件中，设置 3.4.p5.jpg 所在图层的不透明度，如图 3-4-6 所示。

图 3-4-3 合成背景 1

图 3-4-4 合成背景 2

图 3-4-5 合成背景 3

图 3-4-6 合成背景 4

3. 主体元素合成。

合成火炬、射光灯光线、代表性的人物。

（1）合成火炬，边缘融合到背景中。

（2）合成射光灯光线，边缘融合到背景中。

（3）合成人物及人物的特征性质。

提示：

①打开 3.4.p6.jpg 文件并合成到主文件中，调整大小和位置，为该图层添加图层蒙版，使用适当的画笔及笔刷大小，保持前景色为黑色，在蒙版中涂抹，将火炬的边缘与背景融合，如图 3-4-7 所示。

注　意：这里也可以使用反相蒙版，用白画笔擦除内容。

图 3-4-7　火炬合成

②打开 3.4.p7.jpg 文件并合成到主文件中，调整大小，添加图层蒙版，融合边缘，调整图层不透明度，使得和背景更匹配，如图 3-4-8 所示。

③打开 3.4.p8.jpg 文件，抠出人物主体后合成到主文件中，调整大小和位置，如图 3-4-9 所示。

图 3-4-8　射光灯合成

图 3-4-9　主体人物合成

④打开 3.4.p9.jpg 文件并合成到主文件中，将鼠标指针定位到人物图层和刚合成的图层（3.4.p9.jpg）的中间，按住【Alt】键的同时在两个图层的交界位置单击，将人物图层作为裁剪区域，创建了剪贴蒙版（也可以选择刚合成的图层，执行“图层”|“创建剪贴蒙版”命令）。

⑤调整被遮蔽对象（合成图层）的大小和位置。

⑥创建被遮蔽对象（合成图层）的多个副本，再分别约束到人物剪贴蒙版中，移动旋转位置，

按照效果，补全人物的没有被合成图层遮蔽完全的部分；在被遮蔽图层的副本中，创建图层蒙版，将两个被剪贴对象相交的位置进行融合，如图 3-4-10 所示。

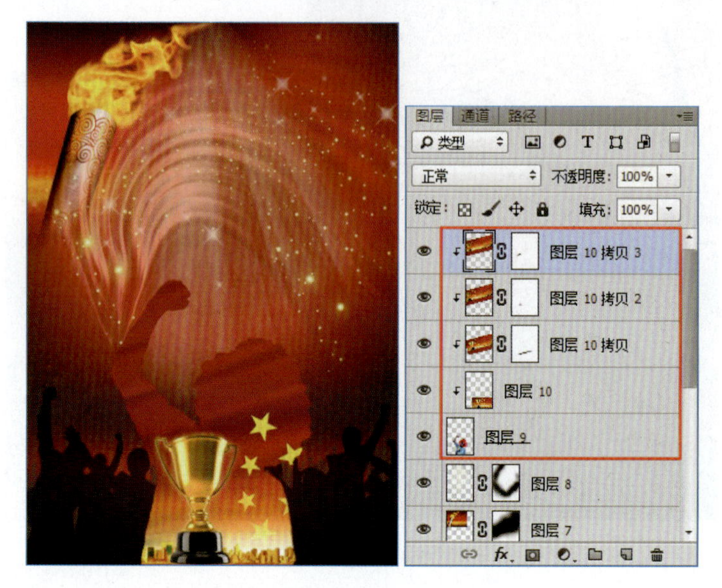

图 3-4-10 人物特征合成

⑦在剪贴图层内部最上层，单击图层窗格中“创建新的填充或调整图层”，添加“色相/饱和度”调整图层，调整整体剪贴图像色相偏红（参考值：饱和度 +100），再添加“曲线”调整图层，提亮剪贴蒙版中剪贴内容整体亮度，再调整红通道的亮度（参考值：RGB 模式输入 66，输出 120；R 模式输入 54，输出 121），将两个调整图层拖动至剪贴蒙版内部，如图 3-4-11、图 3-4-12 所示。

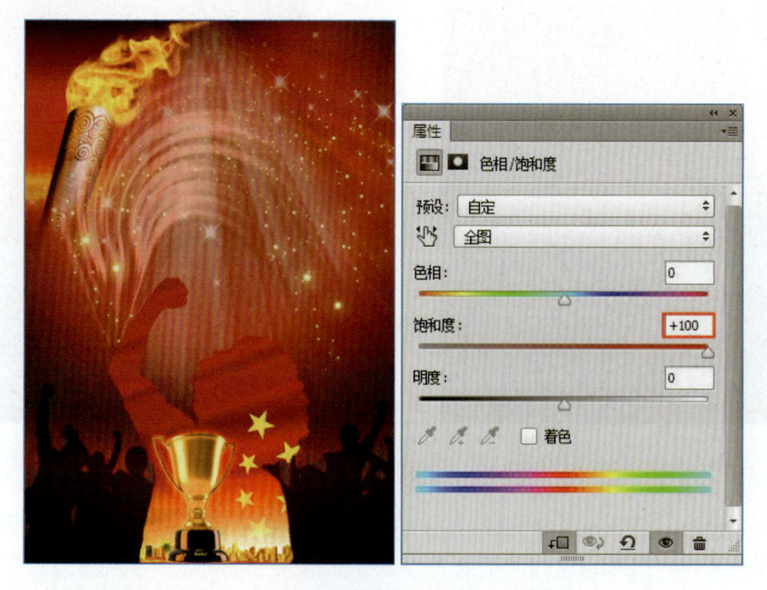

图 3-4-11 人物调色处理（色相/饱和度）

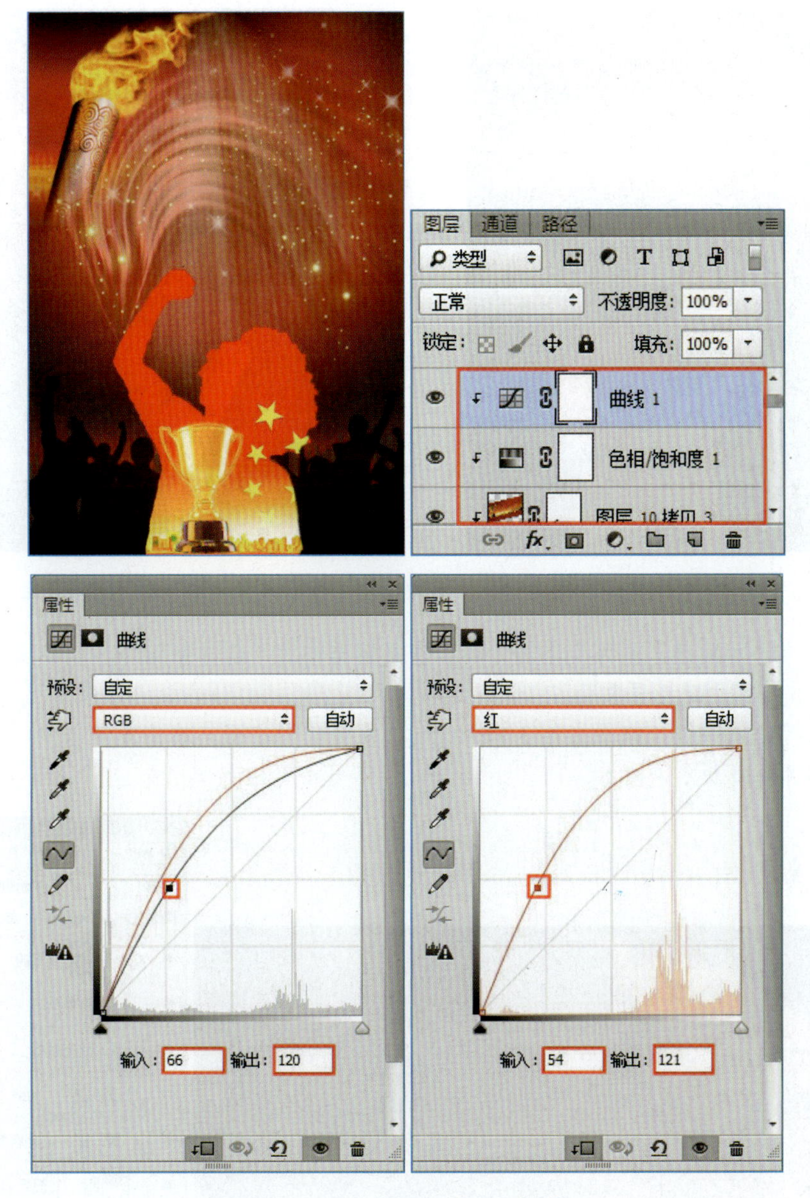

图 3-4-12　人物调色处理（曲线）

4．文字输入及设置。

（1）输入主体文字并设置上弧形效果，纹理填充，按照光线增亮文字的显示区域，设置文字描边图层样式。参考数值：

“为冠军喝彩”：大小150点，汉仪菱心体简，白色，调整合适的字符间距，设置文字上弧形变，适当调整形变参数。

提示：

①单击“横排文字工具”，创建文字，输入内容并设置属性。字符间距：前三个字字符间距为-100；调整前后两个字字符间距为50；设置变形文字为“上弧形”，形变参数参考为：弯曲-23，水平扭曲44，垂直扭曲13，输入完成后，可以借助辅助线和变换工具，如图3-4-13所示，调整变换中心点到左下角控制点上，旋转文字，将文字回正，如图3-4-14所示。

图 3-4-13　文字设置

图 3-4-14　文字回正效果

②为文字添加纹理：选择文字层，单击图层窗格中的“创建新组”，创建文字组，并以文字选区为文字组创建图层蒙版。

③为文字添加纹理：打开文件 3.4.p10.jpg 文件合成到主图，放在文字组中，并位于文字上面，如图 3-4-15 所示。

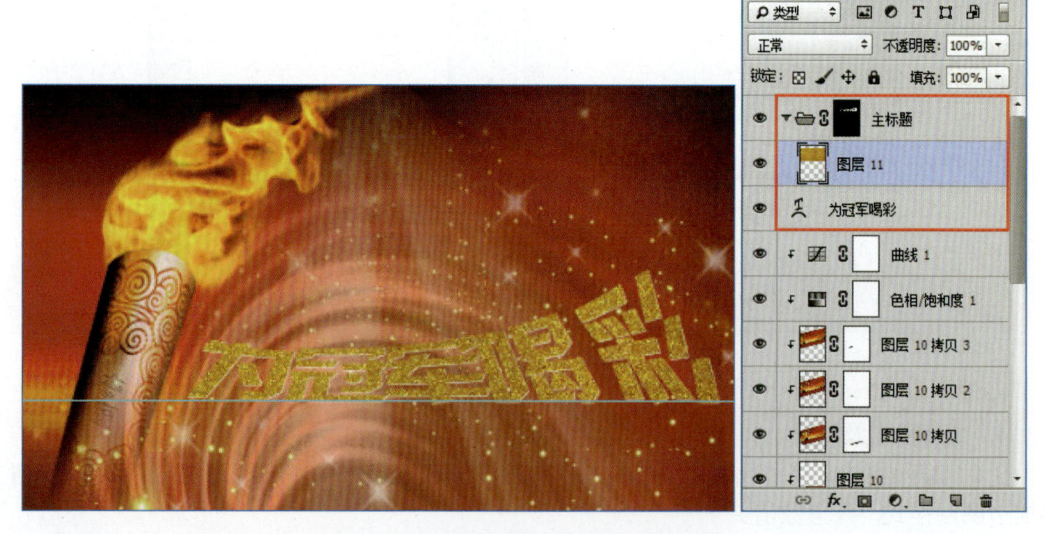

图 3-4-15　通过文字组蒙版设置纹理

④为文字调色：复制纹理图层，混合模式改为“滤色”，不透明度改为 80%，添加黑色图层蒙版，设置画笔不透明度和白色前景色，把文字局部需要变亮的区域涂出来，给文字顶部提高亮度，如图 3-4-16 所示。

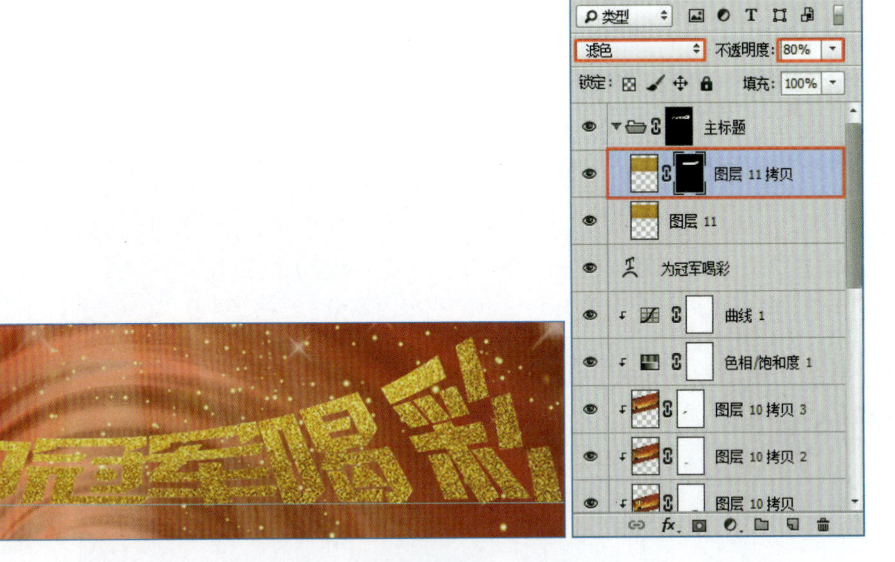

图 3-4-16 文字顶部提亮

注　意：这里光源来自顶部，涂抹亮部的时候，可以按照透明度深浅从文字顶部向下逐步降低透明度涂抹，主要是顶部提亮。

⑤为文字调色：在文字组中最上层创建“色阶”调整图层，调整暗部和亮部滑块向中心移动，增加明暗对比（参考数值：14,1,224），如图 3-4-17 所示。

图 3-4-17 添加文字明暗对比度

⑥为文字调色：创建“曲线”调整图层，整体提亮（参考数值：输入 90，输出 155），选择“渐变工具”，前景和背景颜色设置为白、黑，在曲线调整图层蒙版中设置前景到背景的径向渐变，

调整曲线应用范围，如图 3-4-18 所示；设置局部提亮（中心位置顶部亮，四周偏暗），设置完成后效果如图 3-4-19 所示。

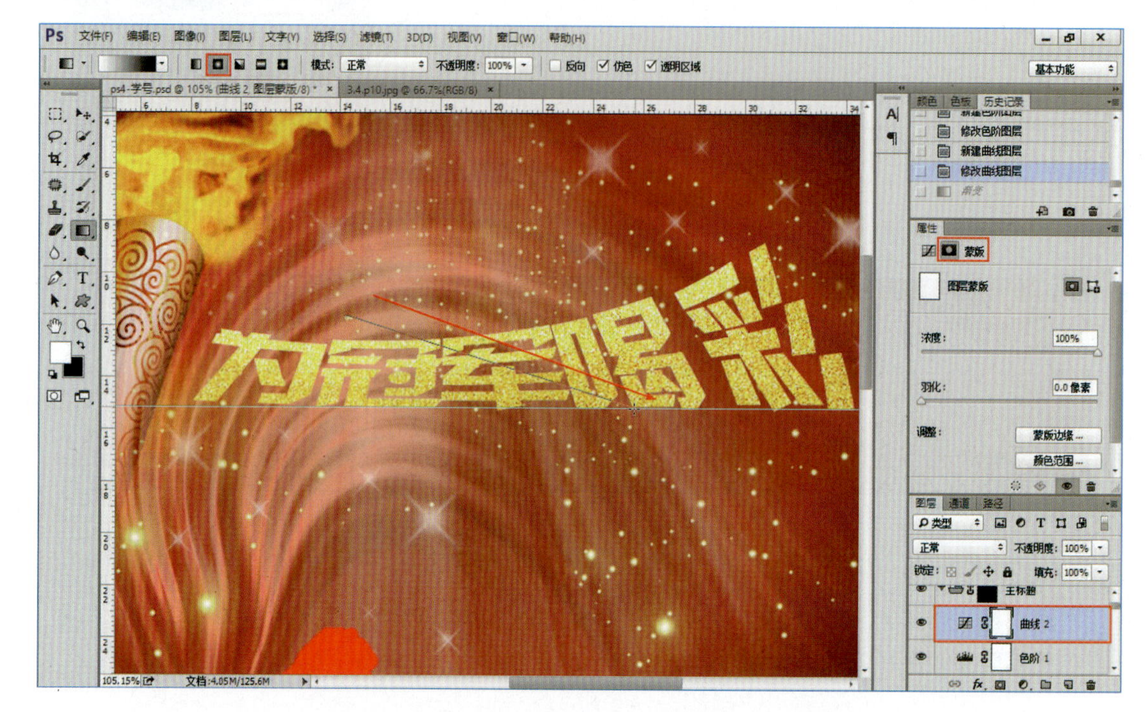

图 3-4-18　曲线提亮的应用范围

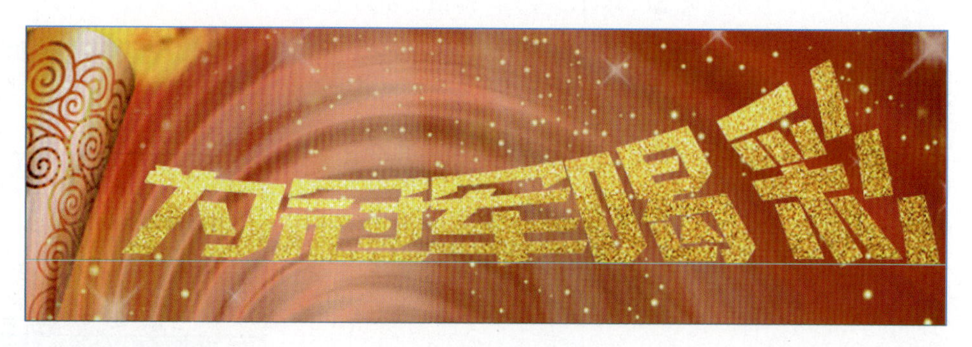

图 3-4-19　提亮效果

⑦为文字添加样式：为文字图层组添加描边图层样式（参考数值：大小 2 像素、居中位置、白色，其他默认），设置效果如图 3-4-20 所示。

⑧为文字创建倒影：将文字组建立组的副本，将该组转换为智能对象，再栅格化该对象，利用“变换工具”，设置垂直翻转，利用图层蒙版，将文字内容部分淡化，设置图层不透明度为 80%，设置效果如图 3-4-21 所示。

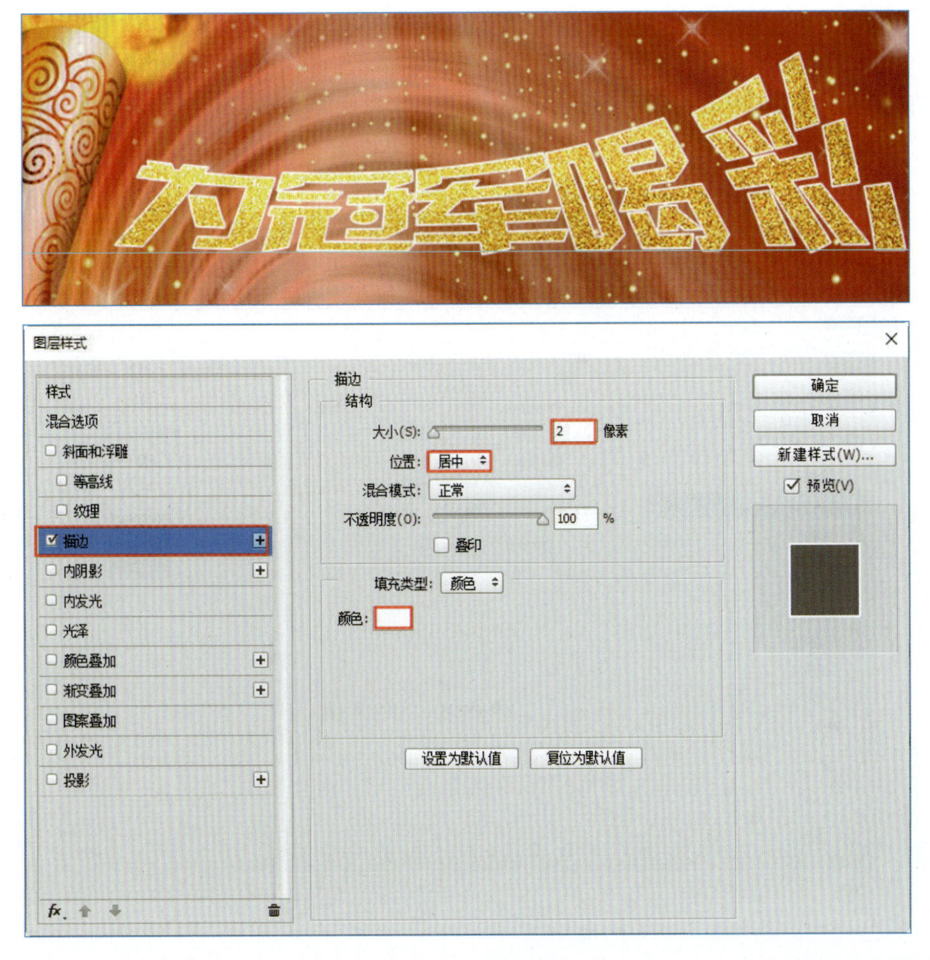

图 3-4-20 文字描边

图 3-4-21 文字倒影

（2）输入其他文字并设置属性。参考数值：

“此刻，因你而精彩”：大小 25 点，方正粗倩简体，白色；字符间距 200。

“夺冠”：大小 170 点，汉仪菱心体简，白色，字符间距 150，空心。

提示：

①设置文字描边空心字可以有多种方式，常见的可以使用图层样式设置描边（参考数值：大小 1 像素，位置外部，白色，其余默认），如图 3-4-22 所示，然后调整文字的填充为 0，还有一种是利用文字蒙版工具，获得文字选区后，利用“编辑”|“描边”命令实现。

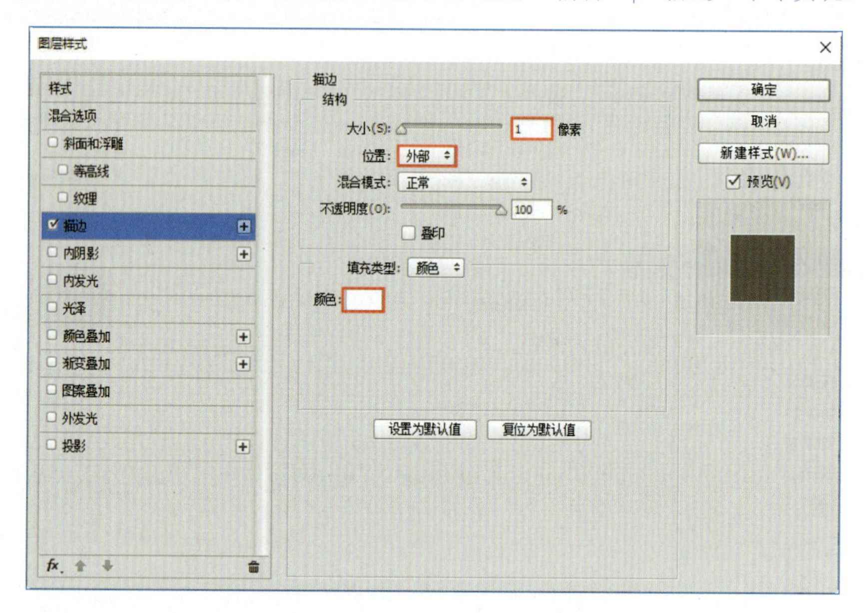

图 3-4-22 描边设置（图层样式方式）

②设置图层的不透明度，调整该文字层到“此刻，因你而精彩”图层的下方，如图 3-4-23 所示。

图 3-4-23 文字效果

5. 将制作好的内容保存源文件格式后，再存储为“ps4- 学号 .jpg”文件到指定文件夹。

【实验五】　Photoshop CC 2015 高级抠像及调色合成

一、实验目的

1. 了解通道的含义，掌握通道抠像的要领。
2. 初步了解滤镜的使用方式方法。
3. 了解特殊变换的制作方式。
4. 初步了解图层样式的作用及制作方法。
5. 了解调整图层的作用及设置方式。

二、实验内容

1. 使用 Photoshop 软件打开 3.5.p2.jpg 文件，按照以下要求操作，最终以“ps5- 学号 .psd”和“ps5- 学号 .jpg”保存，效果样张如图 3-5-1 所示。

图 3-5-1　Photoshop 实验六样张

2. 背景处理。

将背景中的脚印填补一些，恢复沙丘原貌。

提示：

将背景建立副本，使用“仿制图章工具”和“修补工具”，修补前面的脚印，如图 3-5-2 所示。

图 3-5-2　背景处理

3．树的合成。

抠选树，合成到主图中。

图 3-5-3 复制蓝色通道

提示：

①打开 3.5.p1.jpg 文件，创建背景的副本，打开通道窗口，复制蓝色通道，如图 3-5-3 所示。

②执行“图像”|“计算”命令，在弹出的对话框中将蓝色拷贝通道通过计算增大亮部和暗部的差异（参考数值：“正片叠底”混合，不透明度为“100%”），如图 3-5-4（a）所示；如果差异化不够大，需要再执行一次，执行参数如图 3-5-4（b）所示。

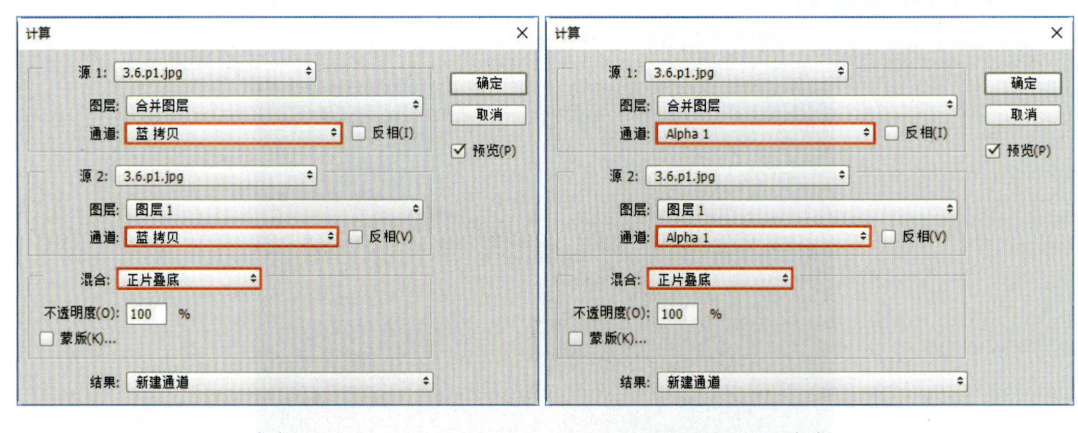

（a） （b）

图 3-5-4 执行两次“计算”命令效果及参数

③执行“图像”|“调整”|“色阶”命令，在弹出的对话框中设置进一步扩大明暗的差异（参考数值：暗部 0，中间调 1，高光 37），如图 3-5-5 所示。

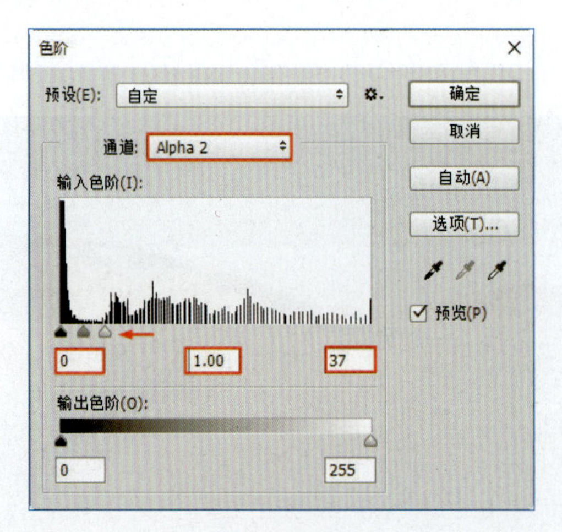

图 3-5-5 执行“色阶”命令

④建立 Alpha2 通道副本或 Alpha2 通道中，利用 RGB 通道，使用“钢笔工具”，将除树干以外的草地抠选出来，如图 3-5-6 所示。

图 3-5-6　绘制草地的路径

⑤将路径转换为选区，选择 Alpha2 通道，在该通道的选区内填充纯白色，如图 3-5-7 所示。查看除树以外的地方是否还有灰度，如有，就用白色画笔涂抹。

图 3-5-7　选区填色

⑥执行“图像”|“调整”|“反相”命令，再次查看除树以外的地方是否还有灰度，如有，就用黑色画笔涂抹，如图 3-5-8 所示；选择 Alpha2 通道副本选区，回到 RGB 通道，回到图层，如图 3-5-9 所示。

图 3-5-8 通道生成

图 3-5-9 选区生成

⑦依据选区创建图层蒙版，如图 3-5-10 所示，添加一个新图层，整个图层填充红色，查看是否有蓝色存在。如果有蓝色边缘，需要收缩选区后重建蒙版，处理好后将带蒙版的树图层合成到主图。

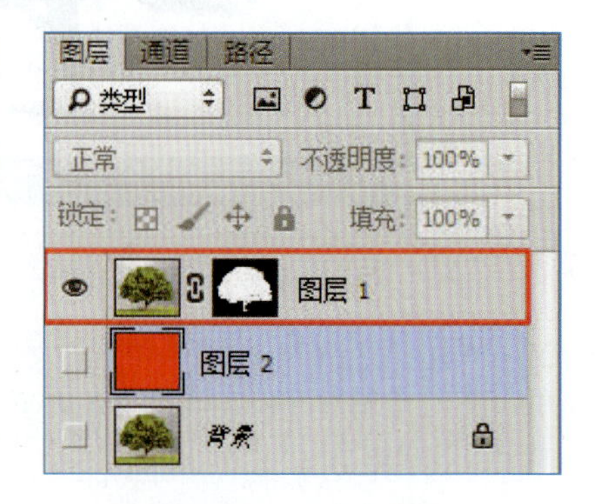

图 3-5-10 生成蒙版

4. 阴影制作合成。

制作树的阴影与树融合。

提示:

①新建空图层，在树干的底部位置绘制一个椭圆选区，填充黑色，执行“滤镜”|“模糊”|“高斯模糊”命令，在弹出的对话框中设置半径为 15，设置图层不透明度为 75%，如图 3-5-11 所示。

图 3-5-11　制作阴影

②执行“编辑”|“透视变形”命令，将阴影调整方向，形成后大前小效果，符合光照的方向，如图 3-5-12 所示。

图 3-5-12　透视效果设置

注　意： 透视变形命令第一次执行是定义平面，按【Enter】键后才能在该平面中调整透视方向。

③右击“树”图层，执行快捷菜单中的“应用蒙版”命令，将蒙版和原图层合成，然后创建副本，调整该图层到制作的阴影图层上方，并添加图层蒙版，使用黑色画笔在蒙版中涂抹，将树根部分和沙子融合，融合效果如图 3-5-13 所示。

图 3-5-13 融合根部

5. 树的调色处理。

根据光的来源对树进行调色处理。

①将上述“树”图层创建副本，绘制一个选区，将树丛分成两部分，设置羽化为 10 像素，如图 3-5-14 所示。

图 3-5-14 设置选区

②以当前选区为基准，添加曲线调整图层，创建剪贴蒙版，只应用在“树”副本图层上，将树的前面部分调暗（参考数值：输入 146，输出 92），如图 3-5-15 所示。

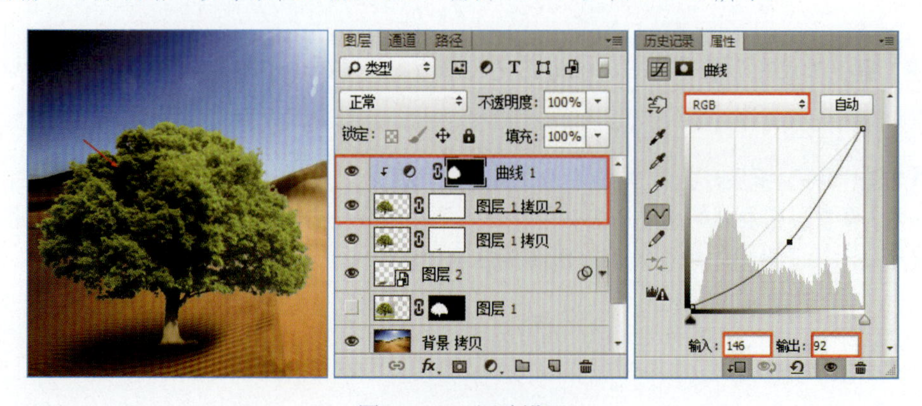

图 3-5-15 调暗设置

③反选出树后面部分的选区，新建“曲线”调整图层，亮部调亮，暗部调暗和前面过渡，（参考数值输入175，输出184和输入93，输出76），创建剪贴蒙版，只应用在“树”副本图层上，如图3-5-16所示。

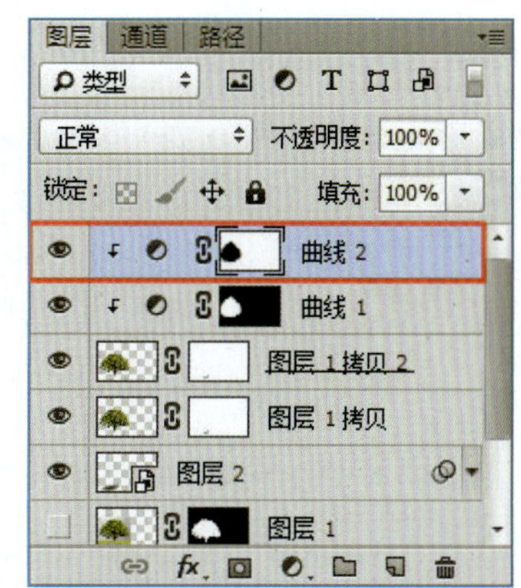

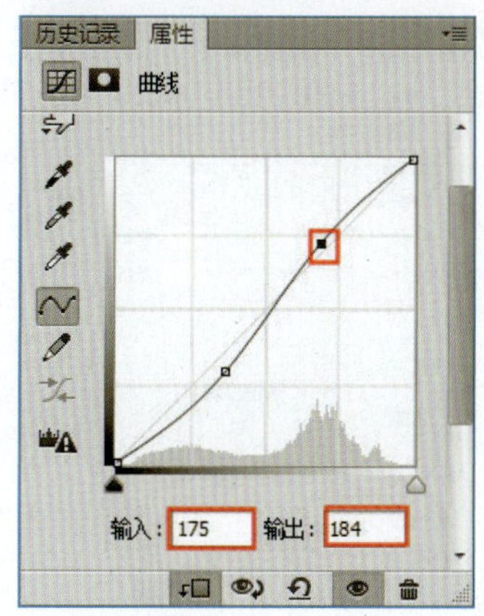

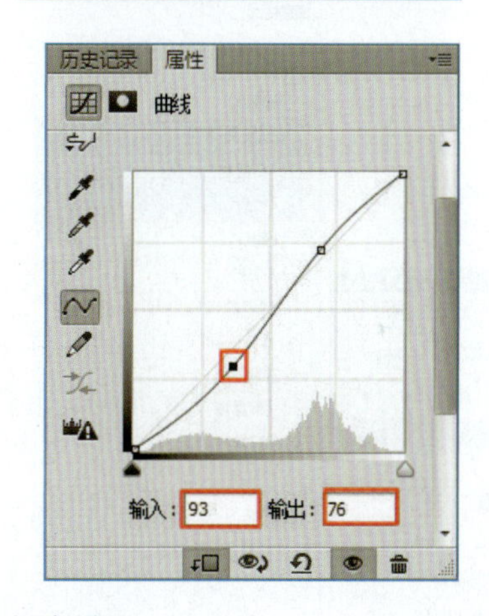

图3-5-16　调亮设置

6．光晕设置。

创建背景的副本，执行“滤镜”|“渲染”|“镜头光晕”命令，添加光照效果。

提示：

镜头光晕滤镜产生光照及光晕的效果，主要调整照射中心即可，如图3-5-17所示。

图3-5-17　光照效果

7．文字合成。

添加文字并制作融合效果。参考数值：

文字属性：方正正大黑简体，60点，字符间距为100，黑色。

斜面和浮雕图层样式：样式为“枕状浮雕”，其他默认。

提示：

①创建原背景的副本，移动到最上方，再创建文字并设置属性，如图3-5-18所示。

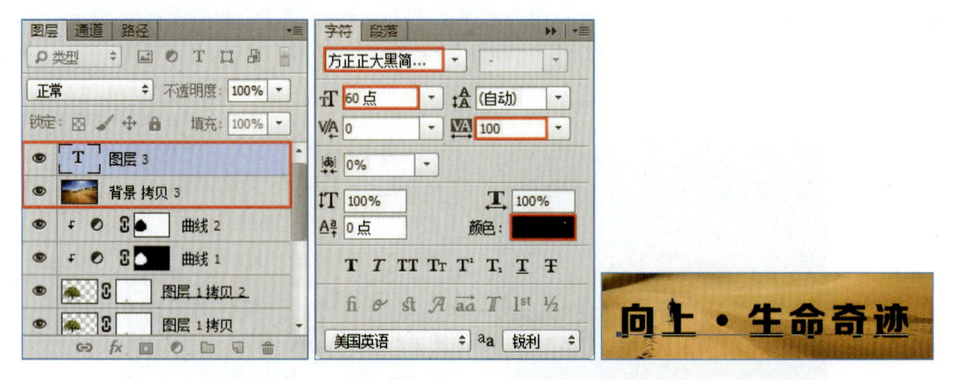

图 3-5-18 输入文字及设置

②为文字层设置斜面和浮雕的图层样式（参考数值：枕状浮雕，大小 7，其余默认参数），如图 3-5-19 所示，调整文字到合适的位置。

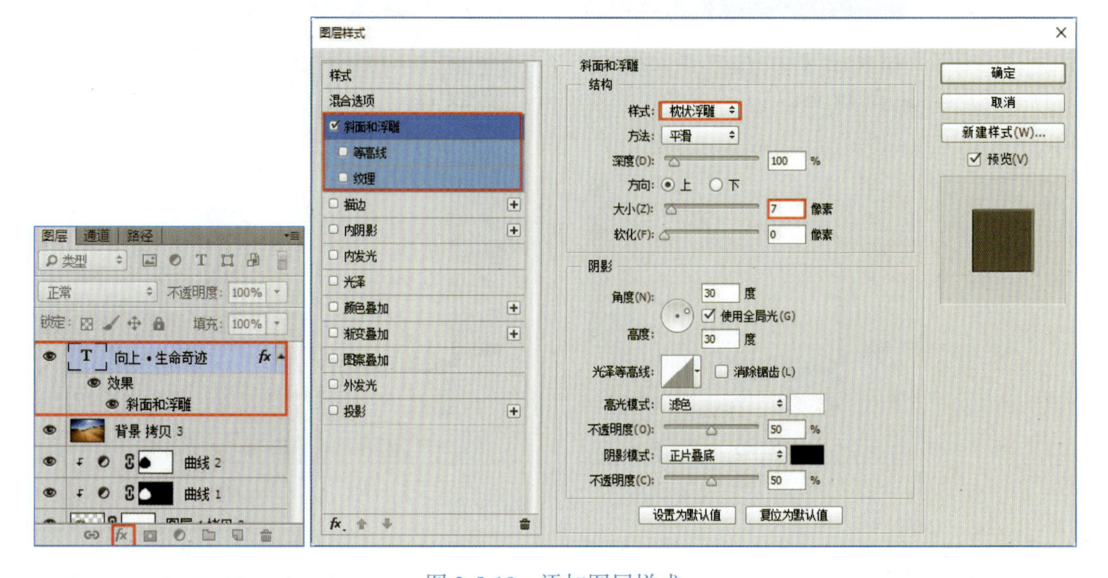

图 3-5-19 添加图层样式

③将文字层调整到背景副本下方，为背景副本层创建以文字裁剪的剪贴蒙版，如图 3-5-20 所示。

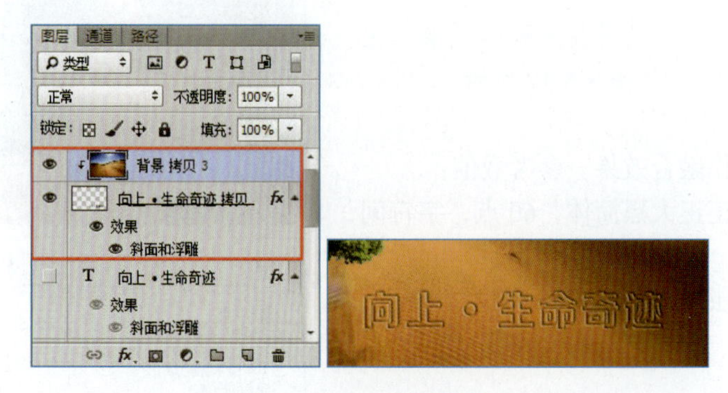

图 3-5-20 文字效果

8. 将制作好的内容保存源文件格式后，再存储为“ps5- 学号 .jpg”文件到指定文件夹。

【实验六】　Photoshop CC 2015 图层样式及滤镜

一、实验目的

1．掌握图层样式设置的作用及设置方式方法。
2．掌握各组滤镜基本设置方式方法。
3．了解调整图层的作用及设置方式。
4．了解智能对象的作用及设置方式。

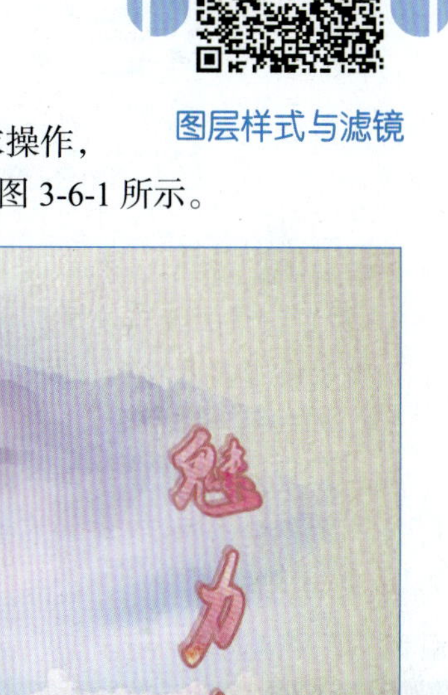

图层样式与滤镜

二、实验内容

1．使用 Photoshop 软件打开 3.6.p1.jpg 文件，按照以下要求操作，最终以“ps6- 学号 .psd”和“ps6- 学号 .jpg”保存，效果样张如图 3-6-1 所示。

图 3-6-1　Photoshop 实验六样张

2．调整背景颜色。

调整画面使得画面呈现偏蓝色调。

提示：

建立背景图层的副本，对副本添加“曲线”调整图层，调整蓝色通道的数值（参考数值：蓝通道输入 86，输出 146），使得画面呈现蓝色调，如图 3-6-2 所示，图层进行盖印，得到新的调整后的图层。

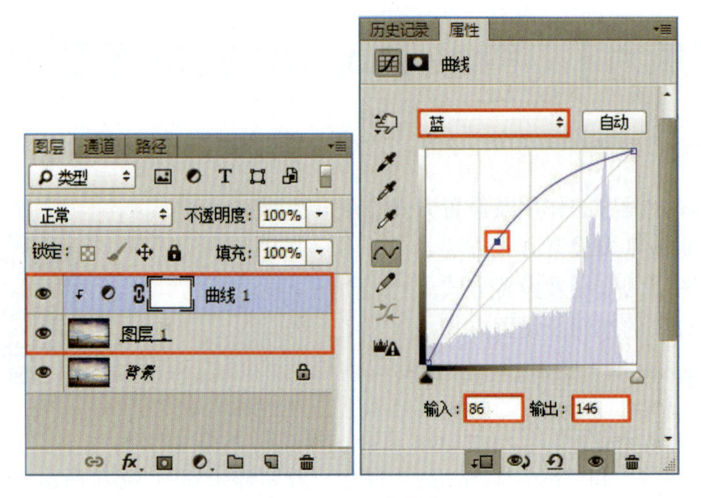

图 3-6-2　调整背景色调

3．设置背景的滤镜效果。

对背景设置多重滤镜效果，达到水彩画效果。

提示：

①利用“图层”快捷菜单中的“转换为智能对象”命令，将盖印图层转换为智能对象，执行“滤镜”|“滤镜库”命令，添加滤镜库中的“干画笔”滤镜，画笔大小为2，画笔细节为8，纹理为1，如图3-6-3所示。

图 3-6-3　干画笔滤镜效果

②添加滤镜库中的“木刻”滤镜，色阶数为5，边缘简化度为4，边缘逼真度为1，如图3-6-4所示，设置该层滤镜的图层混合模式为“点光”，如图3-6-5所示。

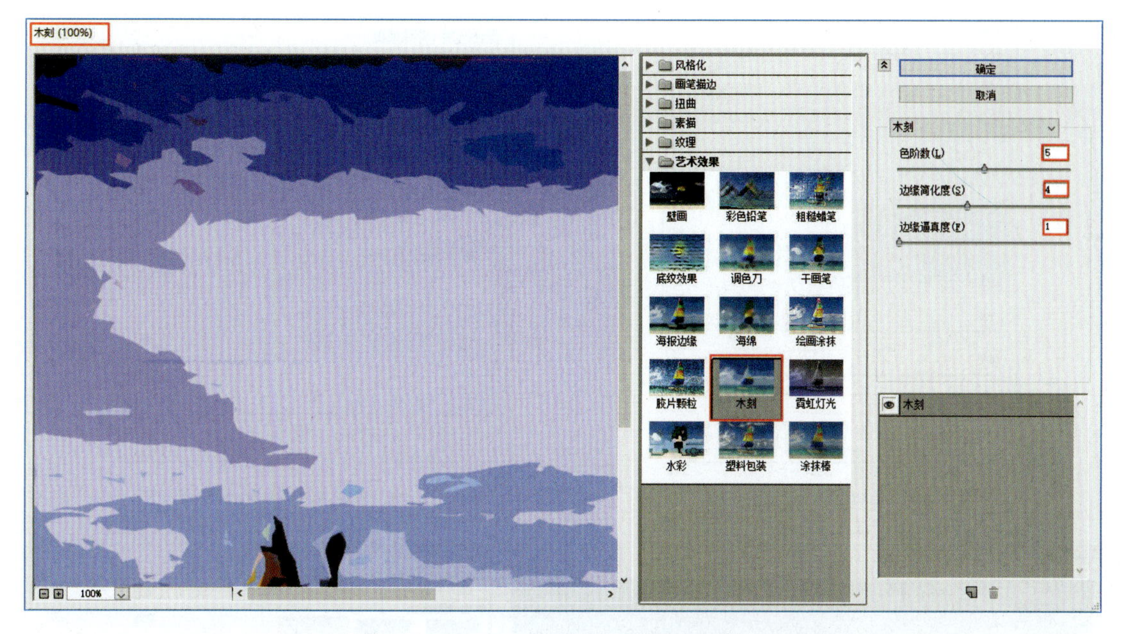

图 3-6-4　木刻滤镜效果

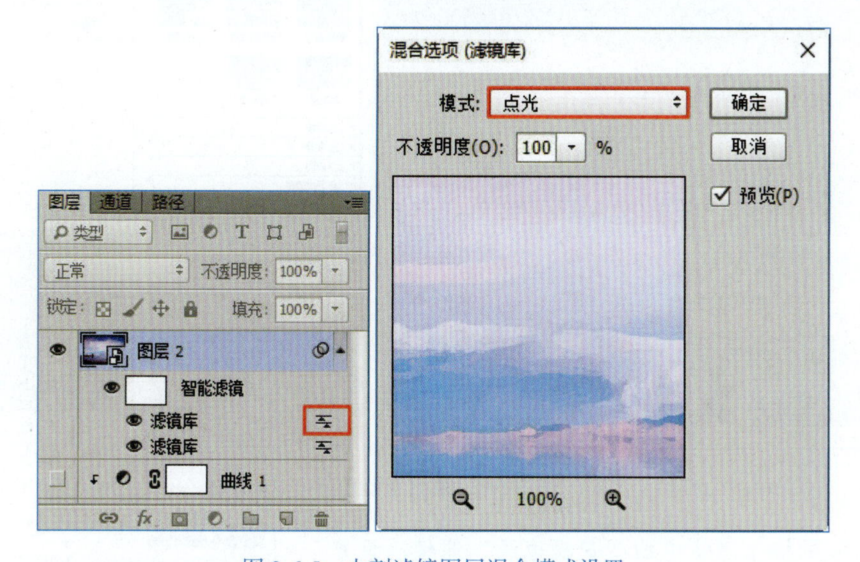

图 3-6-5　木刻滤镜图层混合模式设置

③添加模糊滤镜中“特殊模糊”滤镜，模糊半径为 5，阈值为 100，高品质，如图 3-6-6 所示，再设置图层混合模式为“滤色”，不透明度为 30%，如图 3-6-7 所示。

④添加滤镜库中的“喷溅”滤镜，营造点状效果，喷色半径为 2，平滑度为 2，如图 3-6-8 所示。

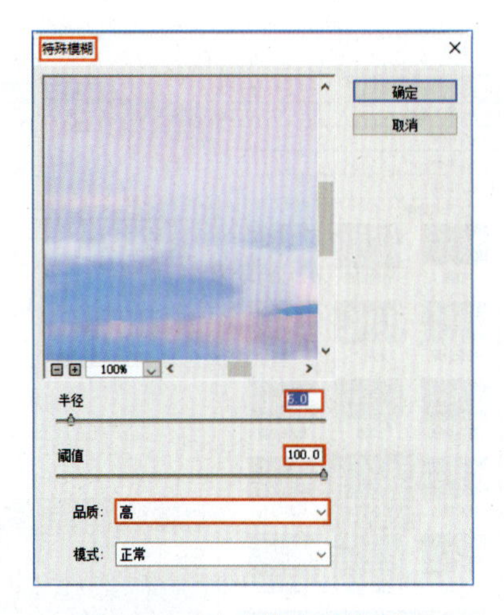

图 3-6-6　特殊模糊滤镜设置

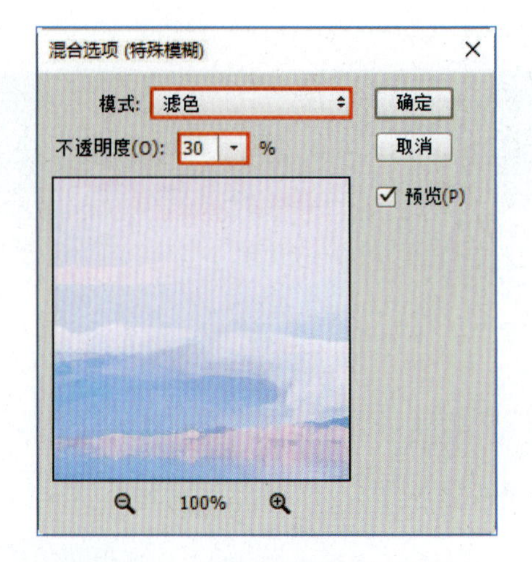

图 3-6-7　特殊模糊滤镜混合设置

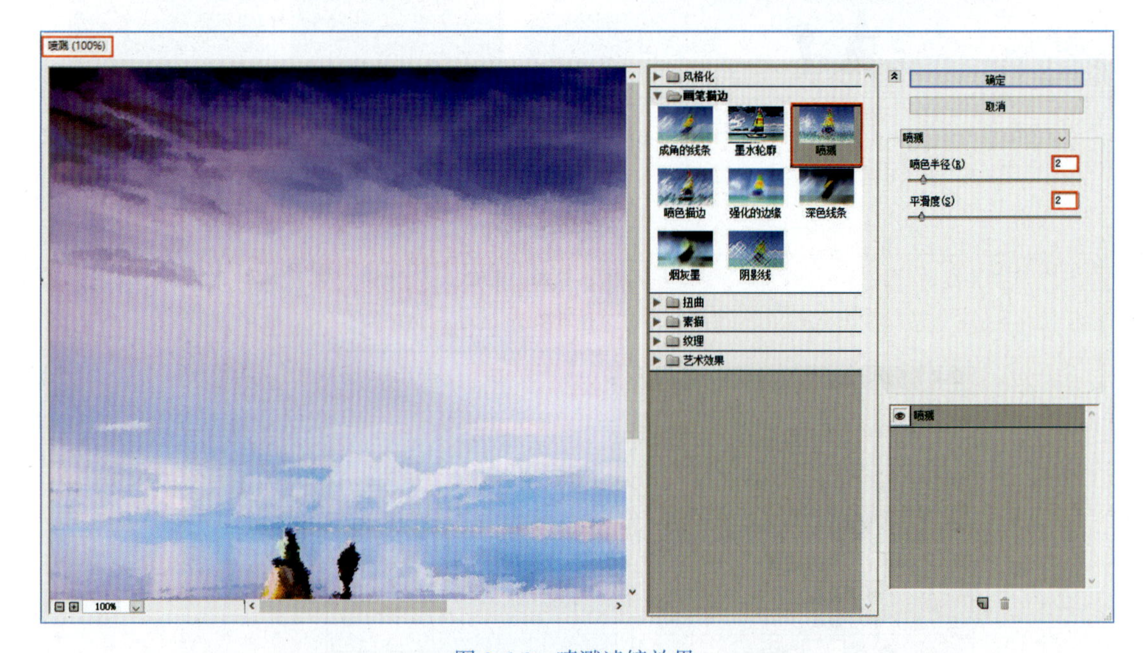

图 3-6-8　喷溅滤镜效果

⑤添加风格化滤镜中的“查找边缘”滤镜，设置图层混合模式为“正片叠底”，不透明度为 20%，如图 3-6-9 所示。

4．创建镜框效果。

利用素材和效果画笔，生成镜框效果。

提示：

①利用所给画笔，安装新画笔到画笔库中。

②将 3.6.p2 文件移动合成到主文件，缩放大小和位置，铺满整个画面。

③在新图层（合成文件）上添加图层蒙版，选择新安装的画笔，使用黑色画笔进行涂抹，如图 3-6-10 所示。

图 3-6-9　查找边缘滤镜效果及混合设置

注　意：这里使用画笔的不同，将产生不同的显示效果，不一定完全和样张一致。

图 3-6-10　镜框效果

5．设置文字效果。

输入文字并设置以所给素材为纹理的文字五彩效果，添加内发光、描边图层样式，创建立体效果。参考数值：

文字属性：禹卫书法行书简体，大小 72 点，行距 18 点，字距 400，颜色白色。

内发光图层样式：不透明度 48%，大小 9 像素，颜色为 #b05972，其他默认。

描边图层样式：大小 4 像素，位置外部，颜色 #db819b，其他默认。

提示：

①输入文字，并设置字符属性。

②将 3.6.p3 文件移动合成到主文件，创建以文字剪裁的剪贴蒙版，调整合成图层的位置和旋转角度，如图 3-6-11 所示。

图 3-6-11　文字填色效果

③给文字图层添加内发光、描边图层样式，参数可以根据实际情况调整。

④选择剪贴蒙版图层与文本层，单击图层窗格中“创建新组”，将剪贴蒙版图层与文本成组；创建组副本，调整组副本的图层顺序，然后并向左上移动一些距离，将下层组的不透明度改为50%，制作立体效果，如图3-6-12所示。

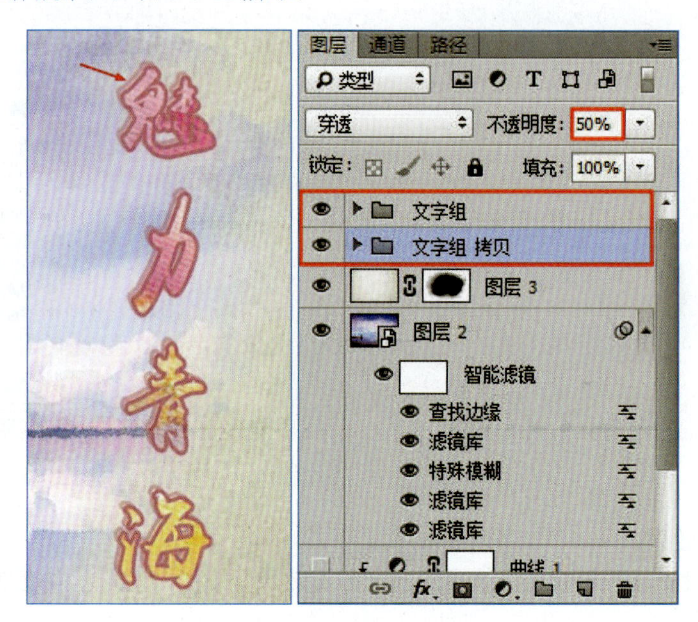

图 3-6-12　文字立体效果

6．将制作好的内容保存源文件格式后，再存储为“ps6-学号.jpg”文件到指定文件夹。

【实验七】 Photoshop CC 2015 图像处理综合实训

一、实验目的

1. 熟练掌握各种抠像的要领。
2. 熟练掌握调色的方式和方法。
3. 熟练掌握图层混合模式及图层样式的操作方法。
4. 熟练掌握滤镜的制作方法。
5. 熟练掌握布局构图、图像处理的综合技术，培养良好的工作思维。

二、实验内容

1. 使用 Photoshop 软件打开 3.7.p1.png 文件，按照以下要求操作，最终以“ps7- 学号 .psd”和“ps7- 学号 .jpg”保存，效果样张如图 3-7-1 所示。

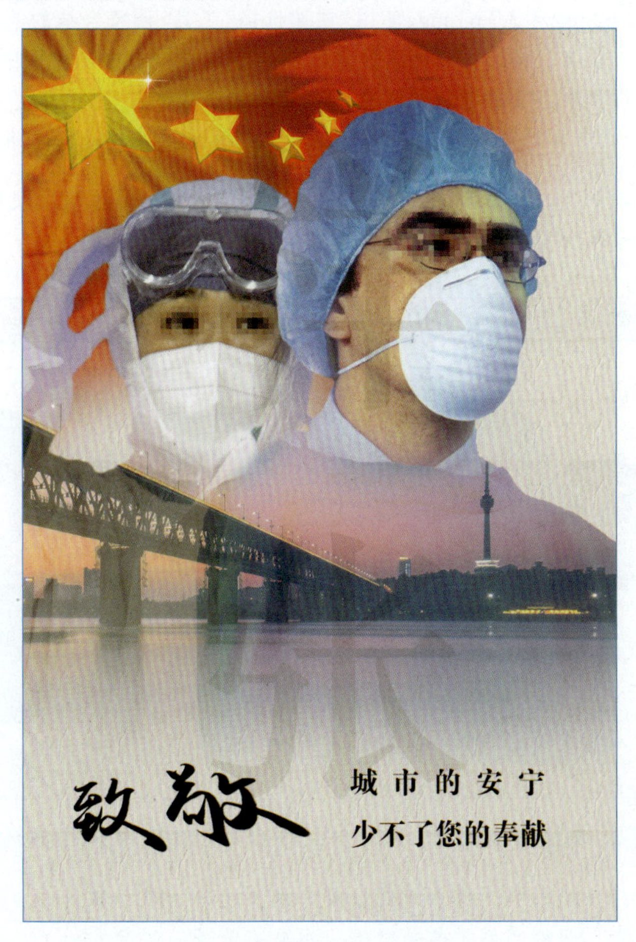

图 3-7-1　Photoshop 实验八样张

2. 背景图处理。

（1）新建文件：设置大小为 1000×1446 像素，72 像素分辨率，RGB 颜色模式，透明背景。

（2）对背景以图案填充。

提示：

①新建文件设置文件参数。

②切换到 3.7.p1.png 窗口，执行“编辑”|“定义图案”命令，定义以 3.7.p1.png 为图案的图案背景，切换到主窗口，使用“油漆桶工具”，设置属性为图案，选择定义的图案进行填充，如图 3-7-2 所示。

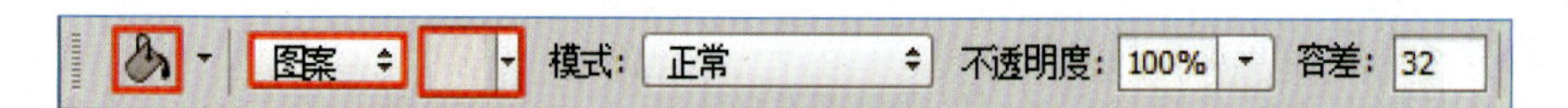

图 3-7-2 图案填充

3．人物抠像合成及调色。

（1）人物 1 抠像合成及调色。

（2）人物 2 抠像合成及调色。

提示：

①分别打开 3.7.p2.jpg 和 3.7.p3.jpg，使用“快速选择”工具，调整合适的笔刷大小，适当的加、减选区，将主体先选出来，将选区收缩 2 像素，羽化 2 像素，合成到主图中。

②调整两个人物素材大小和位置，注意两个对象的大小匹配，如图 3-7-3 所示。

③执行“编辑”|“内容识别缩放”命令，将男性人物素材的身长部分拉长，如图 3-7-4 所示。

注　意： 拉长身长时，需要将人物素材肩部以上的区域存储选区，执行命令时，将这个选区保护起来，然后再拉长身长，保持选区内像素不受影响。

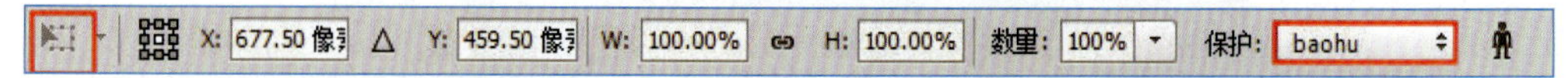

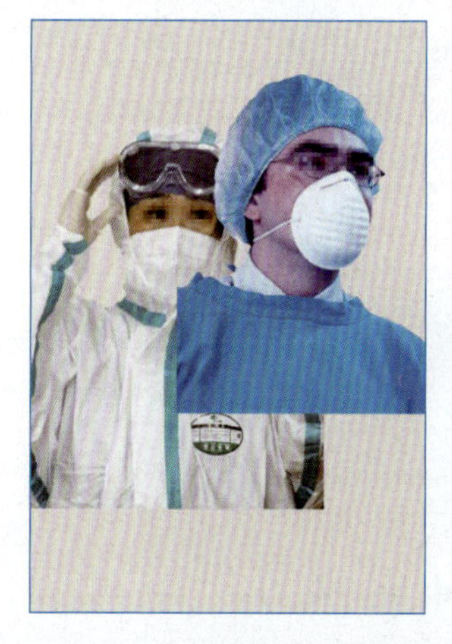

图 3-7-3 调整大小和位置

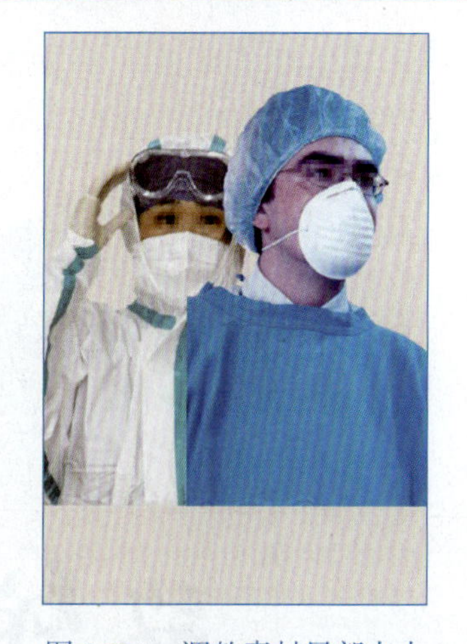

图 3-7-4 调整素材局部大小

④使用“快速选择工具”，选出男性素材脸部（去除口罩）选区，收缩 1 像素后依据该选区创建“照片滤镜”调整图层（参考数值：滤镜深黄色，浓度 65%），调整男性人物素材脸部色调偏黄。

⑤再依据选区创建“曲线”调整图层（参考数值：输入 86，输出 76；输入 146，输出 159）调整脸部明暗，将两个调整图层以男性素材图层为剪裁区域，创建剪贴蒙版，如图 3-7-5 所示。

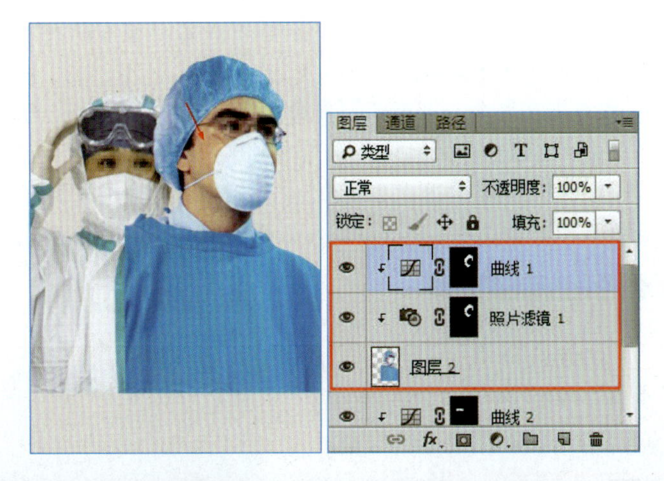

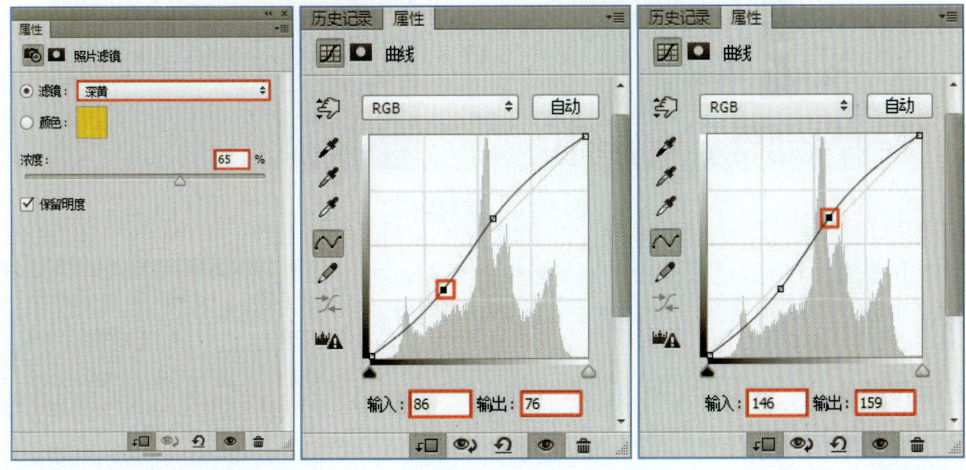

图 3-7-5　调整素材肤色及局部明暗

⑥使用“快速选择工具”，选出女性素材脸部选区，收缩 1 像素后依据选区创建“曲线”调整图层（参考数值：输入 107，输出 137），将调整图层以女性素材图层为剪裁区域，创建剪贴蒙版，如图 3-7-6 所示。

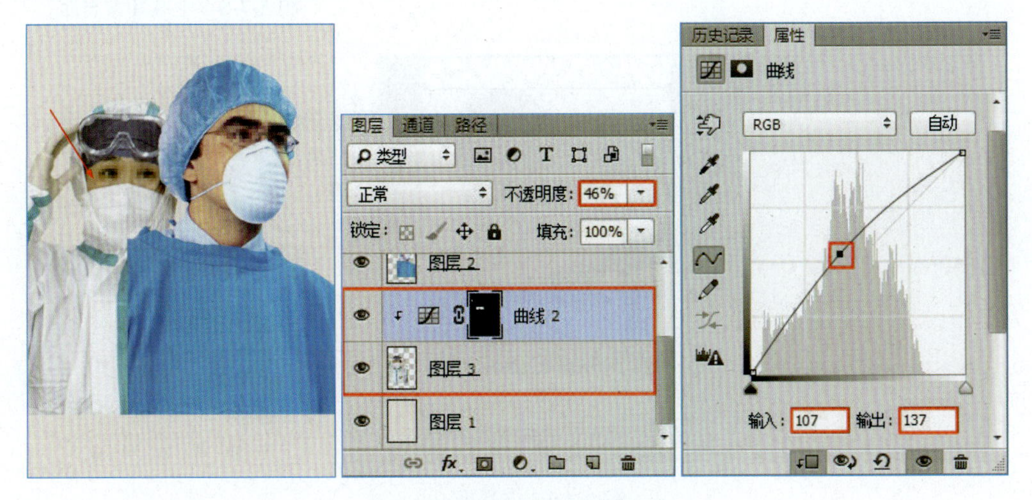

图 3-7-6　调整素材局部明暗

⑦对男性素材图层添加图层蒙版，在女性素材和男性素材融合的地方，在蒙版内使用适当笔触的黑色画笔涂抹，促使过渡自然。

⑧可以添加50%灰色新图层进一步融合。新建图层，执行“编辑”|“填充”命令，在“填充”对话框中，选择填充“内容”为“50%灰色”，创建50%灰色图层。设置图层模式为“叠加”，再使用“减淡工具”，调整合适的画笔大小，在灰度层里沿着两者的接触面涂抹，使得两者重叠部分融合更自然，如图3-7-7所示。可以根据实际情况，酌情添加该图层。

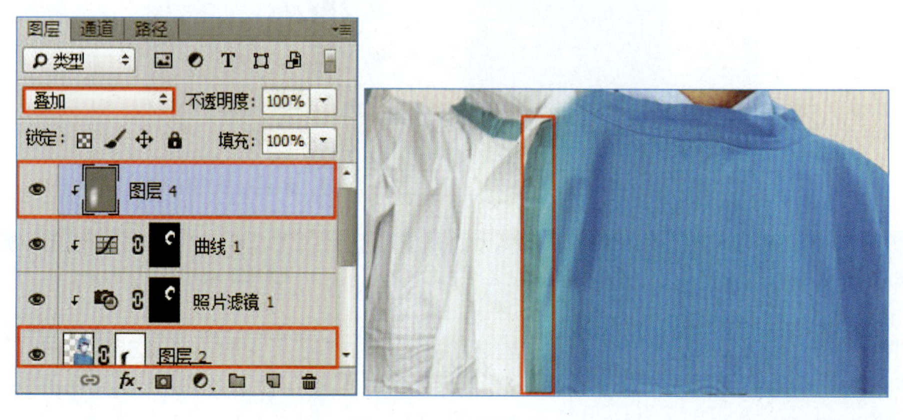

图3-7-7 素材融合

⑨将两个素材相关的图层成组，调整好位置，盖印创建素材组的图层，获得新的人物素材层，内容如图3-7-8所示。

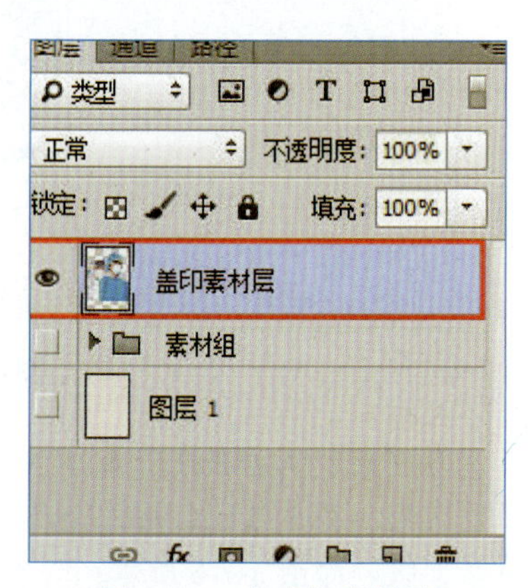

图3-7-8 生成新素材层

4. 主图处理。

将背景图融合到新建素材内部。

提示:

①打开3.7.p4.jpg合成到主图中，建立盖印层（人物素材合成）副本，为合成图创建以人物素材层副本为剪裁区域的剪贴蒙版，调整剪贴内容位置，如图3-7-9所示。

图3-7-9 背景融合1

②将原来的盖印素材层，调整到最上方，设置图层模式为“变亮”，不透明度 50%，如图 3-7-10 所示。

图 3-7-10　背景融合 2

③在合成图层 3.7.p4.jpg 上添加图层蒙版，用黑色柔边画笔在蒙版中擦出人物素材的脸部信息，如图 3-7-11 所示。

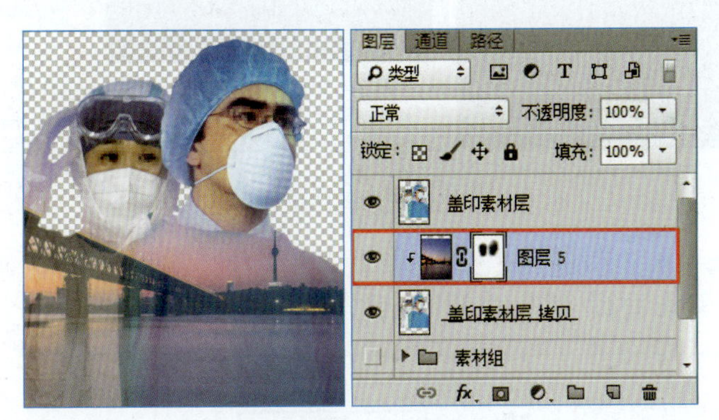

图 3-7-11　背景融合 3

④将盖印层、盖印层副本（含剪贴蒙版）成组，对图层组创建图层蒙版，使用黑色柔角画笔在蒙版中涂抹下边缘，将盖印层组和原来的图案层边缘融合，如图 3-7-12 所示。

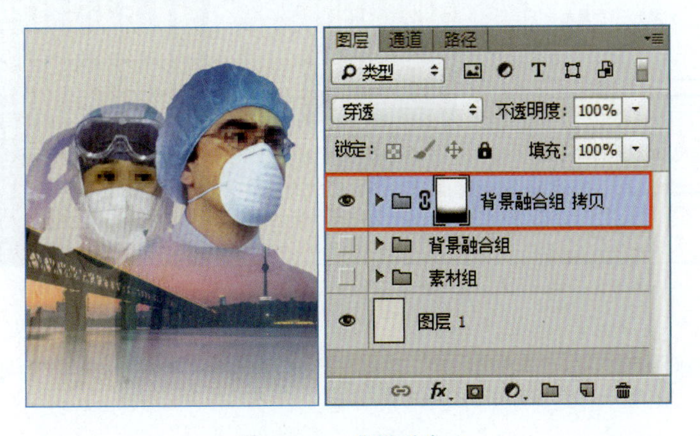

图 3-7-12　背景融合 4

5. 辅助元素处理。

（1）生成新的光芒素材并合成。

（2）将旗帜合成。

提示：

①新建 800×800 的新文件，72 像素分辨率，RGB 颜色模式，调整前景黄色（#ffff00）和背景色黑色，以线性的方式设置，前景到背景的渐变，如图 3-7-13 所示。

注 意：从上向下拉伸渐变线时，下面超出窗口一点，保证在窗口中黄色多一些。

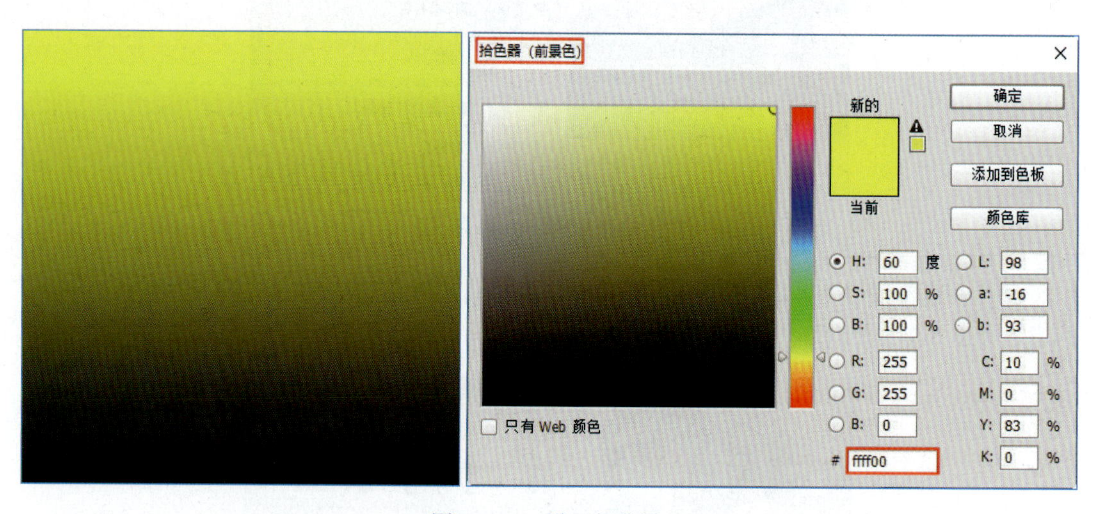

图 3-7-13 设置新背景

②转换为智能对象后添加“波浪”滤镜，参考数值：生成器数 5，波长最小 10，最大 71，波幅最小 63，最大 114，类型方形，如图 3-7-14 所示。

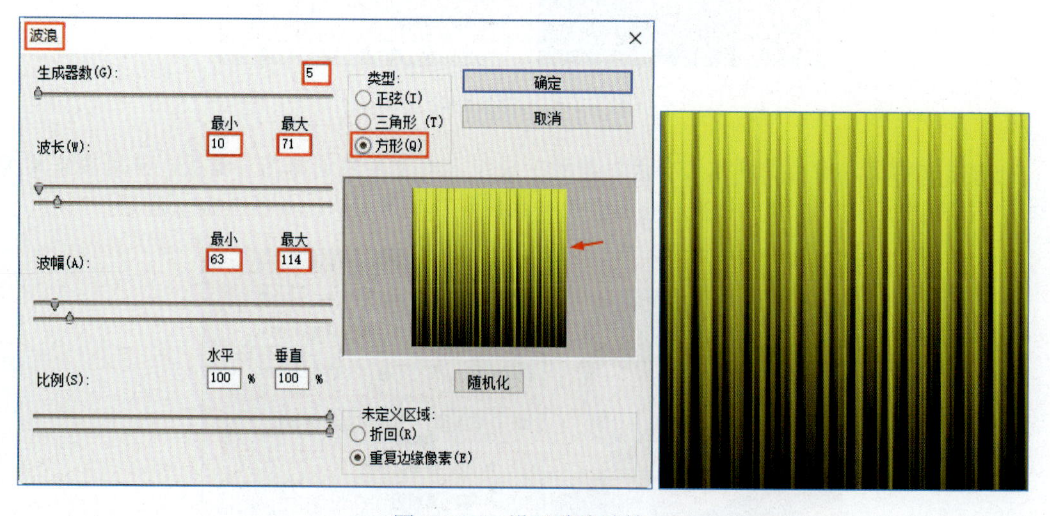

图 3-7-14 设置波浪滤镜

③添加“极坐标”滤镜，参考数值：平面坐标到极坐标，如图 3-7-15 所示。

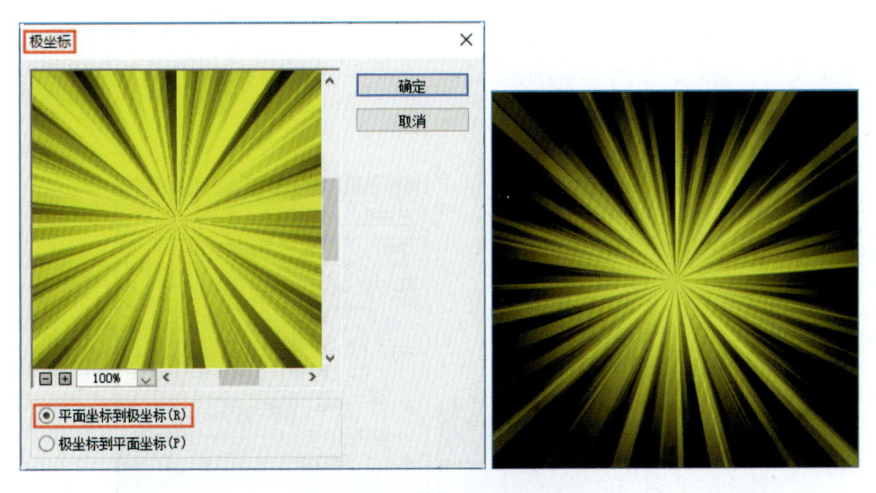

图 3-7-15　设置极坐标滤镜

④添加“径向模糊”滤镜，如图 3-7-16 所示，参考数值：数量 5，旋转模糊，品质好。

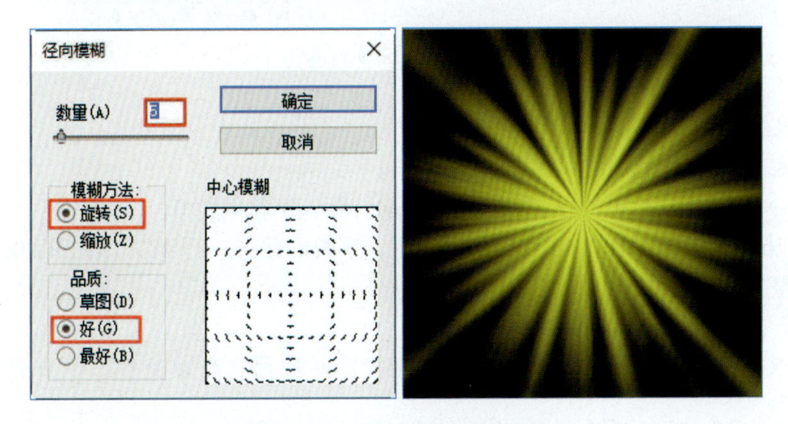

图 3-7-16　设置径向模糊滤镜

⑤将智能对象栅格化后合成到主图，调整图层到图案背景图层的上方，设置图层模式“滤色”，不透明度 60%，如图 3-7-17 所示。

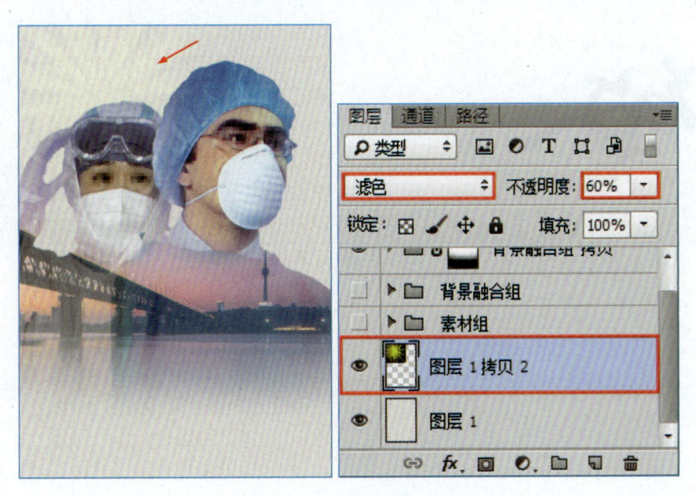

图 3-7-17　新素材合成

⑥打开 3.7.p5.jpg 和 3.7.p6.png，合成到主图，调整大小和图层在图案背景层与光芒图层之间，处理边缘进行融合，如图 3-7-18 所示。

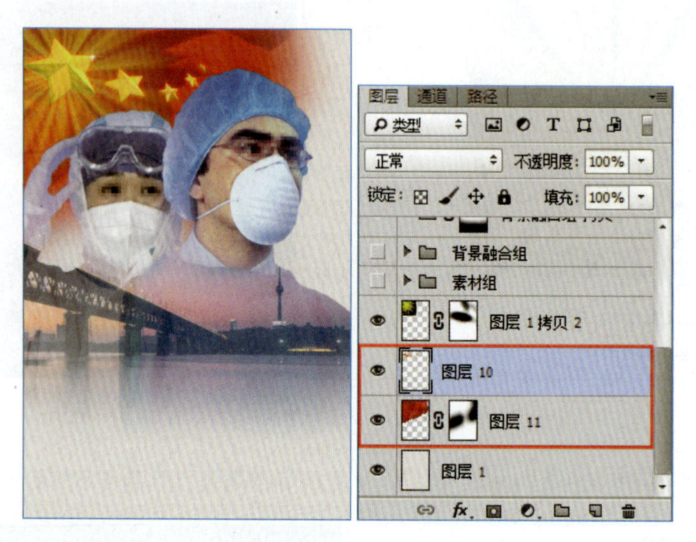

图 3-7-18　新素材合成

6．添加文字。

（1）输入文字并设置属性。参考数值：

“致敬”：禹卫书法行书简体，135 点，自动行距，字符间距 0。

长文档：方正大标宋简体，48 点，自动行距，字符间距第一行 480，第二行 0，颜色黑色。

（2）调整文字形变。

提示：

①输入文字 1，设置文字的属性，栅格化文字后使用“自由变换”命令进行形变，如图 3-7-19 所示。

图 3-7-19　文字形变

②输入文字 2，设置文字的属性。

7．将制作好的内容保存源文件格式后，再存储为“ps7- 学号 .jpg”文件到指定文件夹。

第四章 二维平面动画制作

【实验一】 Animate CC 2017 简单动画制作基础

一、实验目的

1. 了解动画产生的原理。
2. 熟悉 Animate CC 2017 中文版界面的组成和特点。
3. 掌握文件的保存和多种格式的导出。
4. 掌握设置舞台大小、背景色、帧频、导入素材等操作。
5. 掌握工具箱常用工具及属性的使用。
6. 掌握常用面板的使用。
7. 了解元件的分类，掌握图形和影片剪辑元件的创建及使用。
8. 熟悉元件和实例的区别及使用。
9. 掌握分层动画的创建制作。
10. 熟练掌握逐帧动画的原理和制作。

动画的原理和特点

二、实验内容

1. 新建文档并设置舞台属性。

新建 Animate 文档，设置帧频为 4，舞台大小为 600 × 400 像素。

提示：

启动 Adobe Animate CC 2017，单击“新建”中的“ActionScript 3.0”类型。在新文档右边的属性面板中，设置 FPS 为 4，大小为 600 × 400 像素，然后在舞台右上角下拉列表框中选择“显示帧”命令，如图 4-1-1 所示，将舞台调整到合适大小。

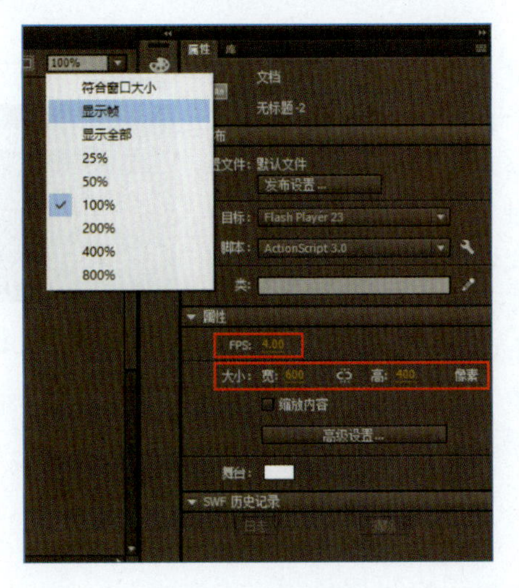

图 4-1-1 属性设置

Animate工作界面及常用工具介绍

2．绘制舞台背景。

绘制蓝色（#5FBEFE）至白色（#FFFFFF）渐变色的舞台背景。

提示：

①单击工具箱中的“矩形工具”，将调色板中的“笔触颜色”设为无，“填充颜色”选择白到黑的线性渐变色，在舞台中绘制一个矩形。单击工具箱中的“选择工具”，选中绘制的矩形，在属性面板中设置矩形的宽度和高度分别为600和400，X和Y坐标值分别为0和0，使得大小与舞台一致并位于舞台中央。

②保持矩形处于选中状态，打开颜色面板，可以看到填充类型已经为“线性渐变”，单击渐变色条两边的滑块，分别设置颜色为蓝色（#5FBEFE）和白色（#FFFFFF），如图4-1-2所示。

③单击工具箱中的“颜料桶工具”，从矩形的顶端垂直拖动到底端，改变渐变色的方向，将背景变成自上而下的蓝白渐变。将图层重命名为“背景”，并锁定，如图4-1-3所示。

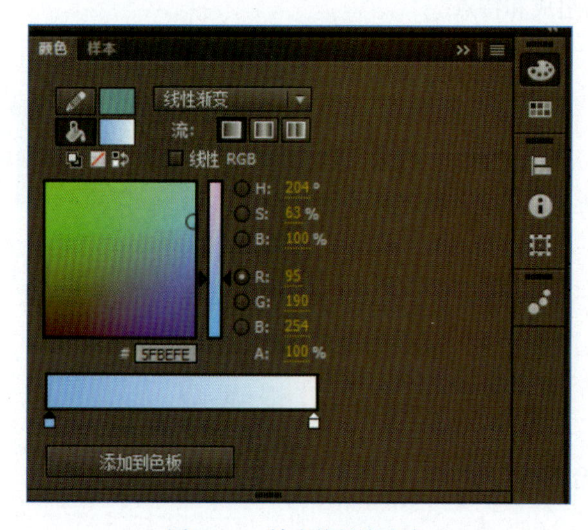

图4-1-2 填充线性渐变色

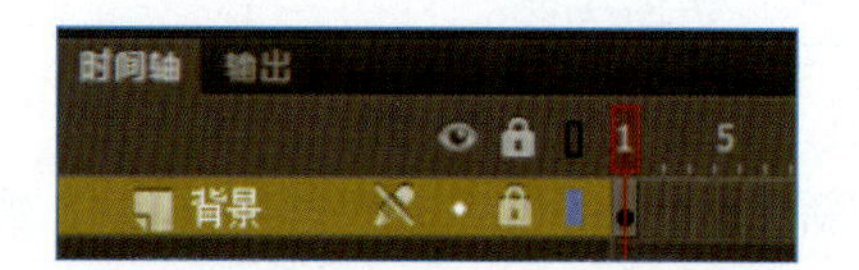

图4-1-3 锁定背景图层

3．绘制树叶。

使用工具箱中的钢笔工具、颜料桶工具、线条工具、选择工具等绘制树叶。

提示：

①执行“插入”|“新建元件”命令，创建一个新的图形元件，命名为“树叶”，如图4-1-4所示。

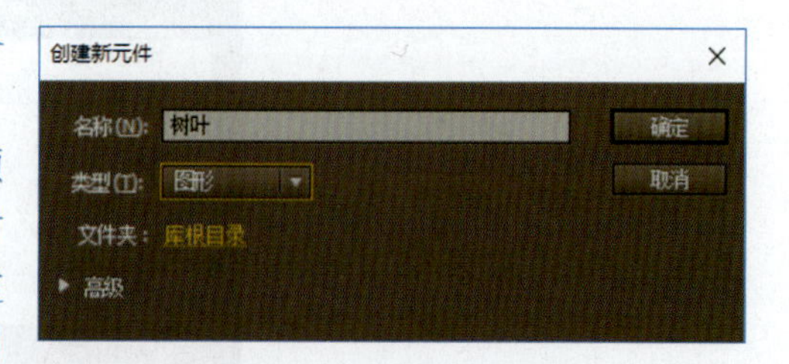

图4-1-4 创建图形元件

②单击工具箱中的“钢笔工具”，修改笔触颜色为深绿色(#009800)，笔触粗细为2.00，并选择“对象绘制模式关闭”。在舞台合适位置单击鼠标创建第一个锚点，在第一个锚点下方单击并向右拖动创建第二个锚点，绘制出一条曲线，然后在第一个锚点上单击使图形封闭。单击工具箱中的“部分选取工具”，选择锚点进行细致调节，对树叶形状进行修改。如图4-1-5所示。

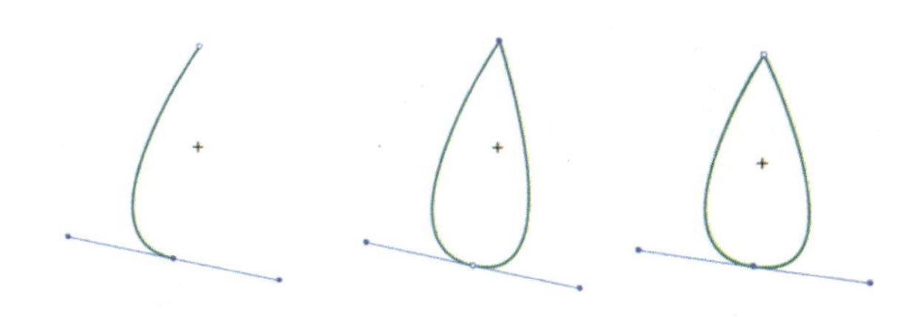

图 4-1-5　绘制树叶形状

图 4-1-6　绘制叶纹

③设置工具箱中的“填充颜色”为浅绿色（#00CC00），单击“颜料桶工具”，在封闭曲线图形里单击填充。单击工具箱中的“线条工具”，在树叶的上部和底部之间绘制一条直线作为树叶的主叶脉。单击“选择工具”，将鼠标指针放在直线上，当指针变成带弧线时，按住鼠标左键微微拖动，使直线变成曲线。修改线条粗细为 1，绘制出叶片全部叶纹，如图 4-1-6 所示。

4．绘制树枝。

使用相关工具，利用已有“树叶”元件，绘制树枝。

提示：

执行“插入”|“新建元件”命令，创建一个新的图形元件，命名为“树枝”。将库中的“树叶”元件拖到舞台上，按住【Alt】键拖动树叶，复制出 6 片树叶，如图 4-1-7 所示。单击“任意变形工具”，调整每片树叶的大小、方向和位置，如图 4-1-8 所示。单击“铅笔工具”，设置笔触粗细为 3，笔触颜色为棕色（#663300），绘制树枝，单击“线条工具”，修改笔触粗细为 1.5，绘制每片树叶的叶柄，如图 4-1-9 所示。

图 4-1-7　复制树叶

图 4-1-8　调整树叶

图 4-1-9　加树枝

5．绘制树干，合成大树。

使用相关工具和面板，绘制树干；利用已有元件，合成“大树”元件。

提示：

①执行“插入”|“新建元件”命令，创建一个新的图形元件，命名为“树干”。单击“铅笔工具”，设置笔触粗细为 1，颜色为黑色，绘制树干的轮廓线，绘制过程中需要借助“选择工具”调整线条的形状。在颜色面板中单击“填充颜色”按钮，在“类型”下拉列表框中选择“线性渐变”命令，设置浅棕（#E7D0CB）到深棕（#B05146）的渐变效果。单击“颜料桶工具”填充树干，得到的效果如图 4-1-10 所示。

②执行“插入”|“新建元件”命令，创建一个新的图形元件，命名为“大树”。将库中的“树

干”元件拖到舞台，将图层1命名为“树干”。新建一个图层，命名为“树枝”，调整图层顺序位于“树干”图层之下。多次拖动“树枝”元件到“树枝”图层，调整各个树枝的大小、位置和旋转，最后得到的大树效果如图4-1-11所示。

图4-1-10　绘制树干

图4-1-11　大树效果

6．整合图形到场景，添加文字。

将大树合成到舞台，添加文字效果。

提示：

①回到“场景1”，在时间轴上新建一个图层，命名为“大树”。拖动库中的“大树”元件到舞台，调整到合适的大小和位置。

②新建图层，命名为“文字1”。单击工具箱中的“文本工具”，设置字体为“Maiandra GD”，大小为80，颜色为#CC99FF，添加文字“Music”。执行“修改”|“分离”命令（或者按【Ctrl+B】组合键），将文字分离成单个字。调整文字的位置，使用工具箱中的“任意变形工具”调整每个字的方向和大小。

③再次执行“修改”|“分离”命令（或者按【Ctrl+B】组合键），将文字完全打散，执行“修改”|“形状”|“扩展填充”命令，将文字扩展4像素，使文字看上去更饱满。单击工具箱中的“墨水瓶工具”，设置笔触颜色为白色，笔触粗细为3，给文字描边。单击工具箱中的“颜料桶工具”，设置填充颜色为红色，给字母“u”着色，将填充颜色改为黑色，给字母“s”“i”着色。效果如图4-1-12所示。

④选中字母“i”上的圆点，按【F8】键将其转换为名称是“圆点”的影片剪辑元件。双击进入该元件的编辑状态。在时间轴第2帧按【F6】键插入关键帧，将圆点填充颜色改为黄色，在第3帧插入关键帧，填充颜色改为蓝色，在第4帧插入关键帧，将圆点填充颜色改为粉色，最后在第5帧按【F5】键插入普通帧，如图4-1-13所示。

图4-1-12　文字效果图

4-1-13　制作圆点闪烁效果

7．导入素材制作拉小提琴的动画。

在场景1中新建图层，导入素材YUEQI1.png~YUEQI8.png八张小提琴图片，在第1~8帧制作拉小提琴的动画效果。

提示:

回到“场景 1”，新建图层，命名为“乐器”。执行“文件”|“导入”|“导入到舞台”命令，在弹出的导入对话框中选择素材文件夹中的 YUEQI1.png，单击“打开”按钮，弹出一个确认框，如图 4-1-14 所示，单击“是”按钮，该图层的时间轴中第 1~8 帧便出现了 8 个关键帧，分别是小提琴的 8 张图片。单击第 1 帧，选中舞台中的小提琴图片，在属性中设置 X 和 Y 坐标值分别为 372 和 185。用同样的方法设置后面 7 帧小提琴的位置。锁定该图层。在“乐器”图层的下面 3 个图层的第 8 帧都插入普通帧，让整个画面持续的时间一致。

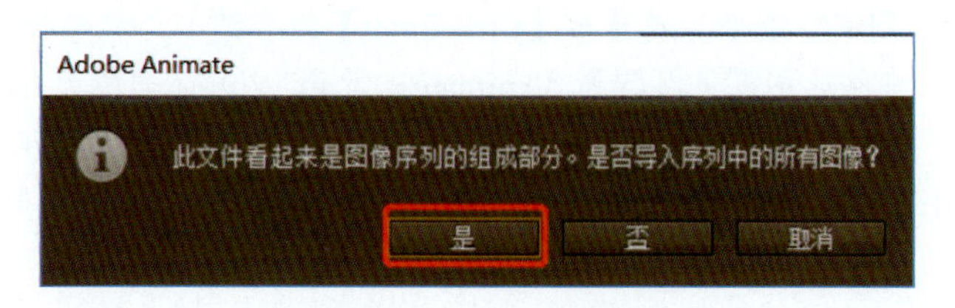

图 4-1-14 导入素材确认框

8. 制作逐字出现效果。

（1）新建图层，输入文字“自然乐章”，字体为隶书、40 磅、蓝色。

（2）在第 1~4 帧制作逐字出现效果。

提示:

①新建图层，命名为“文字 2”。单击工具箱中的“文本工具”，在属性面板中根据要求设置字体、大小和颜色，在该图层的第 1 帧输入“自然乐章”。

②执行“修改”|“分离”命令，将文字分离为单个文字，然后在第 2、3、4 帧分别插入关键帧（按【F6】键）。在第 1 帧处，保留“自”，后 3 个字删除，如图 4-1-15 所示。在第 2 帧处，保留“自然”，后 2 个字删除，如图 4-1-16 所示。同样的方法，第 3 帧保留“自然乐”，第 4 帧保留“自然乐章”。

图 4-1-15 逐字出现制作 1

图 4-1-16 逐字出现制作 2

9. 制作文字闪烁效果。

在图层“文字 2”的第 5~8 帧制作文字闪烁 2 次的效果。

提示:

在第 6、8 帧插入关键帧，在第 5、7 帧插入空白关键帧（按【F7】键），如图 4-1-17 所示，锁定该图层。

图 4-1-17 闪烁文字制作

10. 制作学号图层。

新建图层，在第 1 帧输入自己的学号，字体任意。

提示：

单击“新建图层”按钮，利用文本工具 T，按样张（Animate1- 样张 .swf）在舞台相应位置输入自己的学号。

11. 测试动画效果并保存。

测试动画，效果参考样张 Animate1- 样张 .swf，将文件保存为 Animate1- 学号 .fla，并导出影片 Animate1- 学号 .swf，导出 GIF 动画 Animate1- 学号 .gif。

提示：

执行“控制”|“测试”命令（或者按【Ctrl+Enter】组合键），参考样张，测试动画效果。执行“文件”|“保存”命令，设置文件名为“Animate1- 学号”，保存类型为 fla。执行“文件”|“导出”|“导出影片”命令，设置文件名为“Animate1- 学号”，保存类型为 swf。执行“文件”|“导出”|“导出动画 GIF”命令，设置文件名为“Animate1- 学号”，保存类型为 gif。

【实验二】 Animate CC 2017 简单动画制作进阶

一、实验目的

1. 了解动画产生的原理。
2. 熟悉 Animate CC 2017 中文版界面的组成和特点。
3. 掌握文件的保存和多种格式的导出。
4. 掌握设置舞台大小、背景色、帧频、导入素材等操作。
5. 掌握工具箱常用工具及属性的使用。
6. 掌握常用面板的使用。
7. 了解元件的分类，掌握图形和影片剪辑元件的创建及使用。
8. 熟悉元件和实例的区别及使用。
9. 掌握分层动画的创建制作。
10. 熟练掌握逐帧动画的原理和制作。

二、实验内容

1. 新建文档并设置舞台属性。

新建 Animate 文档，设置帧频为 6，舞台大小为 600×420 像素，舞台背景颜色为 #6DFFFF。

提示：

启动 Adobe Animate CC 2017，单击“新建”中的“ActionScript 3.0”类型。在新文档右边的属性面板中，设置 FPS 为 6，大小为 600×420 像素，舞台背景颜色为 #6DFFFF。然后在舞台右上角下拉列表框中选择“显示帧”命令，将舞台调整到合适大小。

元件与库

2. 绘制小鸡元件。

新建元件，使用工具箱中的相关工具，绘制小鸡元件。

提示：

①执行“插入”|“新建元件”命令，创建一个新的图形元件，命名为“小鸡”。

②使用工具箱中的“椭圆工具”绘制小鸡的头部，使用“铅笔工具”绘制小鸡的身体，使用“画笔工具”绘制小鸡的眼睛。使用“选择工具”来调整线条的形状，得到小鸡的轮廓线。使用“颜料桶工具”为小鸡上色，头部为双色“径向渐变”，其余为单色，然后删除小鸡身上多余的线条，如图 4-2-1 所示。

图 4-2-1　小鸡的绘制

3. 制作小狗元件。

导入素材“女孩与小狗 .png”，制作小狗元件。

提示：

①执行“文件”|“导入”|“导入到库”命令，将素材图片“女孩与小狗 .png”导入到库中。单击“插入”|“新建元件”命令，创建一个新的图形元件，命名为“小狗”。将库中的“女孩与小狗”图片拖到元件的编辑区域内。

②执行“修改”|“分离”命令，将图片打散。使用工具箱中的“套索工具”，沿着小狗的四周拖动鼠标将小狗大致选出，然后将小狗移到一边，删除图片的其余部分，如图 4-2-2 所示。使用工具箱中的“魔术棒工具”，在属性面板中设置阈值为 30，平滑程度为“平滑”，单击小狗周围多余的部分删除，效果如图 4-2-3 所示。

图 4-2-2　大致选出小狗

图 4-2-3　删除背景后的小狗

4．场景中绘制、整合图形，

（1）使用工具箱中的相关工具，在场景 1 的不同图层中绘制草地、小草、云朵。

（2）将小鸡、小狗元件整合到场景中。

提示：

①回到“场景 1”，将图层 1 更名为“草地”。使用工具箱中的“矩形工具”绘制一个矩形，该矩形无线条颜色，填充颜色为 #50FD24。然后使用“选择工具”调整线条的形状，得到的草地效果如图 4-2-4 所示。

②在时间轴上新建图层，命名为“小草”。单击“画笔工具”，设置颜色为 #1A7502，适当调整画笔大小，在草地上绘制小草，效果如图 4-2-5 所示。

③新建图层，命名为“小鸡”，将库中的“小鸡”元件拖到舞台 3 次，放置在合适的位置。同样的方法，新建图层“小狗”，将“小狗”元件拖到舞台。效果如图 4-2-6 所示。

图 4-2-4　绘制草地

图 4-2-5　绘制小草

图 4-2-6　加入小鸡、小狗后的效果

④新建图层“云朵”，单击“画笔工具”，单击属性面板“样式”中的“画笔库”，在画笔库面板中选择 Cloudy Full 选项，如图 4-2-7 所示。双击添加到“样式”列表中，设置笔触颜色为白色，在舞台绘制云朵，效果如图 4-2-8 所示。

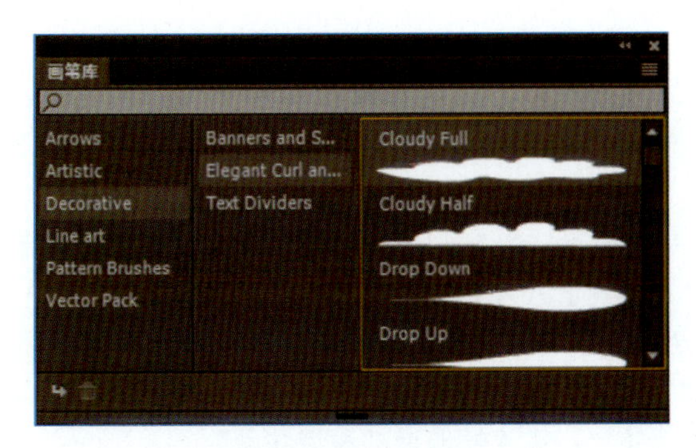

图 4-2-7 画笔库选项

图 4-2-8 云朵效果

5．添加文字。

添加文字，并设置效果。

提示：

①新建图层，命名为“文字 1”。单击工具箱中的“文本工具”，设置字体为楷体，大小为 100，颜色为 #FF66CC，添加文字“友爱”。执行“修改”|“分离”命令（或者按【Ctrl+B】组合键），将文字分离成单个字。调整文字的位置，使用工具箱中的“任意变形工具”调整每个字的方向和大小。

②再次执行“修改”|“分离”命令（或者按【Ctrl+B】组合键），将文字完全打散，单击工具箱中的“墨水瓶工具”，设置笔触颜色为白色，笔触粗细为 1，给文字描边。单击工具箱中的“颜料桶工具”，设置填充颜色为 #CC9966，给“友”字着色。

③选中“爱”字上的 3 个点，按【F8】键将其转换为名称是“3 个点”的影片剪辑元件。双击进入该元件的编辑状态。在时间轴第 2 帧按【F6】键插入关键帧，将 3 个点填充颜色改为黄色，在第 3 帧插入关键帧，填充颜色改为粉红色。回到场景 1，文字的最终效果如图 4-2-9 所示。

6．导入素材制作小鸟飞翔动画。

导入素材图片 bird_1.png~bird_8.png 八张小鸟图片，制作小鸟飞翔的动画效果。

提示：

新建图层，命名为“飞鸟”。执行“文件”|“导入”|“导入到舞台”命令，在弹出的导入对话框中选择文件夹 SC 中子文件夹 bird 中的 bird_1.png，单击“打开”按钮，弹出一个确认框，如图 4-2-10 所示，单击“是”按钮，时间轴中的第 1~8 帧便出现了 8 个关键帧。单击第 1 帧，选中舞台中的小鸟图片，在属性中设置 X 和 Y 坐标值分别为 330 和 58。用同样的方法设置后面 7 帧小鸟的位置。锁定该图层。将该图层下面的 6 个图层的第 8 帧都插入普通帧，让整个画面持续的时间一致。

图 4-2-9 文字效果

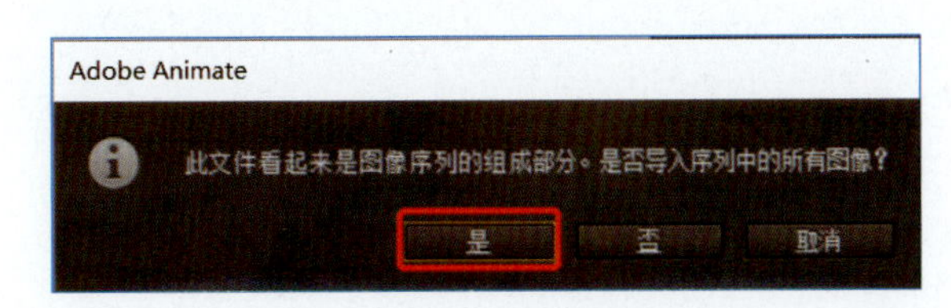

图 4-2-10 导入素材确认框

7. 制作逐字出现效果。

（1）新建图层，输入文字“和谐共处”，字体为隶书、55磅，颜色#9900FF。

（2）在第1~4帧制作逐字出现效果。

提示：

①新建图层，命名为“文字2”。单击工具箱中的“文本工具”，在属性面板中根据要求设置字体、大小和颜色，在该图层的第1帧输入“和谐共处”。

②执行“修改”|“分离”命令，将文字分离为单个文字，然后在第2、3、4帧分别插入关键帧（按【F6】键）。在第1帧处，保留“和”，后3个字删除。在第2帧处，保留“和谐”，后2个字删除。同样的方法，第3帧保留“和谐共”，第4帧保留“和谐共处”。

8. 制作文字闪烁效果。

在图层“文字2”的第5~8帧制作文字闪烁2次的效果。

提示：

在第6、8帧插入关键帧，在第5、7帧插入空白关键帧（按【F7】键），锁定该图层。

9. 制作学号图层。

新建图层，在第1帧输入自己的学号，字体任意。

提示：

单击“新建图层”按钮，利用文本工具T，按样张（Animate2-样张.swf）在舞台相应位置输入自己的学号。

10. 测试动画效果并保存。

测试动画，效果参考样张Animate2-样张.swf，将文件保存为Animate2-学号.fla，并导出影片Animate2-学号.swf，导出视频Animate2-学号.mov。

提示：

执行“控制”|“测试”命令（或者按【Ctrl+Enter】组合键），参考样张，测试动画效果。执行“文件”|“保存”命令，设置文件名为“Animate2-学号”，保存类型为fla。执行“文件”|“导出”|“导出影片”命令，设置文件名为“Animate2-学号”，保存类型为swf。执行“文件”|“导出”|“导出视频”命令，设置文件名为“Animate2-学号”，保存类型为mov。利用合适的播放器播放视频。

【实验三】　Animate CC 2017 补间类动画制作基础

一、实验目的

1. 熟练设置舞台大小、背景色、帧频、导入素材等操作。
2. 熟练掌握文件的保存和影片的导出等操作。
3. 熟练掌握分层动画的创建制作。
4. 熟练掌握工具箱工具的综合运用。
5. 掌握元件的概念、使用和转换。
6. 了解补间类动画的原理和分类。
7. 掌握补间动画的制作，包括元件的位置、大小、透明度、变色、旋转等变化。
8. 掌握补间形状动画的原理和制作。

二、实验内容

1. 制作背景层效果。

打开 Animate3.fla，设置文档属性为大小 600 × 850 像素、背景颜色 #0085CB，将库中的 bj.png 图片放置到舞台中央，调整大小与舞台匹配，显示至第 60 帧。

提示：

①启动 Adobe Animate CC 2017，执行“文件”|“打开”命令，打开 flash3.fla。在属性面板中，设置大小为 600 × 850 像素，背景颜色为 #0085CB，然后在舞台右上角下拉列表框中选择“显示帧”命令，将舞台调整到合适大小。

②将库中的 bj.png 图片拖动到舞台，在属性面板中设置宽 600、高 850，X：0、Y：0，如图 4-3-1 所示，将图片与舞台匹配。

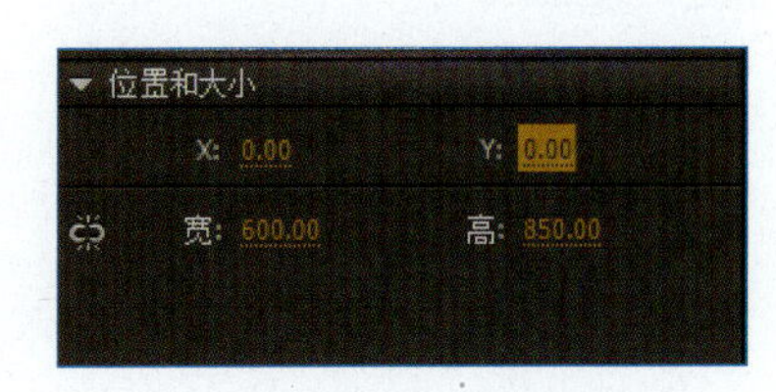

图 4-3-1　图片属性设置

③单击时间轴的第 60 帧，插入帧（按【F5】键），锁定图层。

2. 制作文字元件变色效果。

新建图层，将“文字”元件放在舞台适当位置，制作从第 1 帧至第 30 帧文字由白色逐渐变为绿色的效果，并显示至第 60 帧。

提示：

①单击时间轴的“新建图层”按钮，新建图层 2。将“文字”元件拖动至舞台，放在适当位置，右击该图层的第 1 帧，在快捷菜单中执行“创建补间动画”命令，如图 4-3-2 所示。

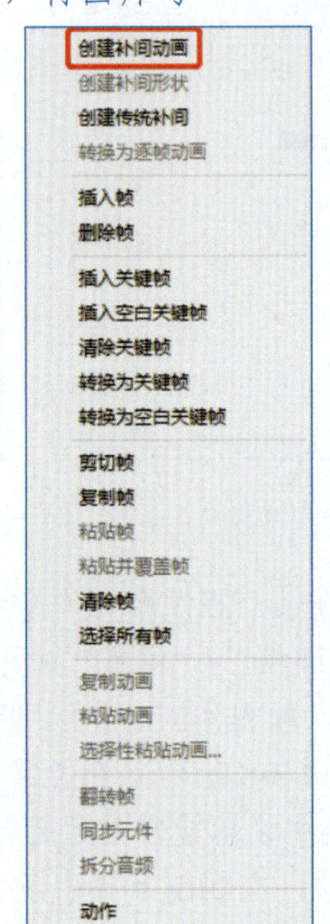

图 4-3-2　创建补间动画

②右击图层 2 第 30 帧，在快捷菜单中执行“插入关键帧”|“全部”命令，如图 4-3-3 所示。选中第 30 帧上的“文字”元件，在属性面板中设置色彩效果为色调、绿色、

补间动画

100%，如图 4-3-4 所示。锁定图层 2。

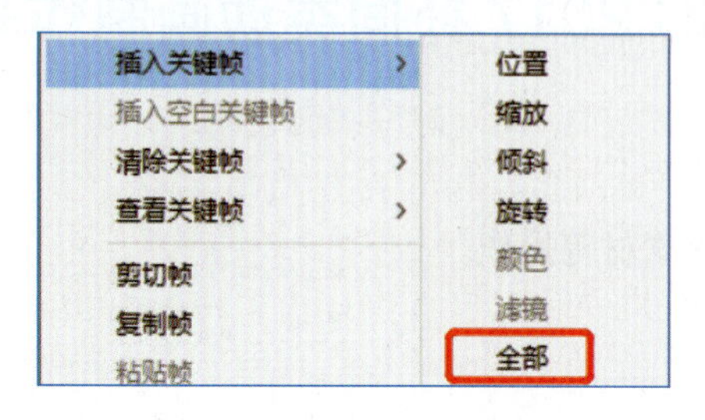

图 4-3-3 插入关键帧

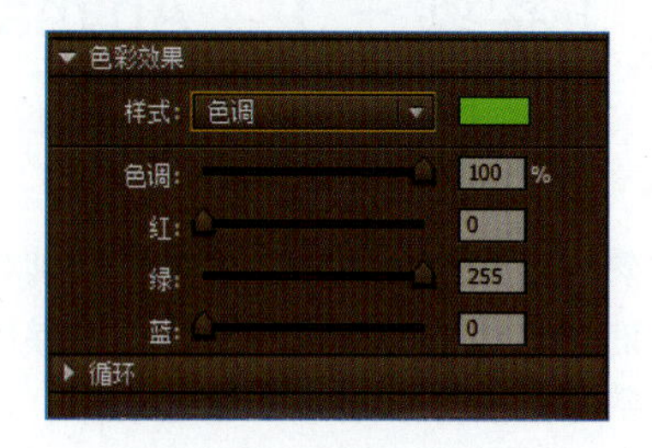

图 4-3-4 颜色设置

3．制作厨房垃圾动画效果。

（1）新建图层 3，利用厨房垃圾 .png 图片，从第 20 帧至第 40 帧，制作从右下角顺时针旋转 1 圈到垃圾桶入口，并逐渐变小的动画效果。

（2）从第 41 帧至第 60 帧，制作逐渐消失的效果。

提示：

①新建图层，在第 20 帧插入空白关键帧（按【F5】键），将库中的厨房垃圾 .png 拖到舞台右下角。右击舞台上的厨房垃圾 .png 图片，在快捷菜单中执行"转换为元件"命令，如图 4-3-5 所示。弹出"转换为元件"对话框，"类型"选择"图形"，如图 4-3-6 所示，单击"确定"按钮。

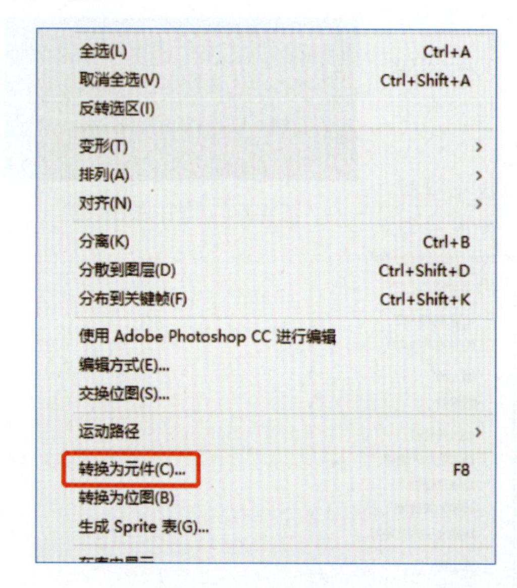

图 4-3-5 转换为元件

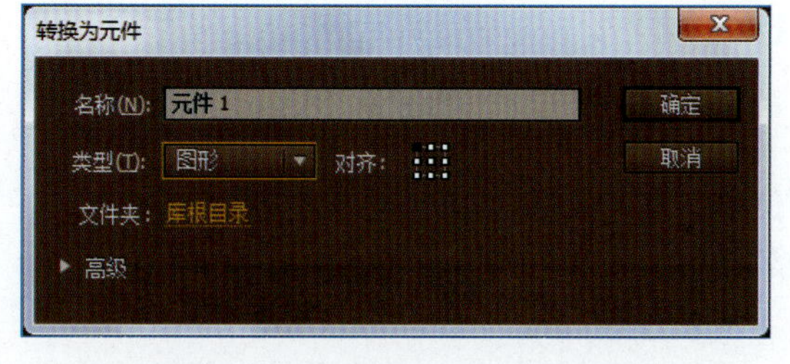

图 4-3-6 "转换为元件"对话框

②右击图层 3 的第 20 帧，在快捷菜单中执行"创建补间动画"命令，右击第 40 帧，在快捷菜单中执行"插入关键帧" | "位置"命令，将元件 1 拖到黄色垃圾桶入口处。选择工具箱中的"任意变形工具"，如图 4-3-7 所示，将元件 1 适当变小（按住【Shift】键的同时拖动，可以按比例缩放），如图 4-3-8 所示。右击第 41 帧，在快捷菜单中执行"拆分动画"命令，单击第 20 帧，在属性面板中设置旋转为顺时针 1 次，如图 4-3-9 所示。

③右击图层 3 第 60 帧，在快捷菜单中执行"插入关键帧" | "全部"命令，选中第 60 帧上的元件 1，在属性面板中设置色彩效果为 Alpha、0%，如图 4-3-10 所示，锁定图层 3。

图 4-3-7　任意变形工具

图 4-3-8　缩放元件

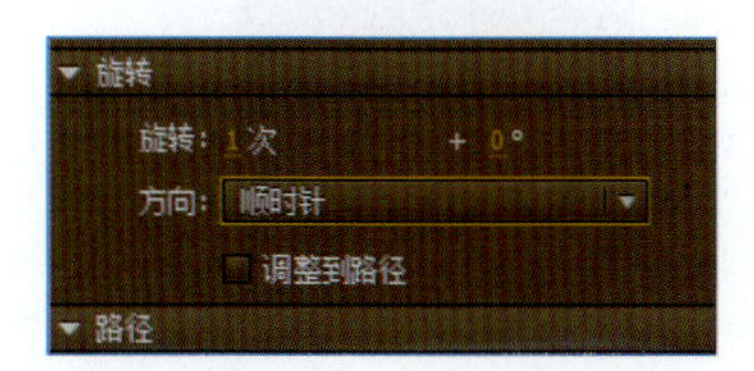

图 4-3-9　旋转设置

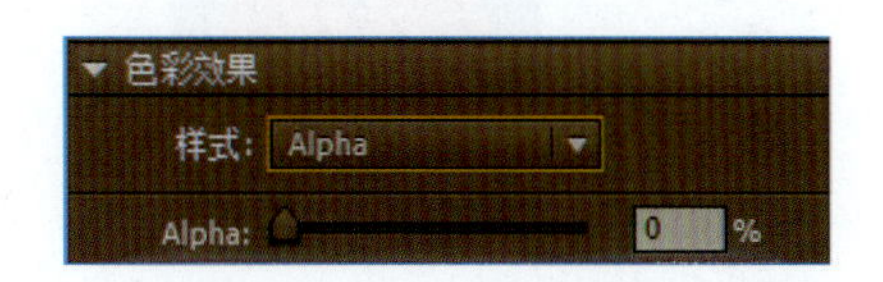

图 4-3-10　透明度设置

4．制作文字变形效果。

新建图层，制作文字“垃圾分类”在第 1 帧至第 20 帧静止，从第 20 帧至第 40 帧逐渐变为“从我做起”的变形效果，并静止至第 60 帧，字体为隶书、100 磅、白色、字母间距 5。

提示：

①新建图层 4，第 1 帧利用“文本工具”在舞台适当位置输入文字“垃圾分类”，字体设置为隶书、100 磅、白色、字母间距 5。单击第 20 帧，插入关键帧。单击第 40 帧，插入关键帧，修改文字为“从我做起”。

②分别单击第 20、40 帧，多次执行“修改”|“分离”命令（或者按【Ctrl+B】组合键），分到不能分为止（文字变成点阵图），如图 4-3-11 和图 4-3-12 所示。右击第 20 帧，在快捷菜单中执行“创建补间形状”命令，如图 4-3-13 所示，锁定该图层。

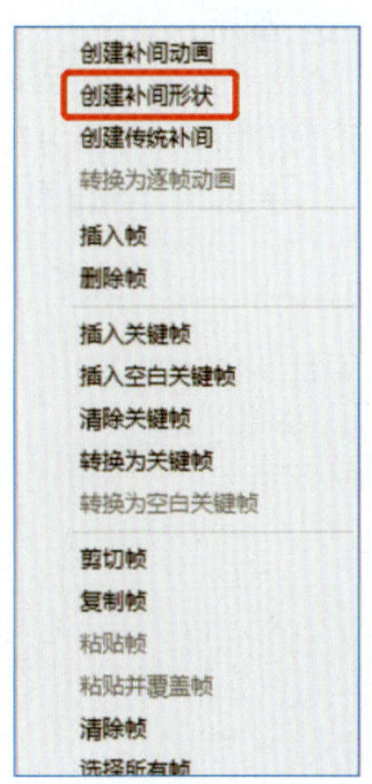

图 4-3-11　文字点阵图 1　　图 4-3-12　文字点阵图 2　　图 4-3-13　创建补间形状

5．制作图形变形为文字的效果。

新建图层，使用适当的工具绘制红色爱心，制作爱心图形在第1帧至第14帧静止，从第15帧至第50帧逐渐变形为文字LOVE的效果，并显示至第60帧，字体为Arial Black、50磅、红色。

提示：

①单击“新建图层”按钮，新建一个图层。在第1帧，单击工具箱中的“椭圆工具”，属性设置为无笔触、填充颜色为红色，按住【Shift】键在舞台适当位置绘制一个红色的正圆，单击“选择工具”，将鼠标指针放置在正圆上部边缘的正当中，这时鼠标指针下方出现一个弧度标志，按住【Alt】键同时按住鼠标左键向下拖动，绘制爱心的上半部分，如图4-3-14所示。用同样的方法绘制爱心下半部分的尖角。完成后的爱心如图4-3-15所示，设置爱心水平居中。在第15帧插入关键帧。

图4-3-14 爱心上半部分

图4-3-15 爱心

②在第50帧插入空白关键帧，在舞台输入文字LOVE，设置字体和水平居中。将文字分离为点阵图，在第15帧至第50帧之间利用快捷菜单创建补间形状。

6．制作学号图层。

新建图层，在第1帧输入自己的学号，字体任意。

提示：

单击“新建图层”按钮，利用文本工具T，按样张Animate3-样张.swf在舞台相应位置输入自己的学号。

7．测试动画效果并保存。

测试动画，效果参考样张Animate3-样张.swf，将文件另存为Animate3-学号.fla，并导出影片Animate3-学号.swf。

提示：

执行“控制”|“测试”命令（或者按【Ctrl+Enter】组合键），参考样张，测试动画效果。执行“文件”|“另存为”命令，设置文件名为“Animate3-学号”，保存类型为fla。执行“文件”|“导出”|“导出影片”命令，设置文件名为“Animate3-学号”，保存类型为swf。

【实验四】　Animate CC 2017 补间类动画制作进阶

一、实验目的

1. 熟练设置舞台大小、背景色、帧频、导入素材等操作。
2. 熟练掌握文件的保存和影片的导出等操作。
3. 熟练掌握分层动画的创建制作。
4. 熟练掌握工具箱工具的综合运用。
5. 掌握元件的概念、使用和转换。
6. 了解补间类动画的原理和分类。
7. 掌握补间动画的制作，包括元件的位置、大小、透明度、变色、旋转等变化。
8. 掌握补间形状动画的原理和制作。

二、实验内容

1. 制作背景层效果。

打开 Animate4.fla，设置文档背景颜色为 #0097FF，将库中的 bj.jpg 图片放置到舞台中央，调整大小与舞台匹配，显示至第 50 帧。

提示：

①启动 Adobe Animate CC 2017，执行“文件”|“打开”命令，打开 Animate4.fla。在属性面板中，设置舞台背景颜色为 #0097FF，然后在舞台右上角下拉列表框中选择“显示帧”命令，将舞台调整到合适大小。

②将库中的 bj.jpg 图片拖动到舞台，在属性面板中设置宽 550、高 400，X：0、Y：0，将图片与舞台匹配。

③单击时间轴的第 50 帧，插入帧（按【F5】键），锁定图层。

2. 制作风车图层。

新建图层，将“风车”元件放到舞台，调整大小位置，显示至第 50 帧。

提示：

新建图层，将库中的“风车”元件拖动到舞台，利用“任意变形工具”调整大小，放在适当的位置。第 50 帧已经自动出现一个帧，锁定图层。

3. 制作风轮转动效果。

新建图层 3，将“风轮”元件放置到舞台，适当调整大小，制作从第 1 帧到第 50 帧顺时针旋转 1 圈的动画效果。

提示：

①新建图层，将“风轮”元件拖到舞台，选择“任意变形工具”，按住【Shift】键按比例调整大小，放在风车上，如图 4-4-1 所示。

②右击图层 3 的第 1 帧，在快捷菜单中执行“创建补间动画”命令，右击第 50 帧，在快捷菜单中执行“插入关键帧”|“旋转”命令，在属性面板中设置旋转为顺时针、1 次，完成后的时间轴如图 4-4-2 所示，锁定图层。

图 4-4-1　风轮设置

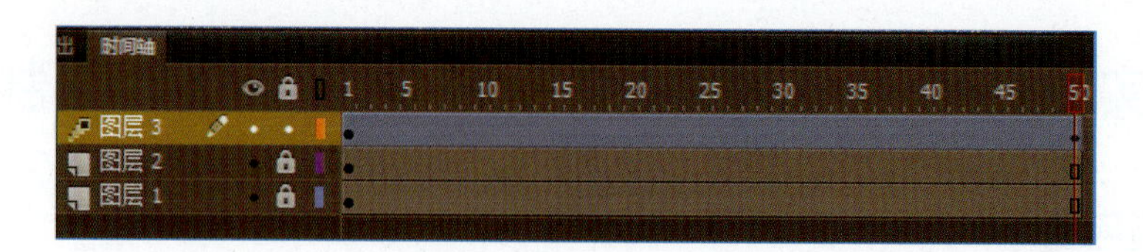

图 4-4-2 时间轴结构

4．制作蝴蝶动画效果。

新建图层，利用库中蝴蝶 .png，制作从第 1 帧至第 30 帧由近到远的曲线运动，第 31 帧至第 50 帧从有到无的动画效果。

提示：

①新建图层 4，将库中的蝴蝶 .png 拖到舞台右下角。选择“任意变形工具”，调整大小，将鼠标指针放在蝴蝶图片右下角的控制点上进行旋转，调整合适的方向，如图 4-4-3 所示。右击舞台上的蝴蝶 .png，在快捷菜单中执行“转换为元件”命令，弹出“转换为元件”对话框，“类型”选择“图形”，名称为“蝴蝶”，如图 4-4-4 所示，单击“确定”按钮。

图 4-4-3 图片旋转

图 4-4-4 “转换为元件”对话框

②右击图层 4 的第 1 帧，在快捷菜单中执行“创建补间动画”命令，右击第 30 帧，在快捷菜单中执行“插入关键帧”|“位置”命令，将“蝴蝶”元件实例拖到左边中间的位置。选择工具箱中的“任意变形工具”将蝴蝶适当变小。右击第 31 帧，在快捷菜单中执行“拆分动画”命令。右击第 15 帧，在快捷菜单中执行“插入关键帧”|“位置”命令，选择工具箱中的“选择工具”，如图 4-4-5 所示，将舞台中的蝴蝶向上拖动，此时舞台上出现了一条折线轨迹，如图 4-4-6 所示。

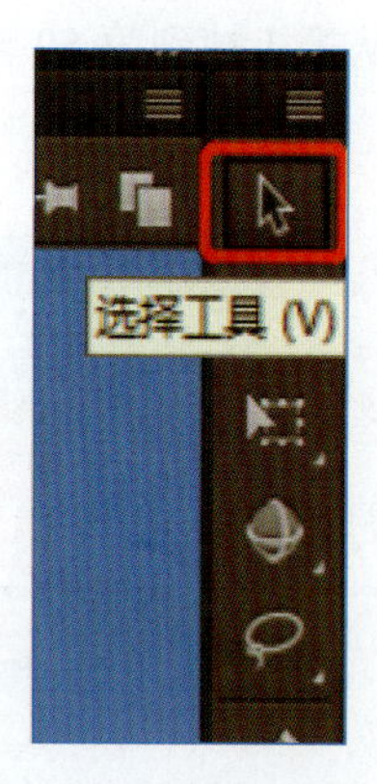

图 4-4-5 选择工具

图 4-4-6 折线轨迹

③继续使用“选择工具”，在折线左边一段中央选择一个点，向上拖动，形成一个向上的弧线，在折线右边一段中央选择一个点，向下拖动，形成一个向下的弧线，如图 4-4-7 所示。

图 4-4-7　曲线轨迹

④右击图层 4 第 50 帧，在快捷菜单中执行“插入关键帧” | “全部”命令，选中第 50 帧上的蝴蝶，在属性面板中设置色彩效果为 Alpha、0%，如图 4-4-8 所示，锁定图层。

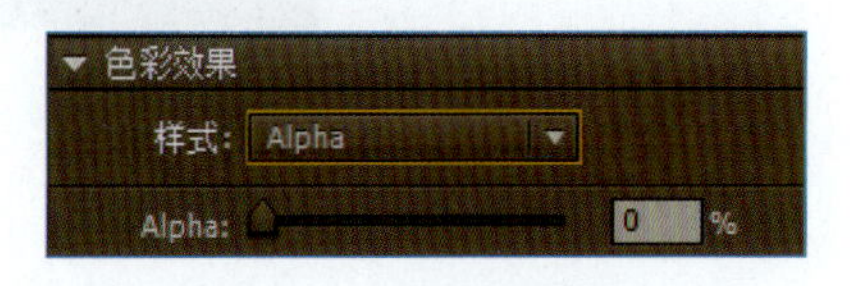

图 4-4-8　透明度设置

5．制作文字变形效果。

新建图层，制作黄色文字“风力发电”在第 1 帧至第 15 帧静止，从第 15 帧至第 35 帧逐渐变为绿色“绿色家园”的变形效果，并静止至第 50 帧，字体为华文新魏、55 磅。

形状补间

提示：

①新建图层 5，第 1 帧利用“文本工具”在舞台适当位置输入文字“风力发电”，字体设置为华文新魏、55 磅、黄色。单击第 15 帧，插入关键帧。单击第 35 帧，插入关键帧，修改文字为“绿色家园”、绿色。

②分别单击第 15、35 帧，多次执行“修改” | “分离”命令（或者按【Ctrl+B】组合键），分到不能分（文字变成点阵图）为止。右击第 15 帧，在快捷菜单中执行“创建补间形状”命令，此时在第 15 帧至第 35 帧之间出现了一个箭头，底色变成绿色，如图 4-4-9 所示，锁定图层。

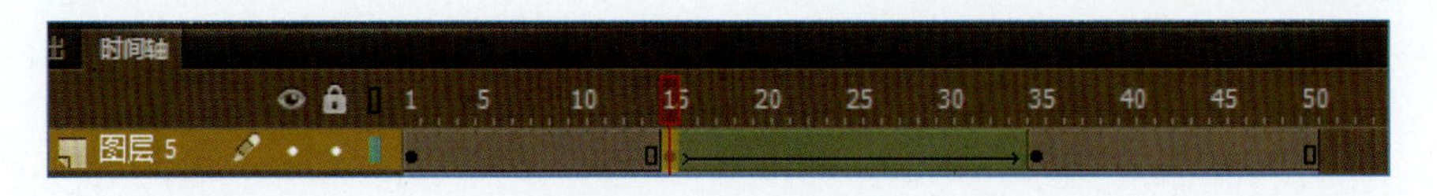

图 4-4-9　创建补间形状

6．制作图形变形效果。

新建图层，制作第 1 帧至第 30 帧黄色五角星变形为白色水滴的效果，并静止至第 50 帧。

提示：

①新建图层，在第 1 帧，单击工具箱中的“多角星形工具”，设置无笔触、填充颜色黄色，单击属性面板中的“选项”按钮，在弹出的对话框中进行设置，如图 4-4-10 所示。在舞台适当位置绘制一个黄色的五角星，适当调整方向。

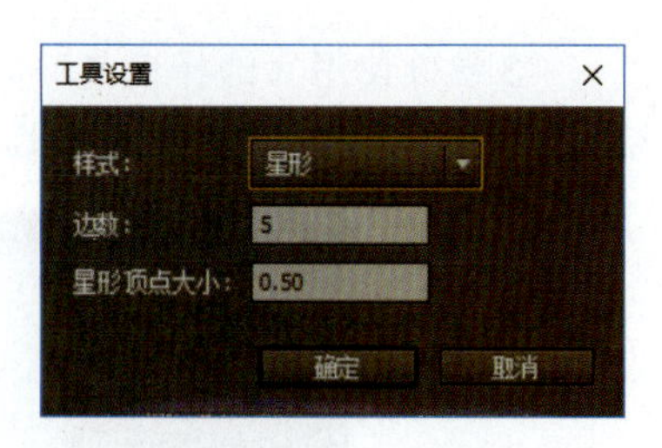

图 4-4-10 工具设置

②单击第 30 帧插入空白关键帧，单击“画笔工具”，设置笔触色为白色，添加画笔库中的 Drop Down 到样式列表中，如图 4-4-11 所示。在舞台上绘制 3 个水滴，适当调整方向。选中 3 个水滴，执行“修改”|“形状”|“将线条转换为填充”命令。在第 1 帧至第 30 帧之间创建补间形状。

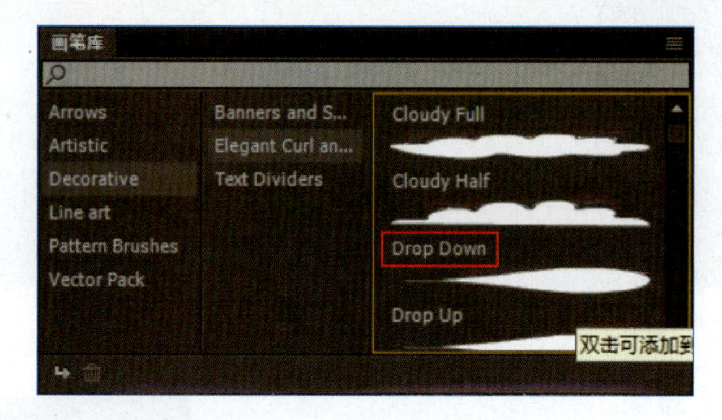

图 4-4-11 添加 Drop Down 样式

7. 制作学号图层。

新建图层，在第 1 帧输入自己的学号，字体任意。

提示：

单击“新建图层”按钮，利用文本工具 T，按样张 Animate4- 样张 .swf 在舞台相应位置输入自己的学号。

8. 测试动画效果并保存。

测试动画，效果参考样张 Animate4- 样张 .swf，将文件另存为 Animate4- 学号 .fla，并导出影片 Animate- 学号 .swf。

提示：

执行“控制”|“测试”命令（或者按【Ctrl+Enter】组合键），参考样张，测试动画效果。执行“文件”|“另存为”命令，设置文件名为“Animate4- 学号”，保存类型为 fla。执行“文件”|“导出”|“导出影片”命令，设置文件名为“Animate4- 学号”，保存类型为 swf。

【实验五】 Animate CC 2017 高级动画制作基础

一、实验目的

1. 熟练掌握补间动画的制作，包括元件的位置、大小、透明度、变色、旋转等变化。
2. 熟练掌握补间形状动画的制作。
3. 熟练掌握元件的种类和使用，能进行简单元件的制作。
4. 理解遮罩的原理和作用。
5. 能够在动画中使用遮罩。
6. 能够利用工具箱工具去除图片的背景。
7. 熟练按钮元件的原理、创建和编辑。
8. 熟练使用动作面板、代码片断进行交互动画的制作。

二、实验内容

1. 制作背景效果。

（1）打开 Animate5.fla，设置文档大小 800×600 像素，将库中的卷轴 .jpg 放置到舞台中央，适当调整大小与舞台匹配，显示至第 60 帧。

（2）将库中的画 .jpg 放置到舞台，调整大小与位置，显示至第 60 帧。

提示：

①启动 Adobe Animate CC 2017，执行“文件”|“打开”命令，打开 Animate5.fla。在属性面板中，设置文档大小为 800×600 像素，在舞台右上角下拉列表框中选择“显示帧”命令。

②将库中的卷轴 .jpg 拖动到舞台，在属性面板中设置宽 800、高 600，X：0、Y：0，将图片与舞台匹配。单击时间轴的第 60 帧，插入帧，锁定图层。双击“图层 1”文字，重命名为“画布”。

③新建图层，命名为“画”。将库中的画 .jpg 拖到舞台，适当调整大小和位置，锁定图层。

2. 制作鸟元件。

利用库中的鸟 1.gif、鸟 2.gif，新建鸟翅膀扇动的影片剪辑元件，保存在库中。

提示：

①执行“插入”|“新建元件”命令，在弹出的“创建新元件”对话框中，“类型”选择为“影片剪辑”，“名称”框输入“鸟”，如图 4-5-1 所示，单击“确定”按钮，进入元件编辑状态。

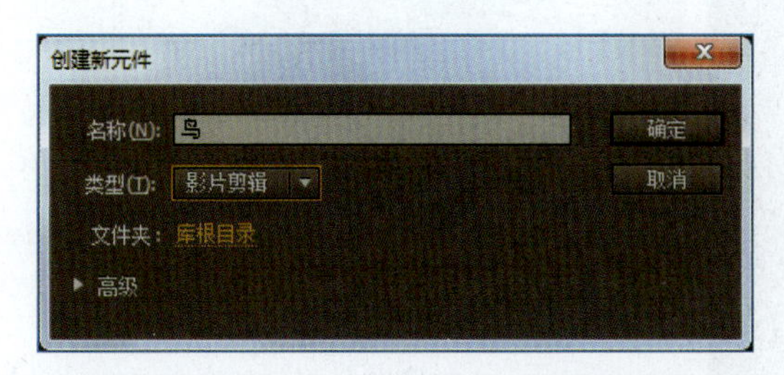

图 4-5-1　“创建新元件”对话框

②将库中的鸟 1.gif 拖动到舞台，执行“窗口”|“对齐”命令，打开对齐面板，如图 4-5-2 所示，设置鸟 1 图片居中。在第 2 帧插入空白关键帧，将库中的鸟 2.gif 拖动到舞台，用同样的方法设置鸟 2 图片在舞台居中。单击舞台左上角的“场景 1”，如图 4-5-3 所示，回到主场景。

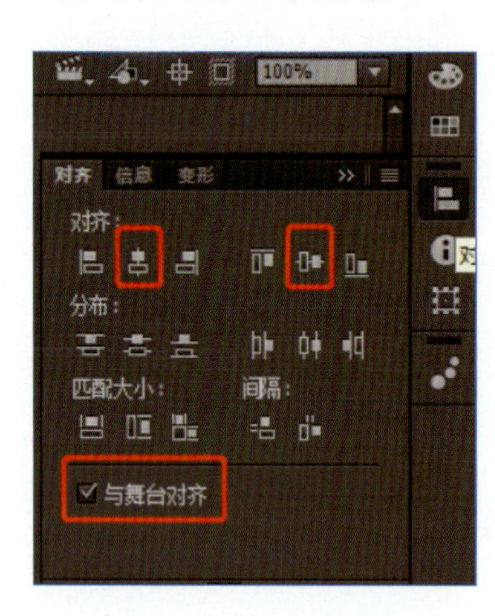

图 4-5-2　对齐面板设置

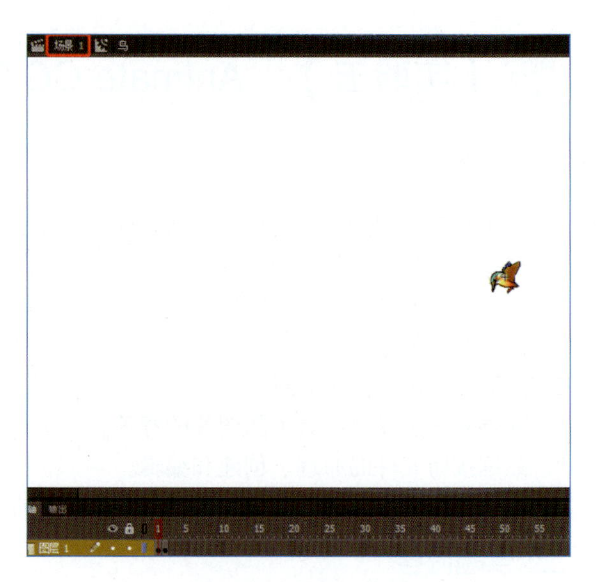

图 4-5-3　场景 1 按钮

3．制作鸟元件运动的效果。

新建图层，将“鸟”影片剪辑元件放置到舞台，制作从第 1 帧至第 50 帧折线运动的动画效果，静止至第 60 帧。

提示：

①新建图层，命名为“鸟”。将库中新建的“鸟”影片剪辑元件拖到舞台右侧，适当调整大小。

②右击该图层的第 1 帧，在快捷菜单中执行“创建补间动画”命令，右击第 50 帧，在快捷菜单中执行“插入关键帧”|“位置”命令，将鸟拖到画布的左上方，舞台上出现一条直线轨迹。

③右击第 15 帧，在快捷菜单中执行“插入关键帧”|“位置”命令，将鸟向下拖动；右击第 30 帧，在快捷菜单中执行“插入关键帧”|“位置”命令，将鸟向上拖动，舞台出现如图 4-5-4 所示的折线轨迹，锁定图层。

图 4-5-4　折线轨迹

4. 制作遮罩效果。

新建图层，利用遮罩，制作从第 1 帧至第 35 帧画由中间向两边展开的效果，静止至第 60 帧。

遮罩动画

提示：

①新建图层，命名为“矩形遮罩”。单击工具箱中的“矩形工具”，选择笔触无、填充颜色任意，如图 4-5-5 所示。在舞台中央绘制一个没有边框的长条矩形，高度超过卷轴。单击第 35 帧，插入关键帧，调整矩形大小，覆盖整个画卷。首尾帧如图 4-5-6 和 4-5-7 所示。右击第 1 帧，在快捷菜单中执行“创建补间形状”命令。

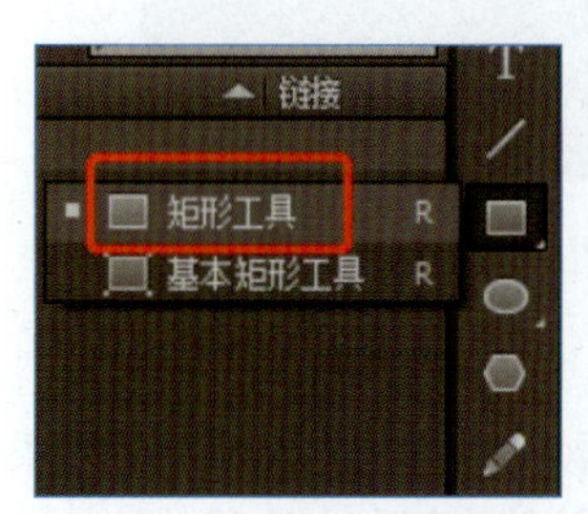

图 4-5-5　矩形工具

图 4-5-6　遮罩第 1 帧

图 4-5-7　遮罩第 35 帧

②右击“矩形遮罩”图层，在快捷菜单中选择“遮罩层”命令，如图 4-5-8 所示。下一层“鸟”图层自动缩进，变成被遮罩层。同时需要将“画”和“画布”图层也转换为被遮罩层。分别右击这两个图层，在快捷菜单中选择“属性”命令，弹出“图层属性”对话框，选择“被遮罩”单选按钮，如图 4-5-9 所示，单击“确定”按钮。

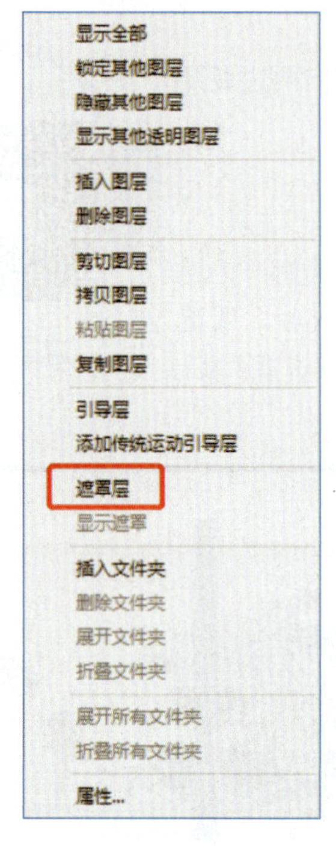

图 4-5-8　将图层转换为遮罩层

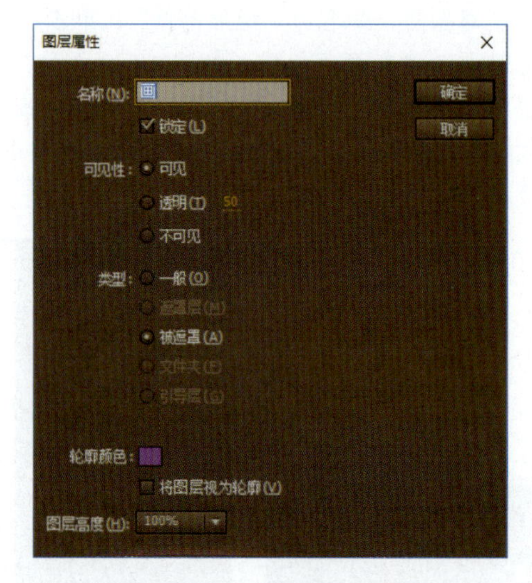

图 4-5-9　“图层属性”对话框

5．制作图像上方移动的左右轴。

（1）新建图层，利用库中左边轴 .jpg，制作从第 1 帧至第 35 帧从中间向左边移动的效果。

（2）新建图层，利用库中右边轴 .jpg，制作从第 1 帧至第 35 帧从中间向右边移动的效果。

提示：

①新建图层，命名为“左边轴”。将库中左边轴 .jpg 拖到舞台，调整大小和位置，转换为图形元件“左边轴”。制作从第 1 帧至第 35 帧从中间向左边移动的补间动画，如图 4-5-10 所示。

图 4-5-10　左边轴补间动画

②新建图层，命名为“右边轴”。将库中右边轴.jpg拖到舞台，调整大小和位置，转换为图形元件“右边轴”。同样的方法制作向右移动的补间动画。

6. 制作文字图层效果。

新建图层，输入文字“鸟语花香”，字体为华文新魏、65磅，制作文字变色效果，第30帧、40帧、50帧颜色分别为蓝色、粉红、红色，静止显示至第60帧。

提示：

新建图层，命名为“文字”。在第30帧插入空白关键帧，输入文字“鸟语花香”，字体华文新魏，65磅、蓝色。分别在第40帧、50帧插入关键帧，修改文字颜色为粉红、红色。

7. 添加音效。

新建图层，利用库中的mp3声音文件，从第10帧开始添加音效。

提示：

新建图层，命名为“音效”。在第10帧插入关键帧，将库中birdsound.mp3拖到舞台上，可以看到时间轴上出现了声音波形，如图4-5-11所示。

图4-5-11　添加音效图层

8. 制作按钮元件，并应用到舞台。

新建“play”按钮元件，应用到舞台，实现动画的交互功能。

提示：

①单击“插入”|“新建元件”命令，创建一个新的按钮元件，命名为“play”，如图4-5-12所示。

②进入按钮元件的编辑状态。在图层1的“弹起”帧处，使用“椭圆工具”绘制一个无笔触、

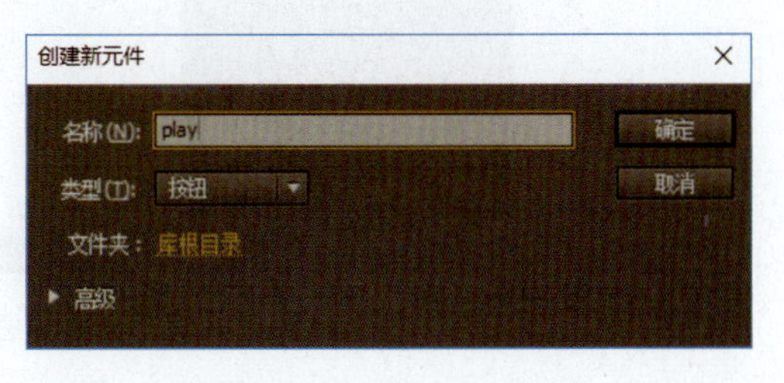

图4-5-12　创建按钮元件

填充颜色为蓝色的椭圆，居中对齐，在“指针经过”帧插入关键帧，将填充颜色改为黄色，在“按下”帧插入关键帧，将填充颜色改为红色。新建图层 2，在“弹起”帧处添加文字“PLAY”，字体为 Broadway、35、黄色，居中对齐。在“指针经过”帧插入关键帧，文字颜色改为红色，在“按下”帧插入关键帧，文字颜色改为黑色。效果如图 4-5-13 所示。

图 4-5-13 按钮元件的制作

③回到“场景 1”，新建图层，命名为“按钮”。将“play”元件拖到舞台左下角，适当调整大小。打开动作面板，单击“代码片断”按钮，如图 4-5-14 所示。打开“代码片断”窗口。单击舞台上的按钮元件实例，在“代码片断”窗口中打开“时间轴导航”，双击“单击以转到帧并播放”，在动作面板中即生成了一段代码，单击按钮需要从第 1 帧开始播放，所以修改代码为 gotoAndPlay(1)，如图 4-5-15 所示。在时间轴中同时生成了一个名为 Actions 的图层，第 1 帧出现了一个 a。在该图层的最后 1 帧处单击，在“代码片断”窗口“时间轴导航”中双击“在此帧处停止”，动作面板中生成第二段代码，同时第 60 帧处也出现一个 a。

图 4-5-14 动作面板、代码片断

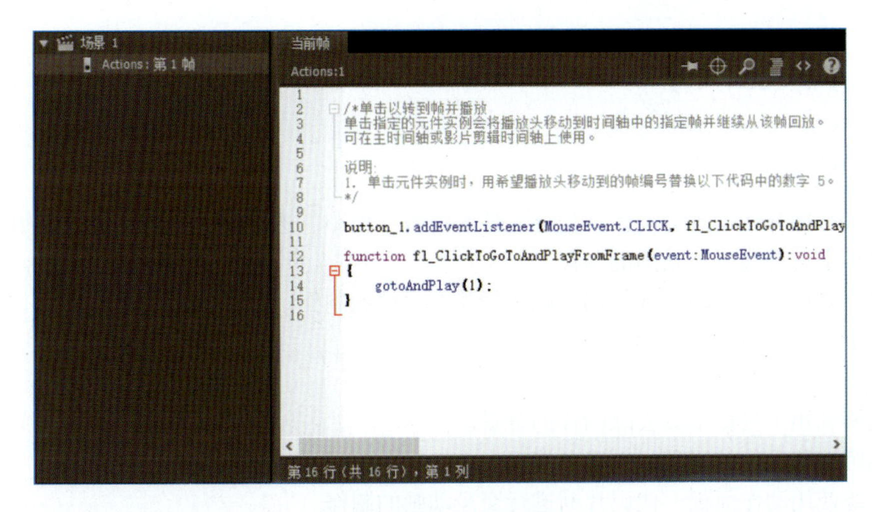

图 4-5-15　第 1 帧代码

9．制作学号图层，测试动画并保存。

（1）新建图层，在第 1 帧输入自己的学号，字体任意。

（2）测试动画，效果参考样张 Animate5- 样张 .swf，将文件另存为 Animate5- 学号 .fla，并导出影片 Animate5- 学号 .swf。

提示：

新建图层，按样张在舞台相应位置输入自己的学号。执行“控制”|“测试”命令（或者按【Ctrl+Enter】组合键），参考样张，测试动画效果。执行“文件”|“另存为”命令，设置文件名为“Animate5- 学号”，保存类型为 fla。执行“文件”|“导出”|“导出影片”命令，设置文件名为“Animate5- 学号”，保存类型为 swf。

【实验六】 Animate CC 2017 高级动画制作进阶

一、实验目的

1. 熟练掌握补间动画的制作，包括元件的位置、大小、透明度、变色、旋转等变化。
2. 熟练掌握补间形状动画的制作。
3. 熟练掌握元件的种类和使用，能进行简单元件的制作。
4. 理解遮罩的原理和作用。
5. 能够在动画中使用遮罩。
6. 能够利用工具箱工具去除图片的背景。
7. 熟练按钮元件的原理、创建和编辑。
8. 熟练使用动作面板、代码片断进行交互动画的制作。

二、实验内容

1. 制作背景效果。

打开 Animate6.fla，设置文档背景颜色为 #CCFF99，帧频为 12，将库中的迪斯尼 .jpg 放置到舞台中央，适当调整大小与舞台匹配，显示至第 55 帧。

提示：

①启动 Adobe Animate CC 2017，执行“文件”|“打开”命令，打开 Animate6.fla。在属性面板中，设置背景颜色为 #CCFF99，帧频为 12，在舞台右上角下拉列表框中选择“显示帧”命令。

②将库中的迪斯尼 .jpg 拖动到舞台，在属性面板中设置宽 550、高 400，X：0、Y：0，将图片与舞台匹配。单击时间轴的第 55 帧，插入帧，锁定图层。

2. 制作精灵影片剪辑元件。

利用库中的精灵 1.jpg~ 精灵 4.jpg 四张精灵图片，新建精灵动画元件，保存在库中。

提示：

①执行“插入”|“新建元件”命令，在弹出的“创建新元件”对话框中，设置“类型”为“影片剪辑”，“名称”框输入元件 2，如图 4-6-1 所示，单击“确定”按钮，进入元件编辑状态。

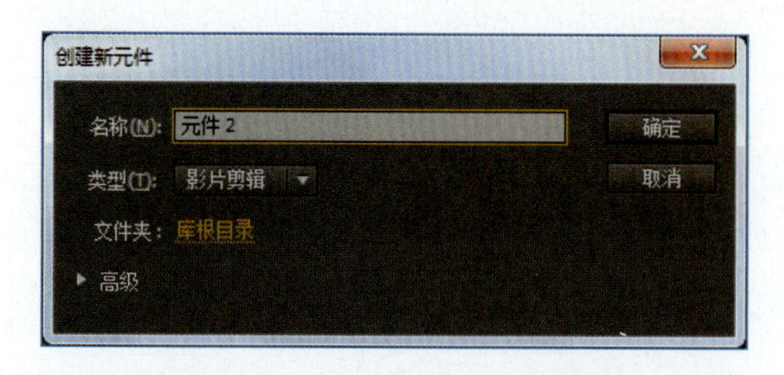

图 4-6-1 “创建新元件”对话框

②将库中的精灵 1.jpg 拖动到舞台，执行“窗口”|“对齐”命令，打开对齐面板，如图 4-6-2 所示，设置图片居中。面板切换到变形，缩放图片宽、高为 20%，如图 4-6-3 所示。

③去除白色背景。选中舞台上精灵 1 图片，按【Ctrl+B】组合键，将图片分离；在图片外单击，取消选择；选择工具箱“套索工具”中的“魔术棒”，如图 4-6-4 所示。在图片白色背景处

单击选中，按【Delete】键删除，选择工具箱中的“橡皮擦工具”，将上下多余的背景擦干净。

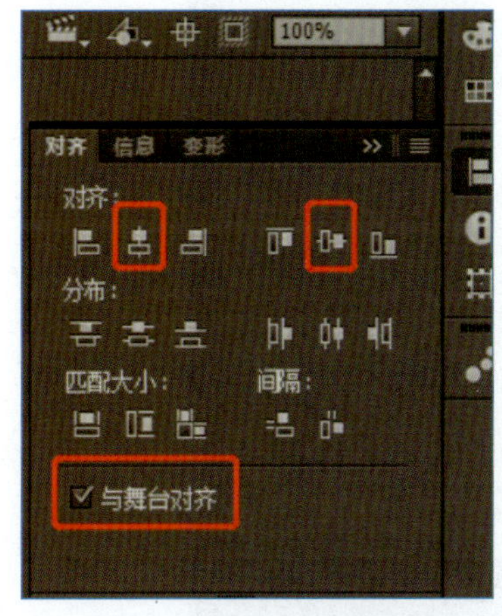

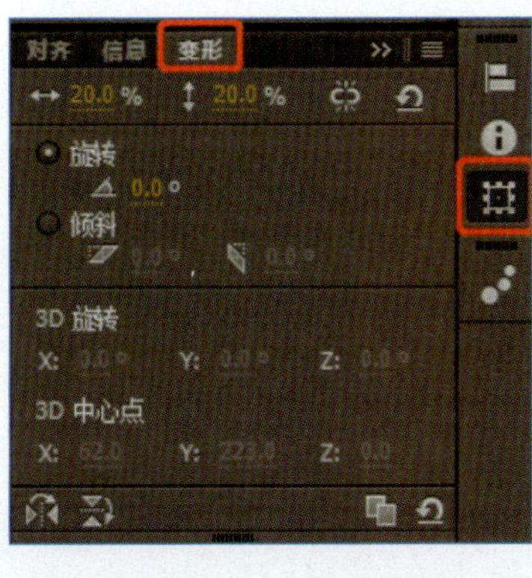

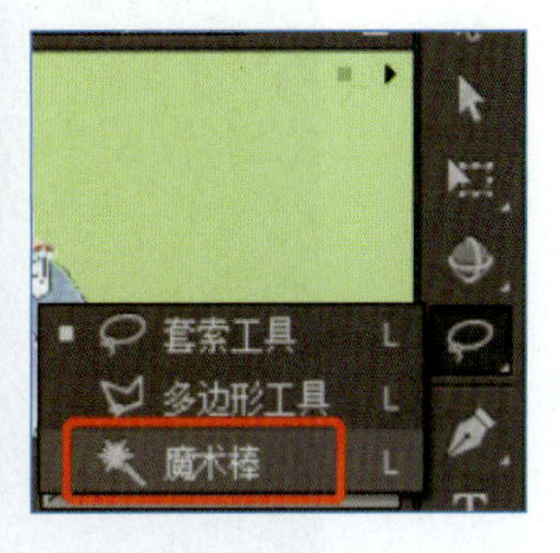

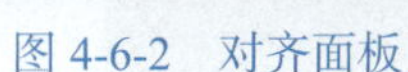
图 4-6-2　对齐面板　　图 4-6-3　变形面板　　图 4-6-4　魔术棒

④分别在第 5、10、15 帧插入空白关键帧，将库中的精灵 2.jpg、精灵 3.jpg、精灵 4.jpg 拖到舞台。用同样的方法设置图片居中缩放，精灵 2.jpg、精灵 3.jpg、精灵 4.jpg 缩放的比例分别为 13%、13%、20%，去除背景。完成后的效果如图 4-6-5 所示。单击舞台左上角的“场景 1”，回到主场景。

图 4-6-5　元件制作

3. 制作精灵元件运动的效果。

新建图层，将“元件 2”放置到舞台，制作从第 1 帧至第 15 帧至第 30 帧，从左到右再到中央运动的动画效果，静止至第 55 帧。

提示：

新建图层 2，将库中新建的“元件 2”影片剪辑元件拖到舞台左侧。右击该图层的第 1 帧，在快捷菜单中执行“创建补间动画”命令。利用补间动画，制作“元件 2” 从左到右再到中央的运动效果。隐藏背景后的运动轨迹，如图 4-6-6 所示，锁定图层。

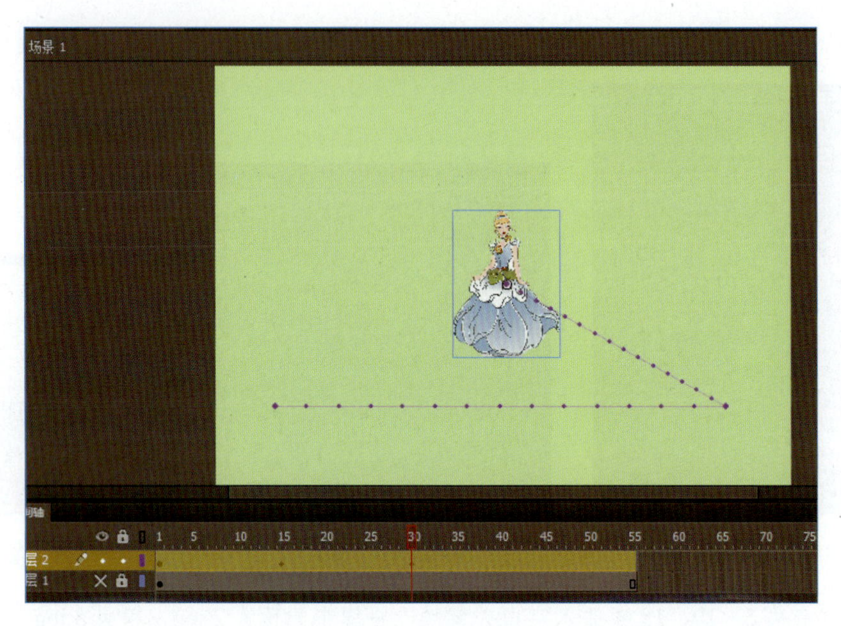

图 4-6-6 运动轨迹

4. 制作遮罩效果。

新建图层，利用遮罩，制作圆形从第 1 帧至第 30 帧与元件 2 同步运动，第 30 帧至第 50 帧，遮罩逐渐变大的动画效果，静止至第 55 帧。

提示：

新建图层 3，利用工具箱中的“椭圆工具”，在元件 2 上绘制一个无边框的正圆（按住【Shift】键，颜色任意）。在第 15 帧和第 30 帧分别插入关键帧，将圆形移动到元件 2 所在的位置。在第 50 帧插入关键帧，将圆形放大超出舞台大小，如图 4-6-7 所示。在第 1 ~ 15 帧、15 ~ 30 帧、30 ~ 50 帧之间分别创建补间形状。将图层 3 设置为遮罩层，图层 1 设置为被遮罩层。

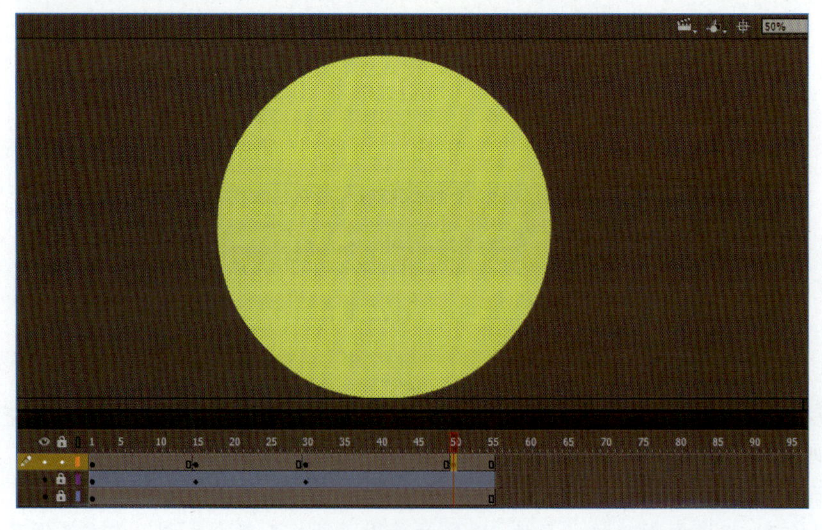

图 4-6-7 圆形放大

5．制作文字元件变彩色效果。

新建图层，利用库中的元件 1，制作从第 35 帧至第 50 帧文字由黄色逐渐变成彩色的动画效果，静止至第 55 帧。

提示：

新建图层 4，在第 35 帧插入空白关键帧，将库中“元件 1”拖到舞台适当的位置，按【Ctrl+B】组合键分离到点阵图。在第 50 帧插入关键帧，利用“颜料桶工具”将文字变成彩色，如图 4-6-8 所示。在第 35 帧至第 50 帧之间创建补间形状。

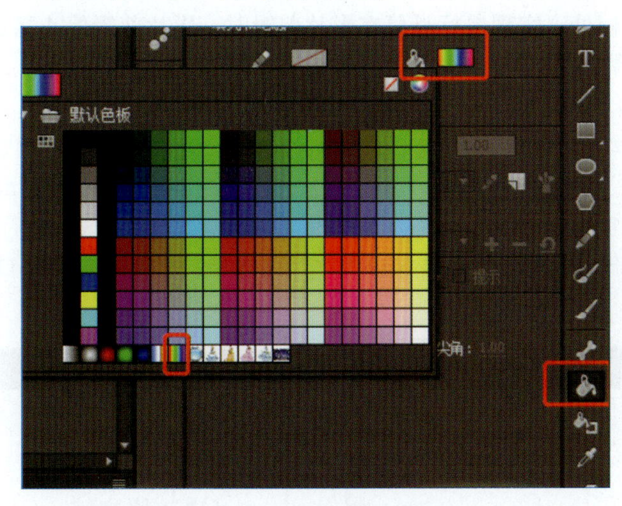

图 4-6-8　颜料桶设置彩色

6．制作按钮元件，并应用到舞台。

新建 button 按钮元件，应用到舞台，实现动画的交互功能。

提示：

①执行“插入”|“新建元件”命令，创建一个名为 button 的按钮元件。

②进入按钮元件的编辑状态。在图层 1 的“弹起”帧处，拖动库中的 button.png 图片到舞台，居中对齐。在“单击”帧插入帧。新建图层 2，在“弹起”帧处添加文字“重播”，字体为华文琥珀、80、黑色，居中对齐。在“按下”帧插入关键帧，将文字向右下方稍微移动。效果如图 4-6-9 所示。

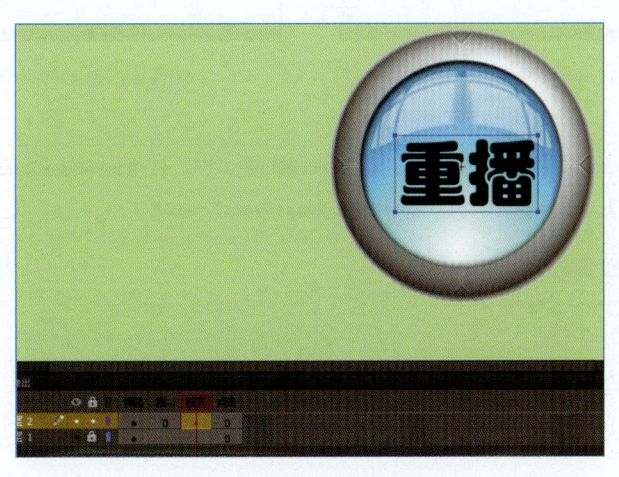

图 4-6-9　button 元件的制作

③回到“场景1”，新建图层，命名为“按钮”。在第50帧将“button”元件拖到舞台右下角，适当调整大小。打开动作面板，单击“代码片断”按钮。选中舞台上的按钮元件实例，在“代码片断”窗口中双击“单击以转到帧并播放”，生成一个按钮实例，名为button_1，在动作面板中生成了一段代码，修改代码为gotoAndPlay(1)。在时间轴中同时生成了一个名为Actions的图层，第50帧出现了一个a。在该图层的最后一帧处单击，在“代码片断”窗口中双击“在此帧处停止”，动作面板中生成第二段代码，同时第55帧处也出现一个a。

7. 通过鼠标事件来控制动画的播放。

在动画的最后一帧处，实现鼠标悬停在影片剪辑时，影片剪辑停止播放，鼠标移开，影片剪辑又恢复播放的效果。

提示:

定位在动作面板的第55帧处，单击舞台上的“元件2”实例，在“代码片断”窗口中双击“Mouse Over事件”，如图4-6-10所示。系统自动给元件生成了一个名为movieClip_2的实例。双击“代码片断”窗口中的“停止影片剪辑”，如图4-6-11所示。将生成的一行代码“movieClip_2.stop();”剪切到悬停代码当中，如图4-6-12所示。用同样的方法在Mouse Out事件中添加“播放影片剪辑”代码。

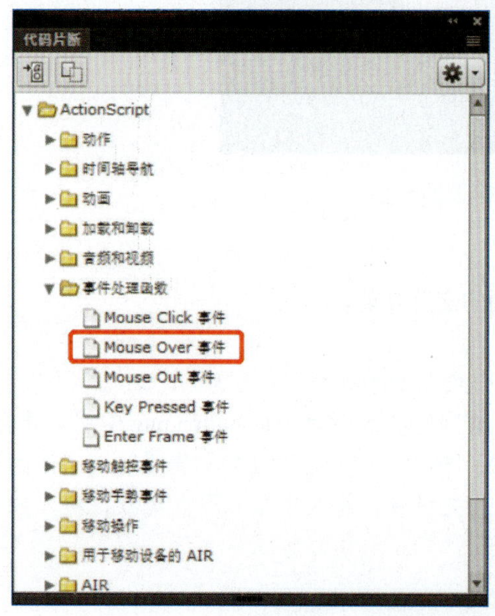

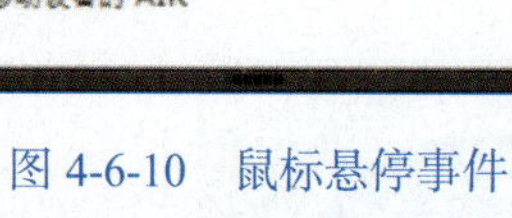

图4-6-10　鼠标悬停事件

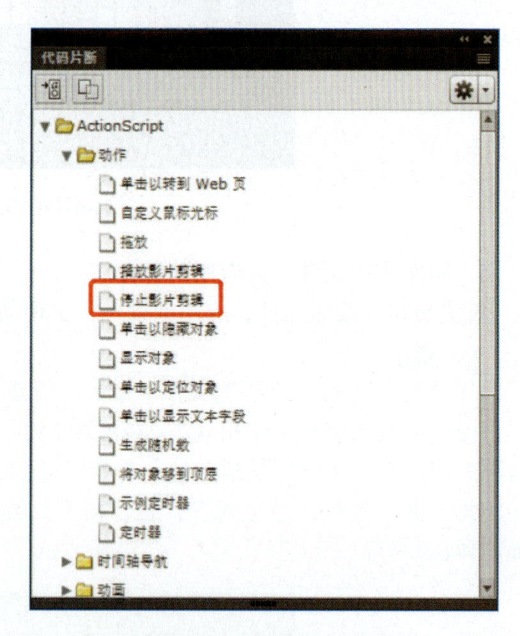

图4-6-11　停止影片剪辑

```
movieClip_2.addEventListener(MouseEvent.MOUSE_OVER, fl_MouseOverHandler_2);

function fl_MouseOverHandler_2(event:MouseEvent):void
{
    // 开始您的自定义代码
    movieClip_2.stop();
    // 此示例代码在"输出"面板中显示"鼠标悬停"。
    trace("鼠标悬停");
    // 结束您的自定义代码
}
```

图4-6-12　代码合成后效果

8. 制作学号图层，测试动画并保存。

（1）新建图层，在第1帧输入自己的学号，字体任意。

（2）测试动画，效果参考样张 Animate6- 样张 .swf，将文件另存为 Animate6- 学号 .fla，并导出影片 Animate6- 学号 .swf。

提示:

新建图层，按样张在舞台相应位置输入自己的学号。执行“控制”|“测试”命令（或者按【Ctrl+Enter】组合键），参考样张，测试动画效果。执行“文件”|“另存为”命令，设置文件名为“Animate6- 学号”，保存类型为 fla。执行“文件”|“导出”|“导出影片”命令，设置文件名为“Animate6- 学号”，保存类型为 swf。

【实验七】 Animate CC 2017 动画制作综合实训

一、实验目的

1. 熟练掌握逐帧动画的各项制作。
2. 熟练掌握补间类动画的各项制作。
3. 熟练掌握元件和遮罩的使用。
4. 熟练掌握文档各项属性的设置。
5. 熟练按钮元件的原理、创建和编辑。
6. 熟练使用动作面板、代码片断进行交互动画的制作。
7. 熟悉虚拟摄像功能的原理和使用。

二、实验内容

1. 制作背景效果。

打开 Animate7.fla，设置文档大小为 1024×700 像素、帧频为 10、背景颜色为 #000099，将库中 Image 文件夹中的 bj.jpg 放置到舞台中央，适当调整大小与舞台匹配，显示至第 44 帧。

提示：

①启动 Adobe Animate CC 2017，执行“文件”|“打开”命令，打开 Animate7.fla。在属性面板中，设置大小为 1024×700 像素、背景颜色为 #000099、帧频为 10，在舞台右上角下拉列表框中选择“显示帧”命令。

②将库中 Image 文件夹中的 bj.jpg 拖到舞台，在属性面板中设置宽 1024、高 700，X：0、Y：0，将图片与舞台匹配。单击时间轴的第 44 帧，插入帧，锁定图层。将图层命名为“背景”。

2. 制作病毒动画效果。

新建图层，利用库中的“病毒”元件，制作第 1 帧至第 10 帧顺时针旋转 2 圈从右上角曲线运动到舞台中，第 15 帧至第 19 帧闪烁 2 次，第 25 帧至第 30 帧向右运动出舞台的动画效果。

提示：

新建图层，命名为“病毒”。将库中的“病毒”影片剪辑元件拖到舞台左上角，适当缩小。右击该图层的第 1 帧，在快捷菜单中执行“创建补间动画”命令。拖动补间动画的蓝色区域到第 10 帧，如图 4-7-1 所示。在第 10 帧将病毒的位置移动到舞台中，适当放大。利用“选择工具”将运动轨迹拖动成曲线，并在属性中设置顺时针 2 次。在第 15 帧插入帧。右击第 15 帧，拆分动画。右击第 15 帧，在快捷菜单中执行“删除动作”命令。此时的效果如图 4-7-2 所示。利用逐帧动画，制作从第 15 帧至第 19 帧闪烁 2 次的效果。在第 25 帧插入关键帧，利用补间动画，制作从第 25 帧至第 30 帧向右运动出舞台的效果，锁定图层。

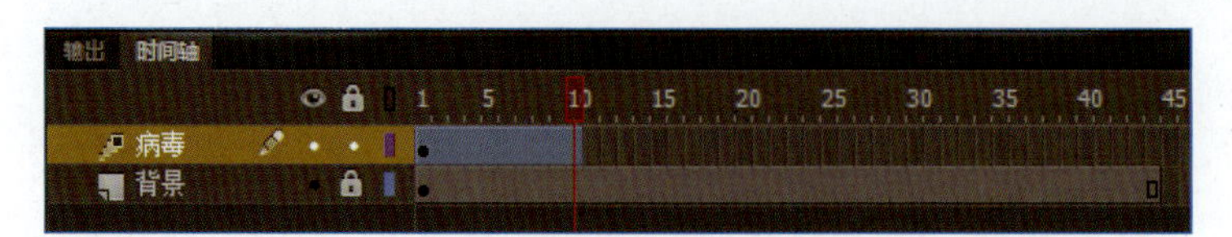

图 4-7-1 病毒层时间轴 1

图 4-7-2　病毒层时间轴 2

3．制作人物动画效果。

新建图层，利用“人 1”元件，制作从第 35 帧至第 43 帧由舞台外移动到舞台内，静止至第 45 帧，从第 45 帧至第 55 帧逐渐消失。

提示：

新建图层，命名为“人”。单击第 35 帧插入空白关键帧，将库中“人 1”元件拖到舞台外右下侧。在第 35 帧至第 43 帧之间创建补间动画，单击第 43 帧，将“人 1”平移至舞台内右下侧。右击第 45 帧，拆分动画。将第 45 帧的蓝色区域拖长到第 55 帧，将第 55 帧的“人 1”Alpha 设为 0%。

4．制作病毒被打后的效果。

新建两个图层，利用“病毒 2”元件和“叉子”元件，制作从第 35 帧至第 43 帧至第 45 帧，两个元件分别从舞台外进入舞台，又飞出舞台的效果。

提示：

新建两个图层，分别命名为“病毒 2”“叉子”。在第 35 帧至第 45 帧创建补间动画，在第 35 帧、43 帧、45 帧分别调整两个元件在舞台上的位置。3 个位置设置如图 4-7-3 ~ 图 4-7-5 所示。删除两个图层第 45 帧之后的帧。

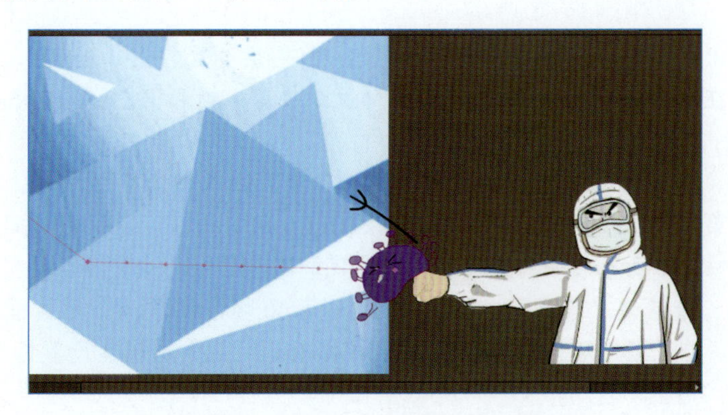

图 4-7-3　第 35 帧病毒 2 和叉子位置

图 4-7-4　第 43 帧病毒 2 和叉子位置

图 4-7-5　第 45 帧病毒 2 和叉子位置

5. 新建场景，制作“人 2”和文字效果。

（1）新建场景 2，利用“人 2”元件，制作从第 1 帧至第 20 帧从无到有的效果，静止至第 60 帧。

（2）新建图层，输入文字“众志成城”，从第 1 帧至第 15 帧逐字出现，第 15 帧至第 25 帧变形为“战胜疫情”，字体为华文楷体、100 磅、白色；利用遮罩层，从第 30 帧至第 40 帧“战胜疫情”逐渐展开，静止至第 60 帧。

提示：

①执行“插入”|“场景”命令，新建场景 2。将图层 1 更名为“人 2”，将库中 “人 2”元件拖到舞台。在第 1 帧至第 60 帧创建补间动画，将第 1 帧和第 20 帧 Alpha 分别设为 0%、100%，锁定图层。

②新建图层，命名为“文字”。利用“文本工具”输入“众志成城”。利用逐帧动画，制作从第 1 帧至第 15 帧逐字出现的效果（方法参考本章实验一）。利用补间形状动画，制作第 15 帧至第 25 帧文字变形效果（方法参考本章实验三）。

③新建图层，命名为“遮罩”。在第 30 帧至第 40 帧，制作一个无边框的矩形从窄变宽的补间形状动画，首尾帧矩形如图 4-7-6 和图 4-7-7 所示。将图层属性设置为“遮罩层”。

图 4-7-6　遮罩层第 30 帧

图 4-7-7　遮罩层第 40 帧

6．制作按钮元件，并应用到舞台。

利用库中图片 src.png 新建按钮元件“button”，在场景 2 中实现随时单击该按钮可以返回到场景 1 的效果。

提示：

①单击“插入”|“新建元件”命令，创建一个名为 button 的按钮元件。

②进入按钮元件的编辑状态。在图层 1 的“弹起”帧处，拖动库中的 src.png 图片到舞台，适当调整大小，居中对齐。在“点击”帧插入帧。新建图层 2，在“弹起”帧处添加文字“返回场景 1”，字体为隶书、60、颜色 #FF6600，居中对齐。在“按下”帧插入关键帧，将文字适当放大。效果如图 4-7-8 所示。

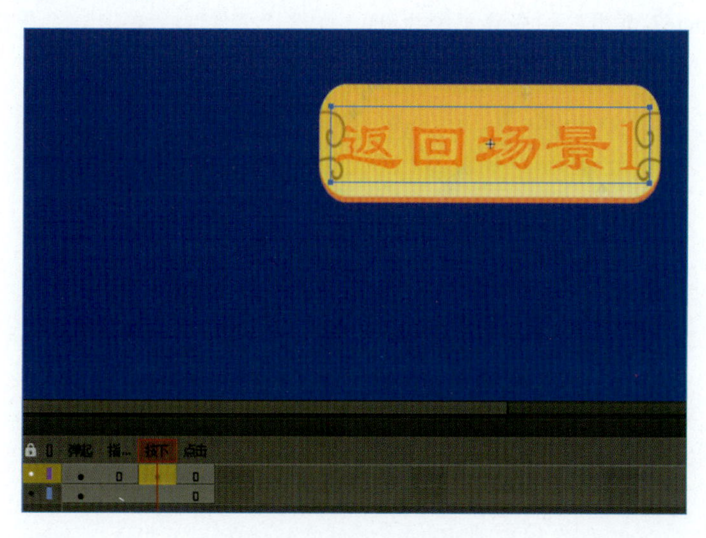

图 4-7-8　按钮元件的制作

③回到“场景 2”，新建图层，命名为“按钮”。在第 1 帧将“button”元件拖到舞台右上角，适当调整大小。打开动作面板，打开“代码片断”窗口，选择合适的代码片断，使得单击该按钮随时能够回到场景 1 的效果（方法参考本章实验六）。

7．虚拟摄像功能。

在场景 1 中添加虚拟摄像功能，使得整个场景 1 的动画在第 10 帧到第 15 帧放大，第 19 帧到第 25 帧又缩小还原的效果。

提示：

单击工具箱中的“摄像头”，在时间轴中添加一个名为 Camera 的图层。在第 10 帧插入关键帧，创建补间动画。在第 15 帧插入关键帧，调整“摄像头”属性缩放 150%，如图 4-7-9 所示。第 19 帧插入关键帧，属性不变，第 25 帧插入关键帧，缩放还原到 100%。时间轴如图 4-7-10 所示。

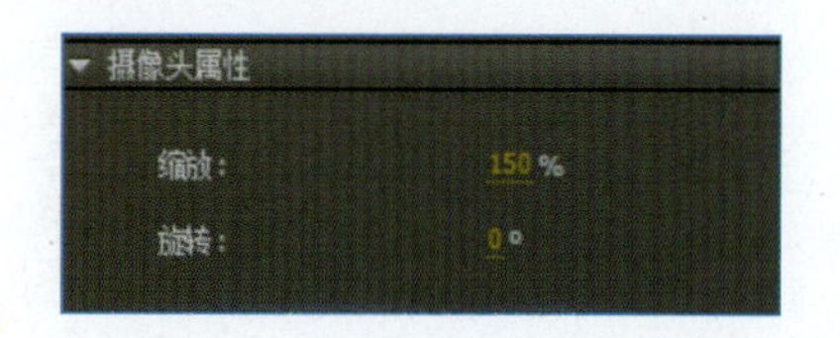

图 4-7-9　摄像头缩放属性设置

（注：可通过时间轴下方的“摄像头”按钮打开或者关闭摄像头功能）。

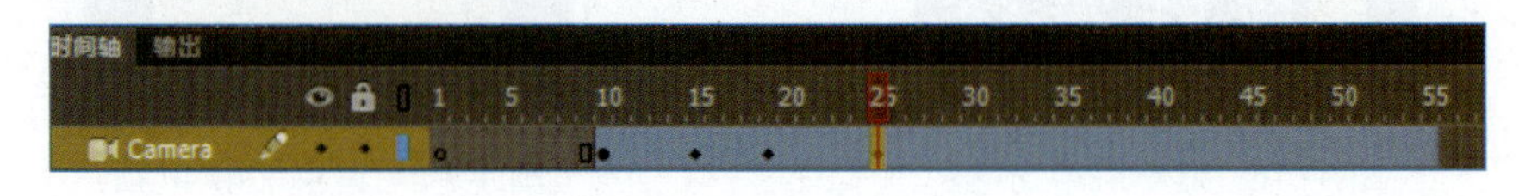

图 4-7-10　摄像头图层时间轴

8．制作学号图层，测试动画并保存。

（1）在两个场景分别新建图层，在第 1 帧输入自己的学号，字体任意，根据需要调整图层的上下位置。

（2）测试动画，效果参考样张 Animate 7- 样张 .swf，将文件另存为 Animate 7- 学号 .fla，并导出影片 Animate 7- 学号 .swf。

提示：

新建图层，按样张在舞台相应位置输入自己的学号。执行“控制”|“测试”命令（或者按【Ctrl+Enter】组合键），参考样张，测试动画效果。执行“文件”|“另存为”命令，设置文件名为“Animate7- 学号”，保存类型为 fla。执行“文件”|“导出”|“导出影片”命令，设置文件名为“Animate7- 学号”，保存类型为 swf。

第五章　三维数字绘图

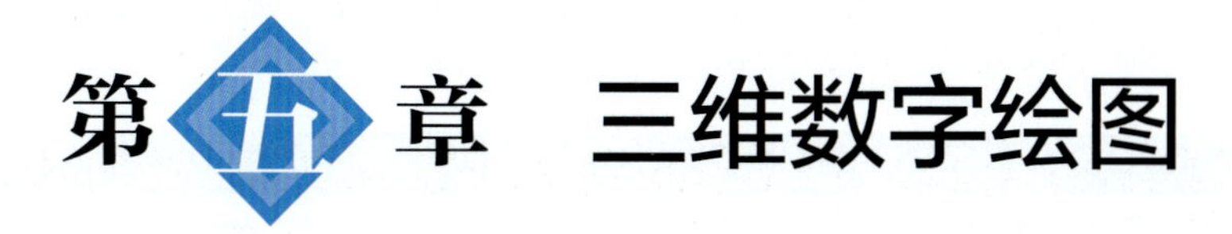

【实验一】　简单3D图形绘制

一、实验目的

1. 了解简单3D图形的绘制方法。
2. 掌握Windows 10中画图3D工具的使用。

二、实验内容

1. 创建3D图形，按照以下要求操作，绘制三维效果图“海洋世界”，效果样张如图5-1-1所示。

图5-1-1　3D绘图实验一样张

2. 启动“画图3D”，“新建”文档。

提示：

在“开始”菜单中“所有程序”里打开“画图3D”应用程序，新建一个文档。

3．绘制背景。

（1）使用“画笔”中的“填充”，将画布设置为蓝色背景，颜色设置为“#3a79bb”，如图 5-1-2 所示。

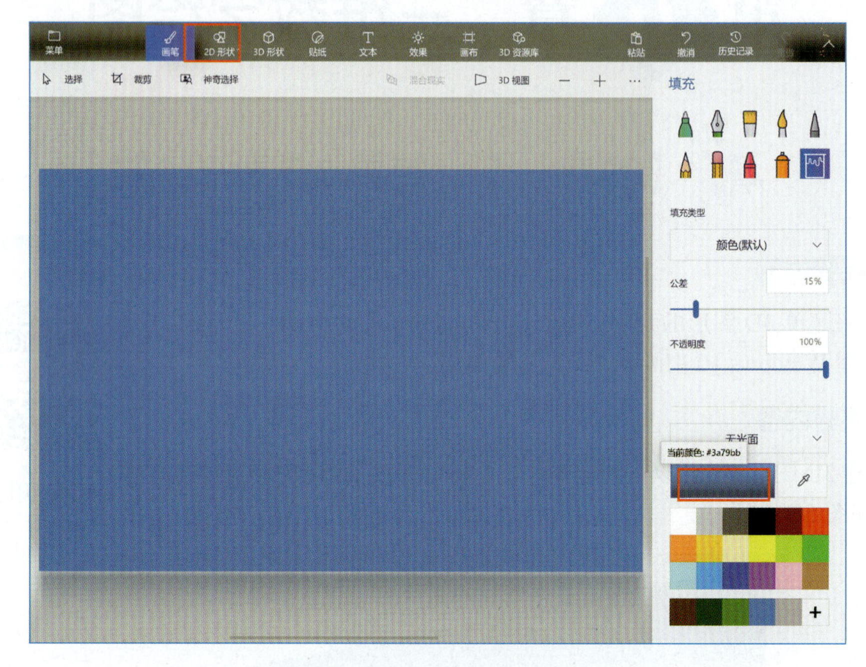

图 5-1-2　画布颜色设置

提示：

当需要的颜色不在默认颜色区中时，可通过“添加颜色”功能增加所需颜色，如图 5-1-3 所示。

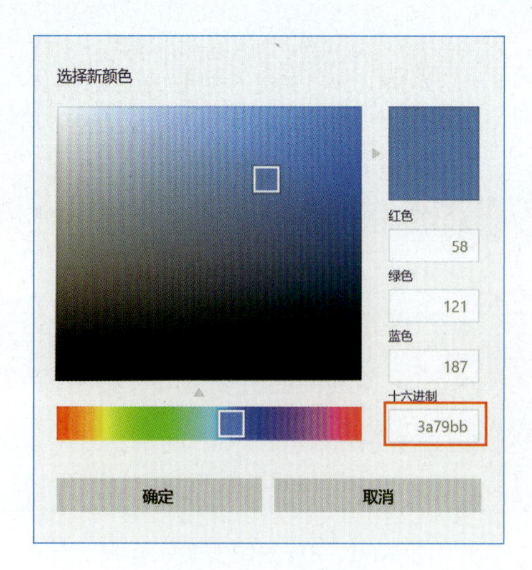

图 5-1-3　添加颜色

（2）使用“2D 形状”中的“5 点曲线”绘制海底分界线，如图 5-1-4 所示。

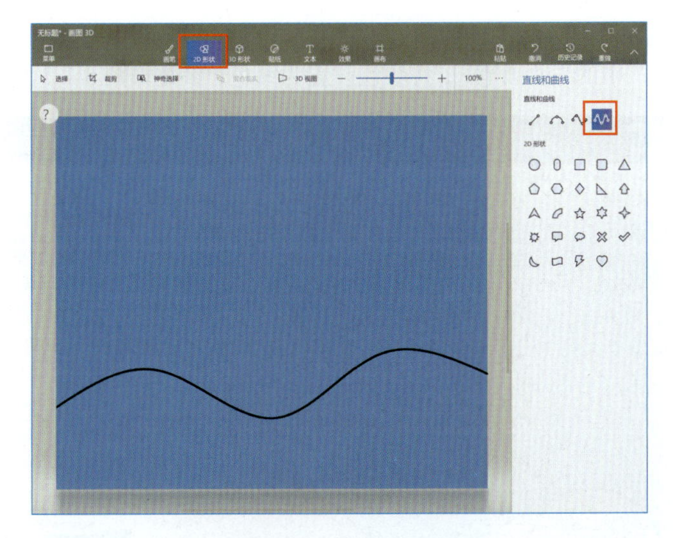

图 5-1-4　绘制分界线

提示:

以“5 点曲线”为例，曲线上的手柄可调整曲线的角度；曲线选择框外围的手柄可调整曲线高度，如图 5-1-5 所示。

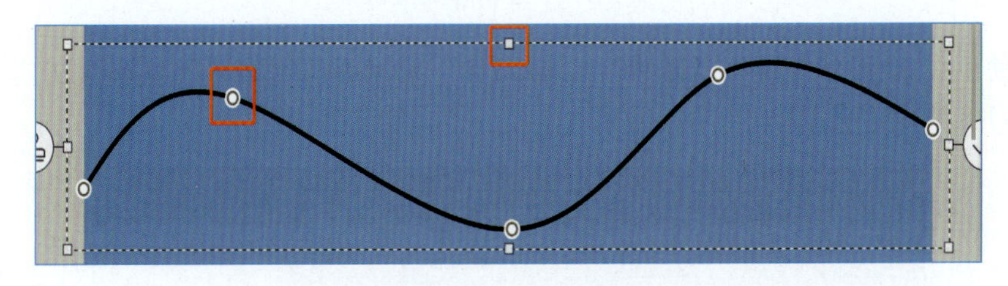

图 5-1-5　曲线调整

（3）使用“画笔”中的“填充”，将曲线以下区域设置为土黄色，表示为海床，颜色设置为默认颜色区中的“褐色”，如图 5-1-6 所示。

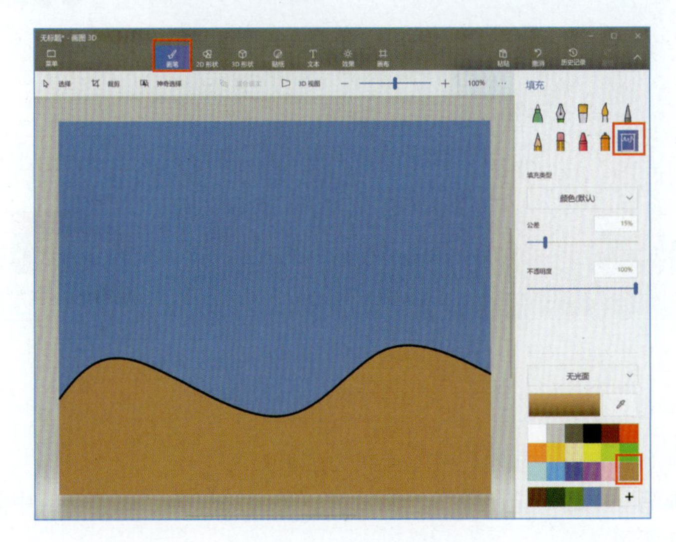

图 5-1-6　绘制海床

4．绘制各个元素。

（1）选择“画笔”中的“油画笔”，将颜色设置为绿色，参数如图 5-1-7 所示，绘制海底植物。

图 5-1-7　绘制海底植物

（2）使用“3D 形状”中的“球体”“3D 对象”绘制海底气泡。气泡颜色为“浅灰色”，参数如图 5-1-8 所示。

图 5-1-8　绘制海底气泡

提示：

可设置颜色有金属色泽，显示气泡对光线的反射。

（3）使用“画笔”中的“记号笔”绘制贝壳。贝壳边缘为“白色”，中间为“深灰色”，颜色参数如图 5-1-9 所示。

图 5-1-9　绘制海底贝壳

提示：

贝壳也可用其他颜色，或者绘制其他海底生物。

（4）使用“3D 形状”中的“鱼”形，绘制游动的鱼，颜色参数如图 5-1-10 所示。

图 5-1-10　绘制鱼

提示：

注意鱼角度的调整。

（5）添加一个新的大气泡，然后使用“贴纸”中的“查看”“幸福”绘制鱼的眼睛和嘴巴，如图 5-1-11 所示。

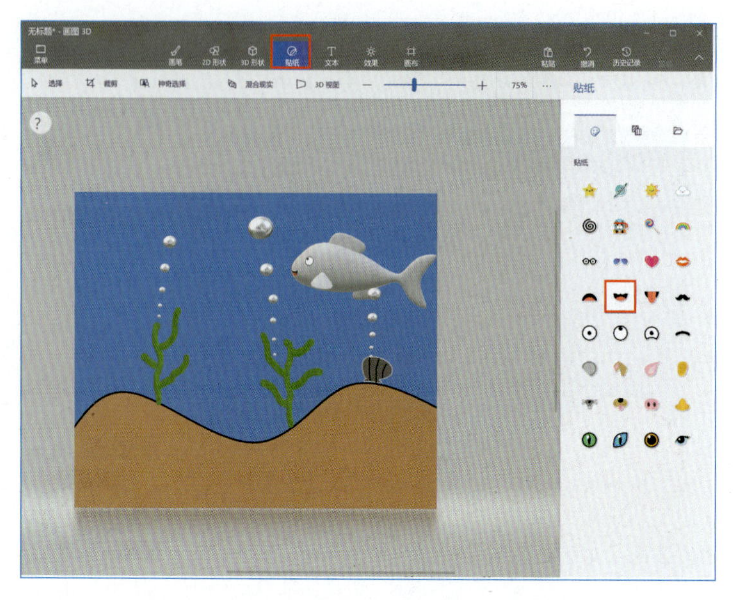

图 5-1-11　完成图

提示:

注意鱼看气泡时眼球的方向和角度；同时，注意避免由于鱼的角度造成嘴巴形状和方向的不协调。

5. 保存文档。

以文件名为“海洋世界 - 学号 .glb”保存。使用“3D 查看器”查看完成的文档，根据实际情况调整各个对象的空间位置，以及不同光线环境中的效果。

【实验二】　组合 3D 图形绘制

一、实验目的

1. 学习多形状组合 3D 图形的绘制方法。
2. 掌握画图 3D 中形状的排列组合。

二、实验内容

1. 绘制“靠背椅”三维图形。

在 3D 绘图工具中，按照以下要求操作，效果样张如图 5-2-1 所示。

图 5-2-1　3D 绘图实验二样张

2. 创建 3D 图形。

启动“画图 3D”，“新建”文档。

3. 绘制椅身部分。

（1）进入“3D 形状”页面，使用“立方体”工具绘制椅面部分，如图 5-2-2 所示。

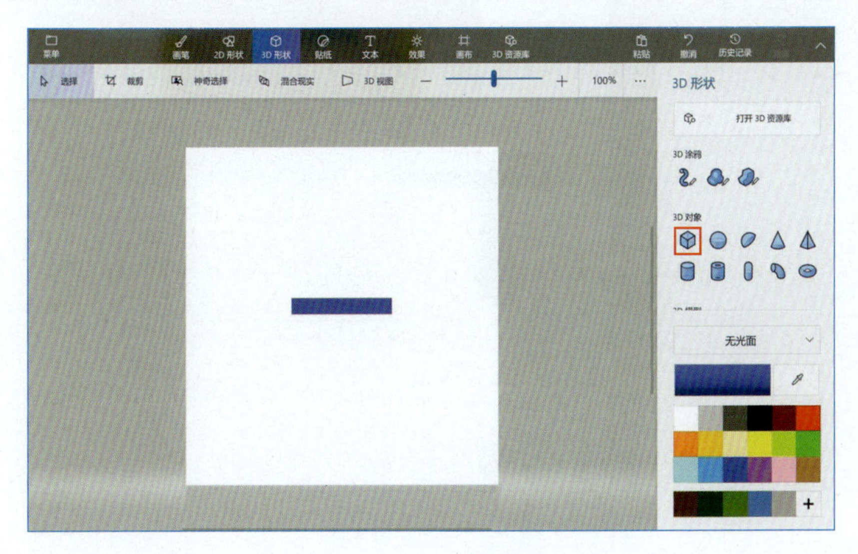

图 5-2-2　绘制椅子面

（2）再使用“立方体”工具绘制 2 根椅子腿，如图 5-2-3 所示。

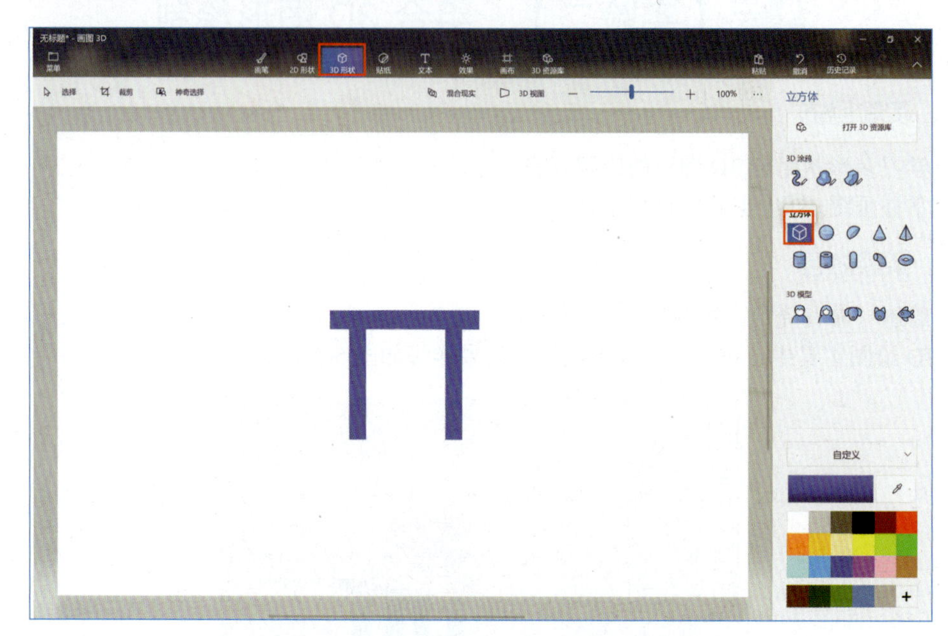

图 5-2-3　绘制椅子 2 条腿

提示：

椅子腿与椅子面之间的衔接处和椅子腿长短都应注意位置、角度。

（3）进入“3D 视图”环境，选中“椅面”形状，利用四周手柄调整椅子面大小，如图 5-2-4 所示。

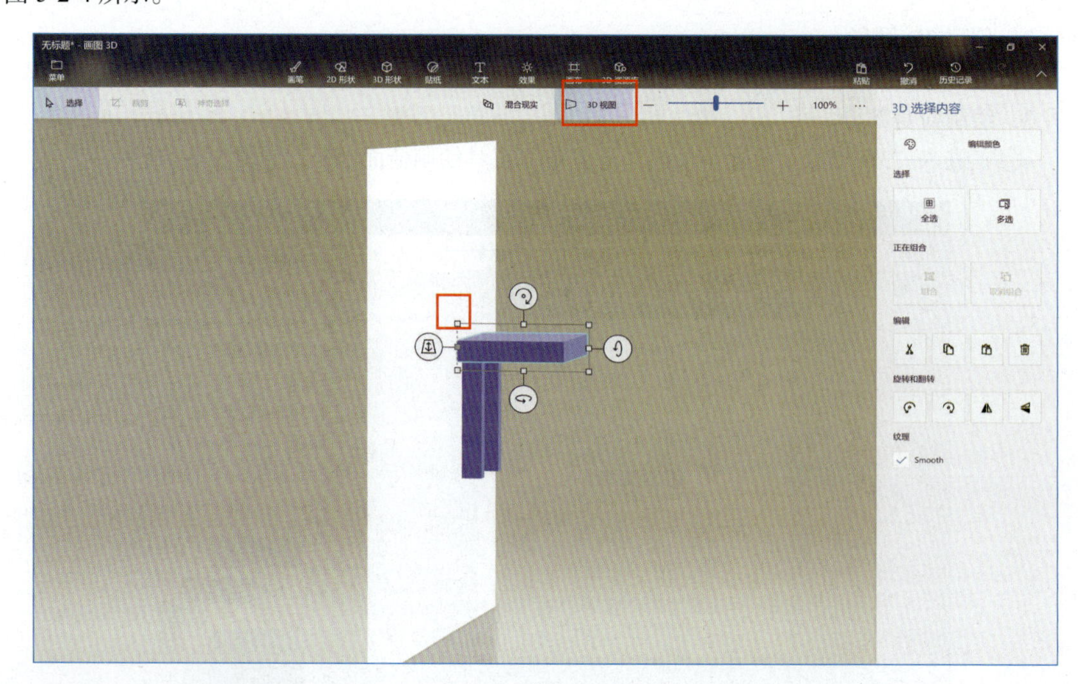

图 5-2-4　调整椅子面

（4）再复制 2 个椅子腿，并打开交互控件，了解不同角度观察椅子的方法，如图 5-2-5 所示。

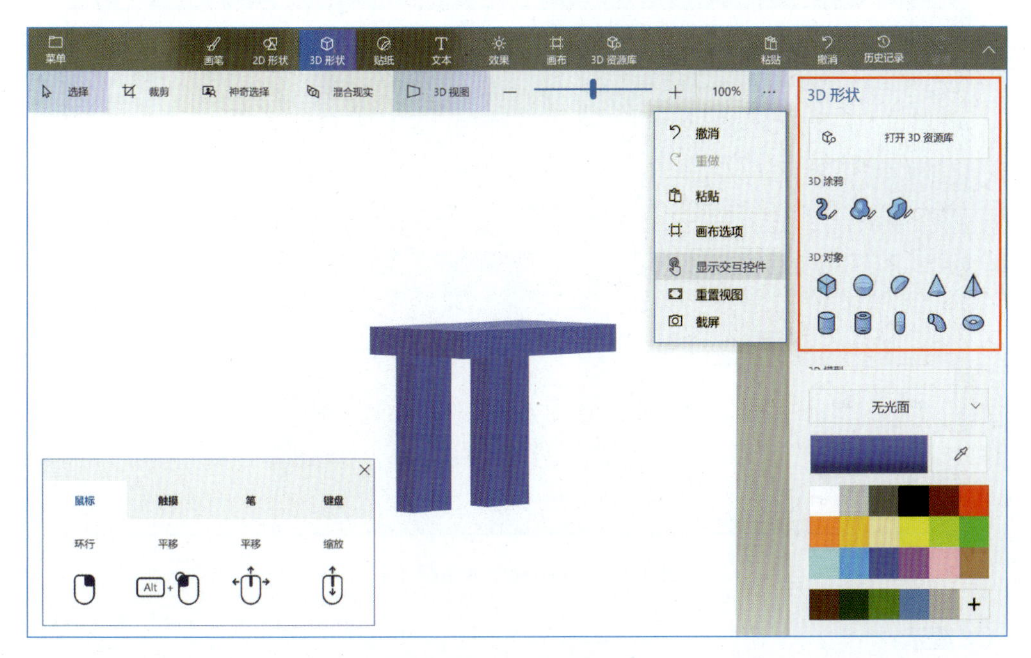

图 5-2-5　多角度观察

（5）利用三维角度观察椅子，适当调整 4 个椅子腿位置，如图 5-2-6 和图 5-2-7 所示。

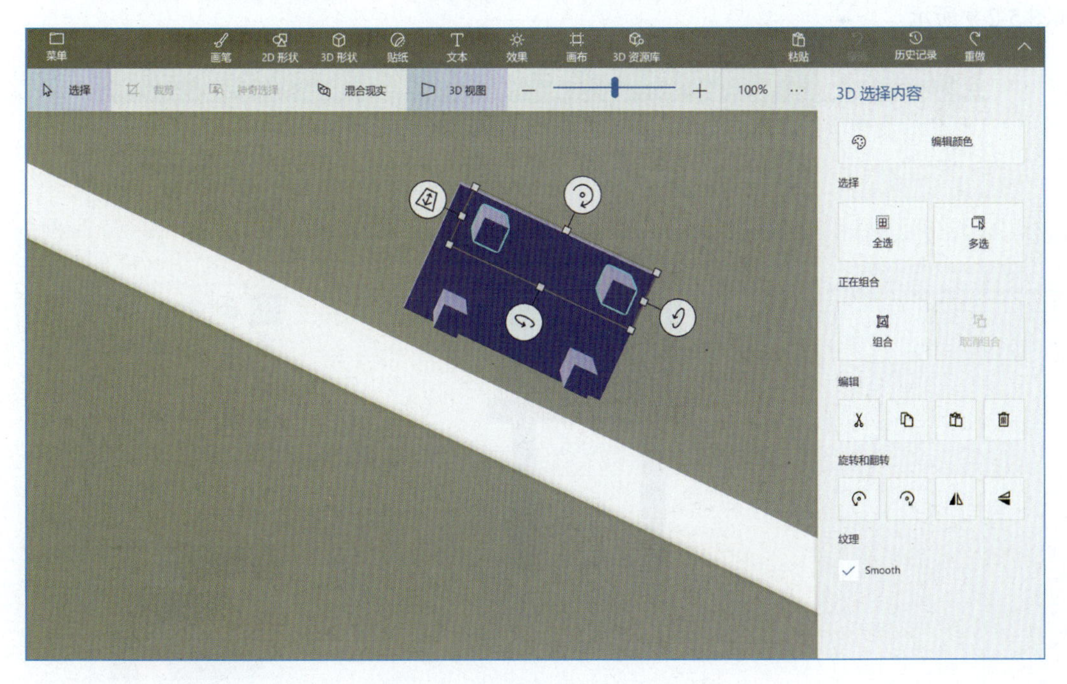

图 5-2-6　绘制椅了 4 条腿（1）

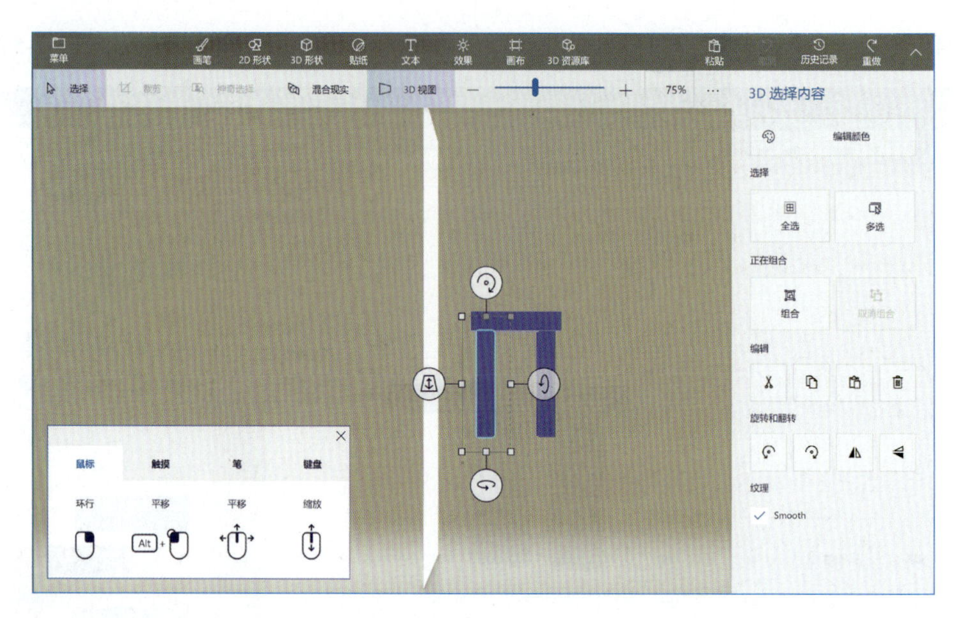

图 5-2-7 绘制椅子 4 条腿（2）

提示：

为保证椅子腿的位置对齐，应从正面、上面、下面、侧面等角度进行观察调整。

（6）再次使用“立方体”工具，绘制椅子靠背（见图 5-2-8），并通过侧面角度调整椅背厚度，如图 5-2-9 所示。

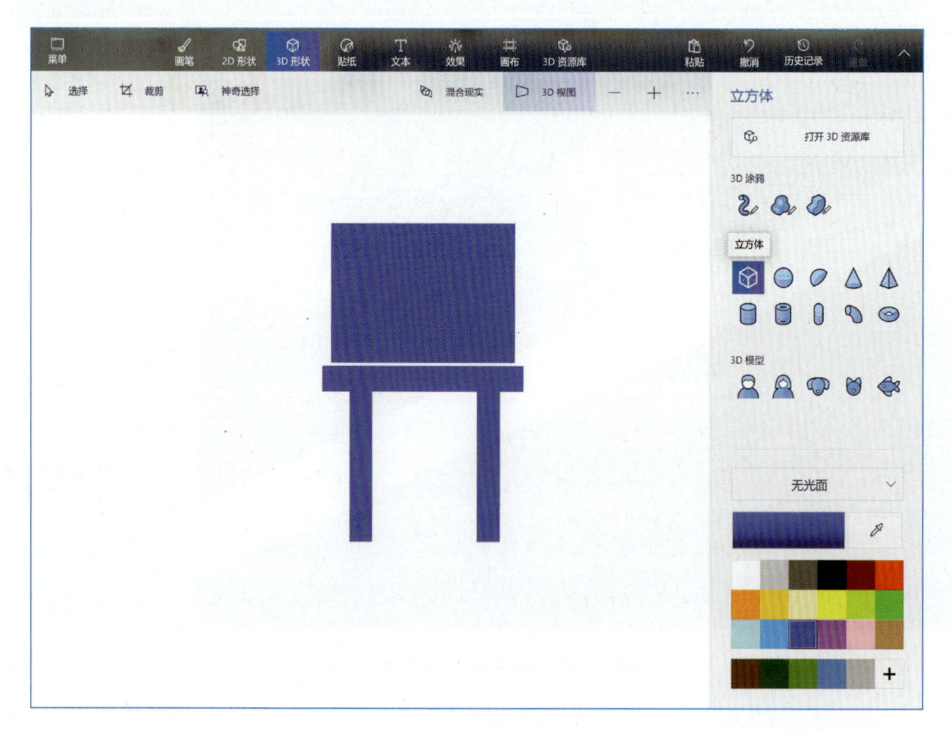

图 5-2-8 绘制椅子背

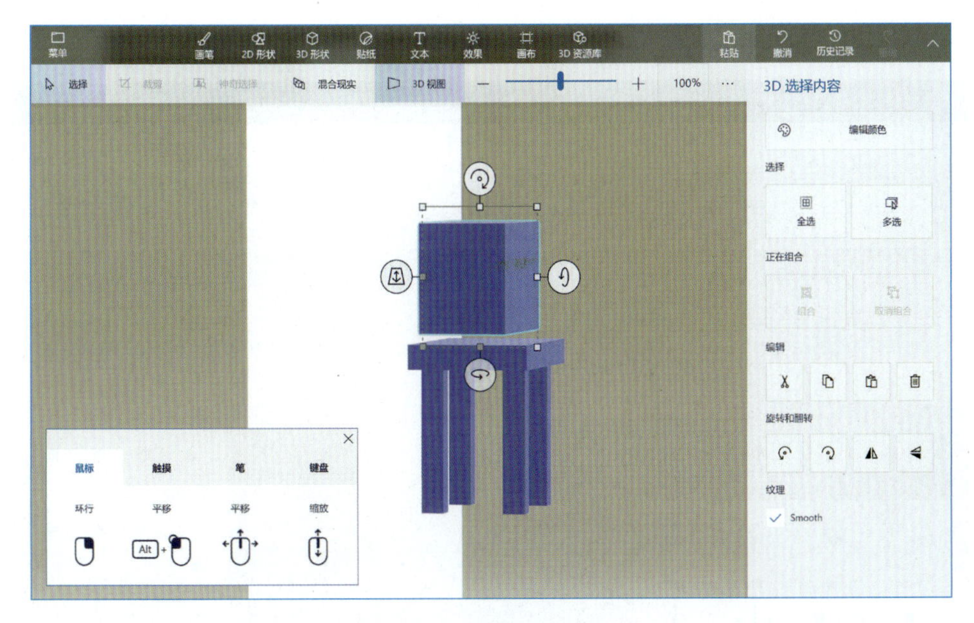

图 5-2-9　调整椅子背尺寸

提示：

当转变角度观察椅子时将会看到立方体厚度不适合，这时还可以用手柄调整椅背至合理厚度。

（7）利用正侧面角度调整椅背角度以及与椅子面的衔接，如图 5-2-10 所示。

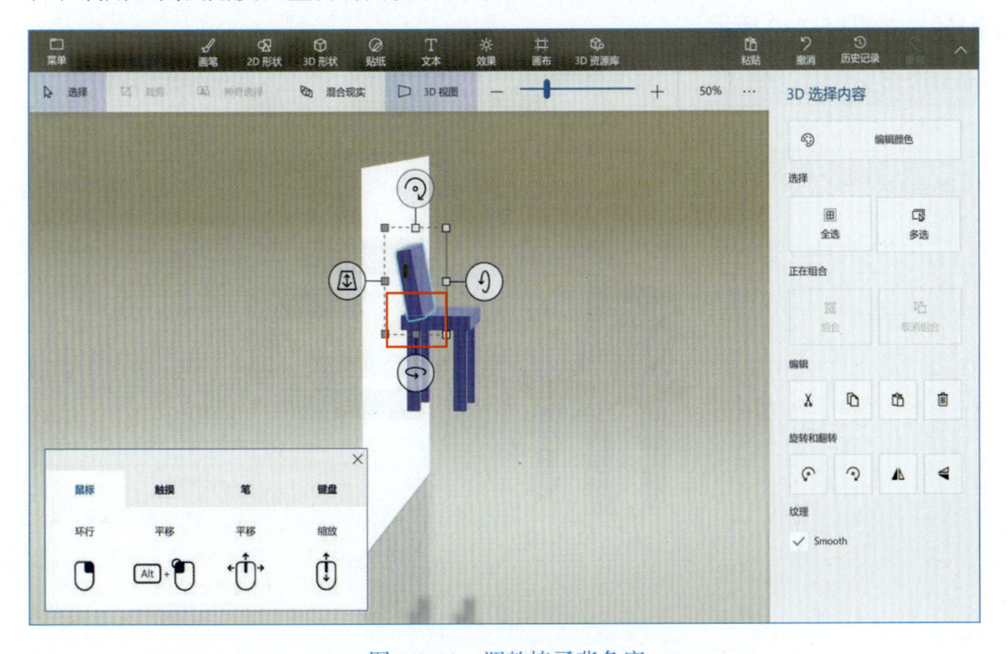

图 5-2-10　调整椅子背角度

提示：

为保证椅背与椅面的整体协调性，椅背应嵌入椅面，以椅背与椅面不留空间为准。

（8）通过侧面角度适当调整椅子各部件比例大小，如图 5-2-11 所示。

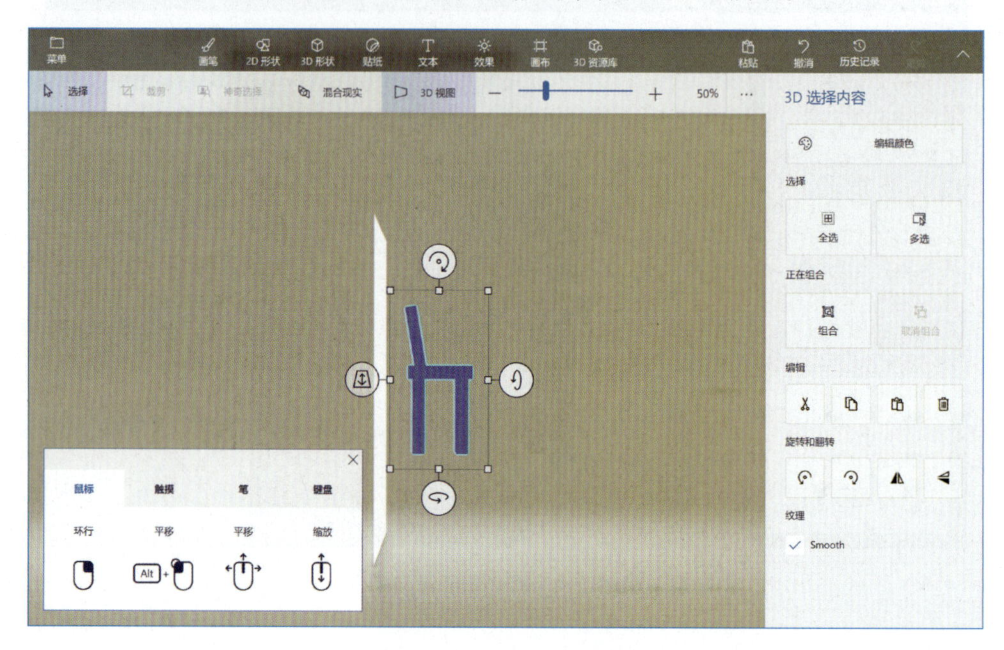

图 5-2-11　调整椅子比例

（9）完成椅子各部件调整后，再进行颜色的设置。选中任一部件，利用编辑颜色功能设置，颜色分别为：椅子面“#6b381c”，椅子腿“青绿色”，椅子背“粉红色”，颜色设置为“打磨过的金属”，如图 5-2-12 所示。

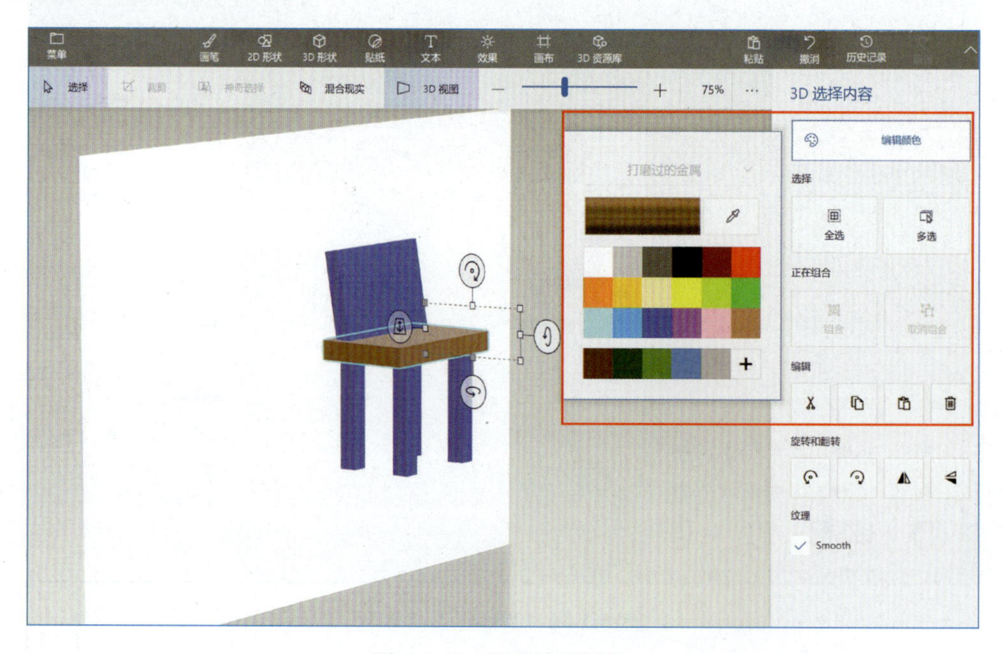

图 5-2-12　调整椅子颜色

（10）最后，可针对整幅图设置“效果”，滤镜设置为“蜂蜜色”，亮度位置如 5-2-13 所示。

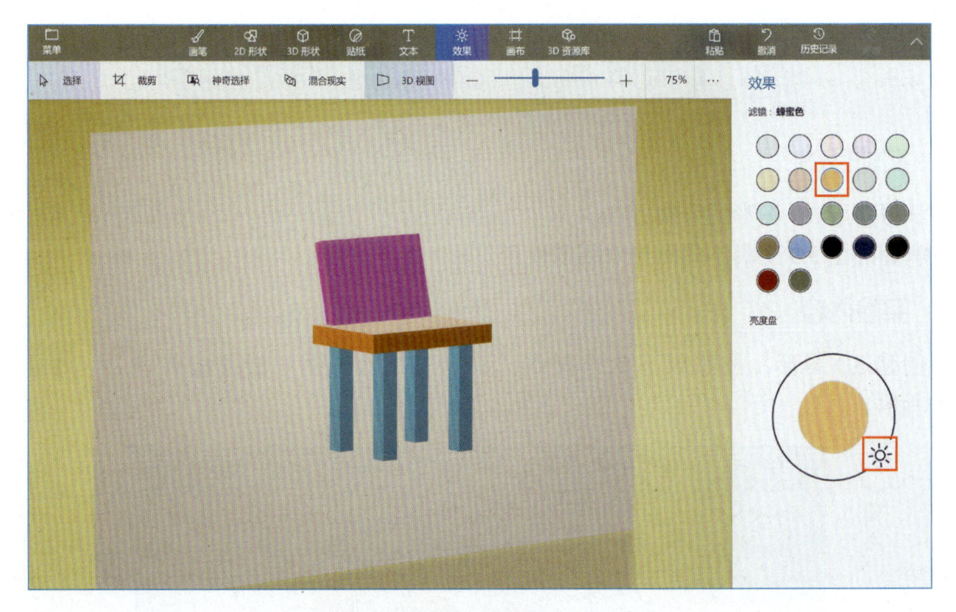

图 5-2-13　调整椅子效果

4．保存文档。

以文件名为“椅子 - 学号 .glb”保存。

【实验三】 多层 3D 图形绘制

一、实验目的

1. 学习多层 3D 图形的绘制方法。
2. 掌握画图 3D 工具不同图形效果的使用。

二、实验内容

1. 创建 3D 图形，按照以下要求操作，绘制三维效果图“榴莲披萨饼”，效果样张如图 5-3-1 所示。

图 5-3-1 3D 绘图实验三样张

2. 启动“画图 3D”，“新建”文档。
3. 绘制面饼部分。

（1）进入“3D 形状”页面，使用“锐边”工具绘制三角形面饼，并填充颜色为“光泽”效果的“浅黄色”，然后适当调整面饼厚度，如图 5-3-2 所示。

提示：

绘制好形状后，填充颜色和调整形状厚度先后顺序无要求；调整厚度时，先将形状做“Y-轴旋转”，然后通过“控制手柄”调整，注意不是“Z- 轴位置”调整。此处可观察，如不做“Y-轴旋转”就使用“控制手柄”调整，不是面饼厚度发生改变，而是面饼的宽度变化了。

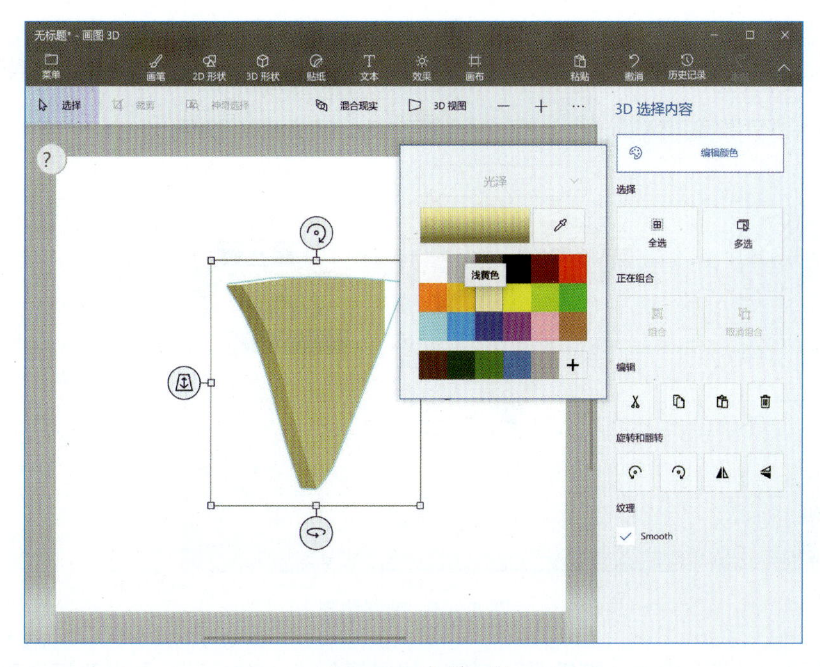

图 5-3-2　绘制面饼

（2）再次使用“3D 形状”中的“柔边”工具，绘制面饼外围的芝士部分，并填充颜色为“金色”，如图 5-3-3 所示。

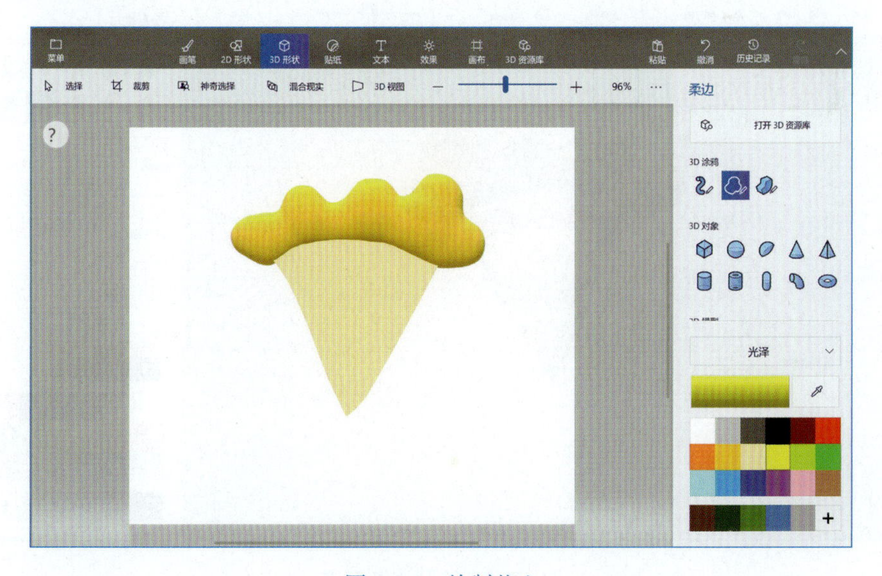

图 5-3-3　绘制芝士

4. 绘制“披萨饼”的配料部分。

（1）使用“3D 形状”中的“柔边”工具，绘制肉酱和榴莲酱部分，并填充颜色为“#6b381c”和“#fff200”，如图 5-3-4 所示。

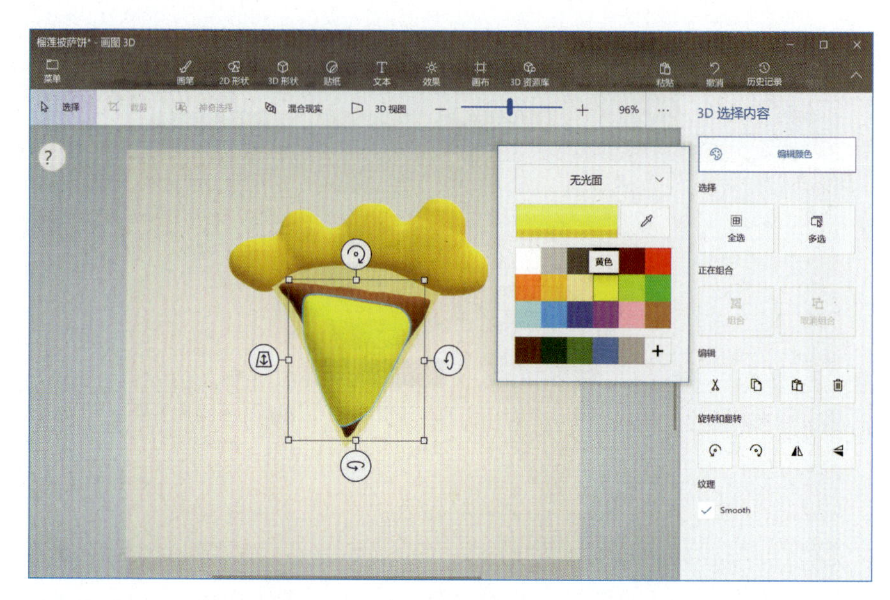

图 5-3-4　绘制酱料

（2）使用“画笔”中的“喷雾罐”工具，使用颜色“#6f381a”，并设置粗细和不透明度，在芝士、肉酱、榴莲酱适当位置绘制烧烤的痕迹，如图 5-3-5 所示。

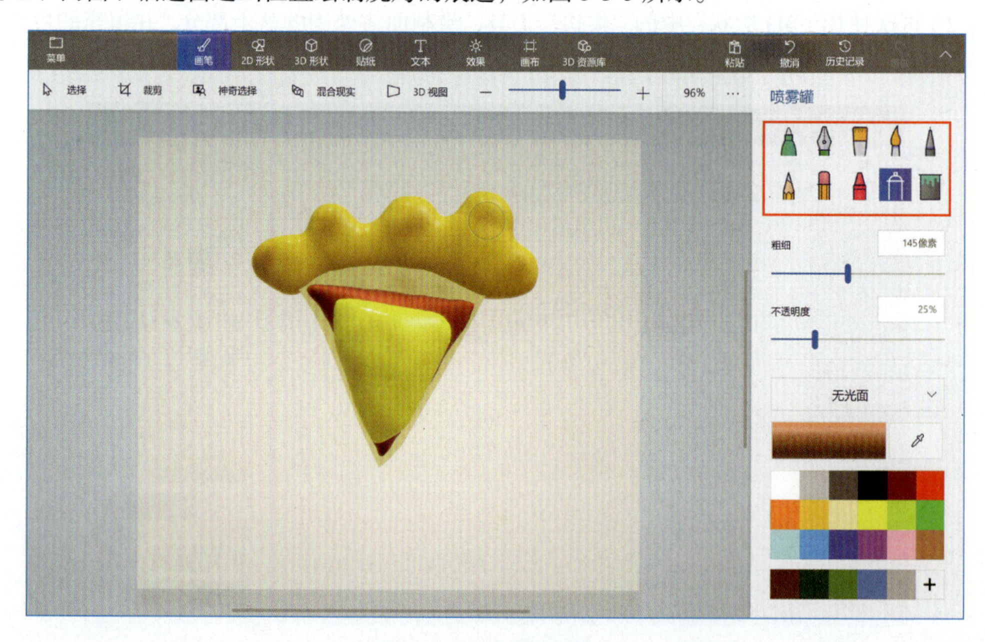

图 5-3-5　绘制烧烤痕迹

（3）使用“3D 形状”中的“柔边”工具，绘制近圆形的樱桃，并填充颜色为“深红色”，调整厚度及大小，再利用“蜡笔”工具增加樱桃深色效果，调整合适的角度并放置到面饼合适位置，如图 5-3-6 所示。

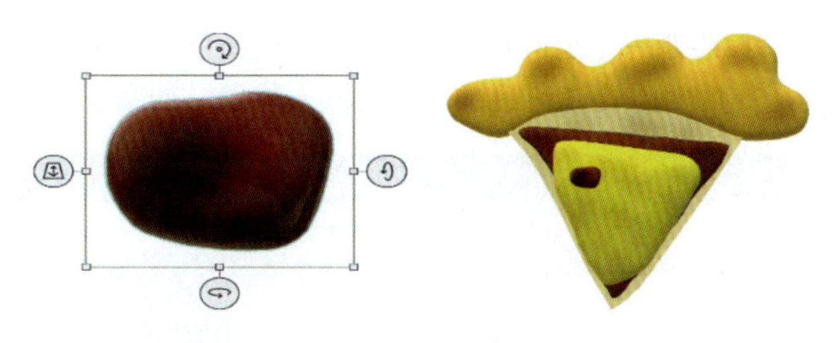

图 5-3-6　绘制樱桃

（4）重复“柔边”绘制，绘制一个不规则形状的肉丸，并填充颜色为“#6f381a”，调整厚度后复制一个，水平旋转 90° 后，将两个形状组合，如图 5-3-7（最后小图）所示，调整合适的角度并放置到面饼合适位置。

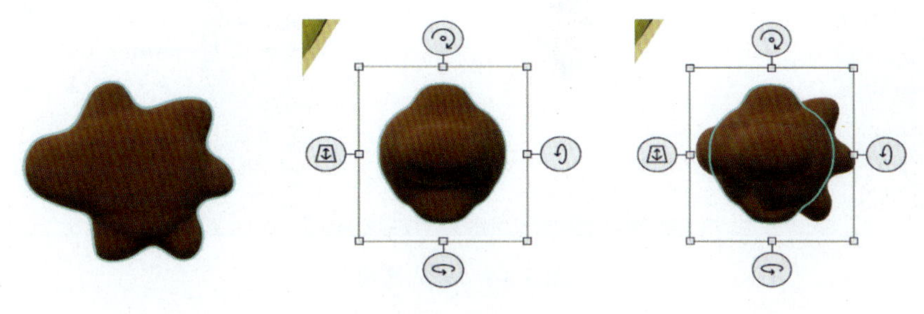

图 5-3-7　绘制肉丸

提示：

注意放置肉丸时，与面饼表面为嵌入关系，可用“z- 轴位置”工具调整，物体嵌入如图 5-3-8 所示。

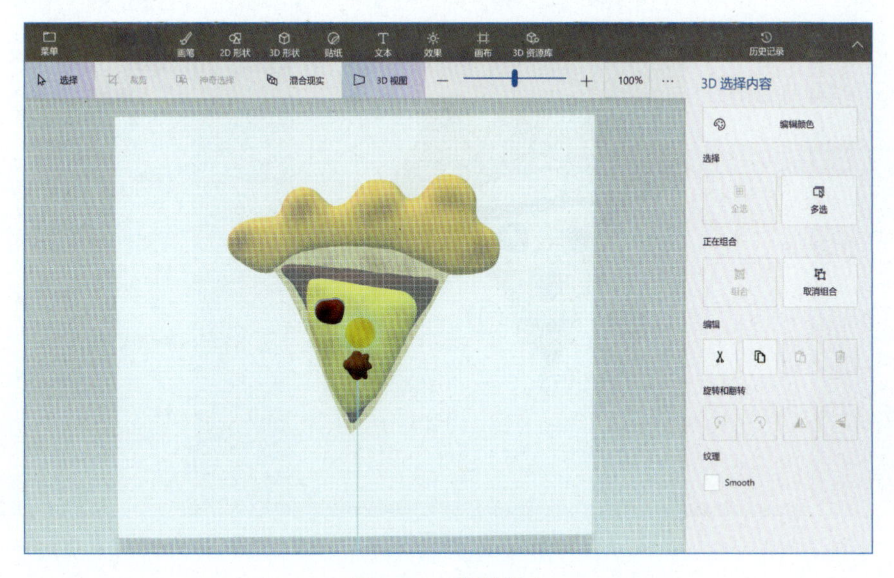

图 5-3-8　物体嵌入

（5）重复“柔边”绘制，绘制一个近圆形的橄榄，并填充颜色为“#0b2b14”，再增加“#eee207”颜色的橄榄芯，调整合适的角度后放置到面饼合适的嵌入位置，如图 5-3-9 所示。

图 5-3-9　嵌入橄榄

（6）重复“锐边”绘制，绘制一个叶子形状的图形，并填充颜色为“#3b7e2f”，再使用画笔工具绘制叶片脉络，调整合适的角度后放置到面饼合适的嵌入位置，如图 5-3-10 所示。

图 5-3-10　嵌入叶片

提示：

叶片脉络使用的画笔和颜色可自行选择。

（7）重复“锐边”绘制，绘制一个蘑菇切片的形状，并填充颜色为“#c1c1c1”，再使用“喷雾罐”工具增加深色烧烤效果，调整合适的角度后放置到面饼合适的嵌入位置，如图 5-3-11 所示。

图 5-3-11　嵌入蘑菇切片

提示：

蘑菇切片应在橄榄与榴莲酱之间的层次，如果各层物体未调整好，可使用“3D 视图”进行查看和调整。

（8）调整各个对象的空间位置，如图 5-3-12 所示。

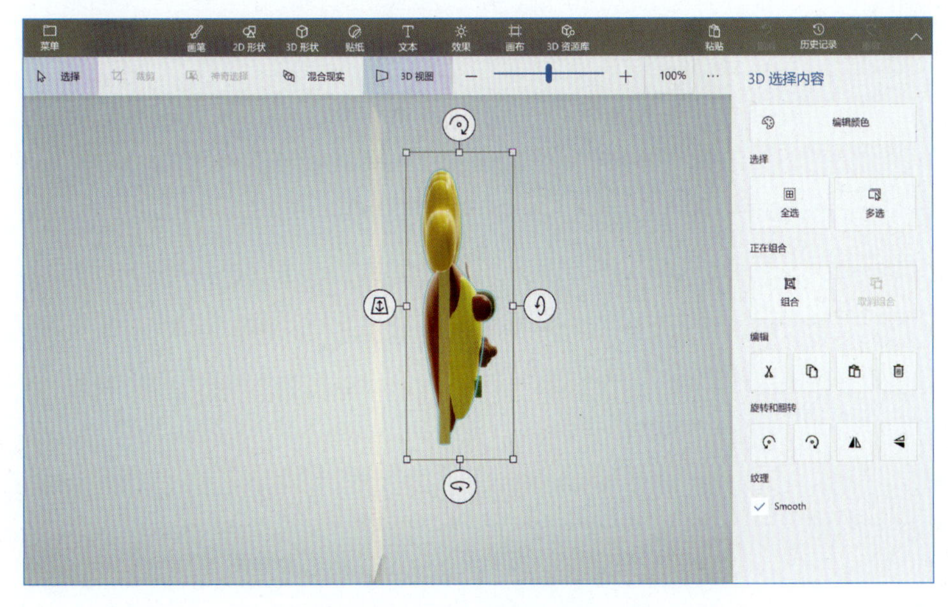

图 5-3-12　侧面结果图

提示：

①当选中“榴莲比萨饼”所有对象，并进行“Y-轴旋转”后，会发现有些对象的空间位置不太合适，这时可以选中各个对象，通过X、Y、Z轴旋转和拖动等方式进行调整。

②注意此时与“3D视图”中“环形”显示时操作的区别。

5. 保存文档。

以文件名为“榴莲披萨饼 - 学号 .glb”保存，使用“3D查看器”查看完成的文档。

第六章　数字媒体的集成与应用

【实验一】　Dreamweaver CC 2018 简单网页设计

一、实验目的

1. 理解网站和网页的基本概念。
2. 熟悉 Dreamweaver CC 2018 软件的基本功能。
3. 掌握站点建立和管理的方法。
4. 学会新建网页，重命名及设置网页属性的基本方法。
5. 认识基本的网页元素：文本、列表、超链接、图像和表格等。

数字媒体集成概述

二、实验内容

1. 利用“..\实验一\SC\”文件夹下的素材，按照要求制作网页并保存，效果样张如图 6-1-1 所示。

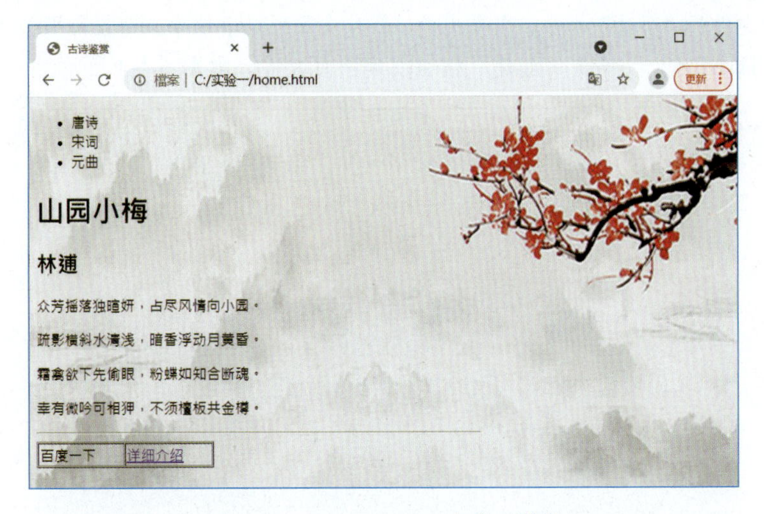

图 6-1-1　Dreamweaver 实验一样张

2. 新建站点 shiyan1，在站点下新建 images 文件夹并导入图片资源。

提示：

①启动 Dreamweaver CC 2018，执行“站点”|“新建站点”命令，在弹出的“站点设置对象”对话框中设置站点名称为“shiyan1”，本地站点文件夹为“..\实验一\”，并保存设置，如图 6-1-2 所示。

②执行“窗口”|“文件”命令，打开“文件”窗格（注意：若“文件”窗格已经打开，无须此步操作），在站点下新建 images 文件夹，并将图片素材导入，如图 6-1-3 所示。

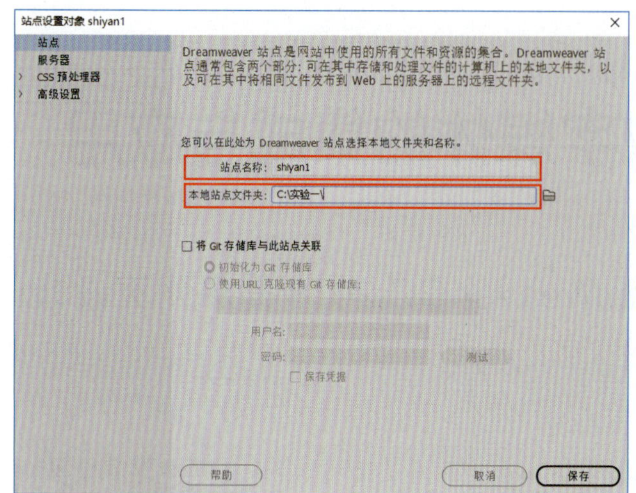

图 6-1-2 新建站点

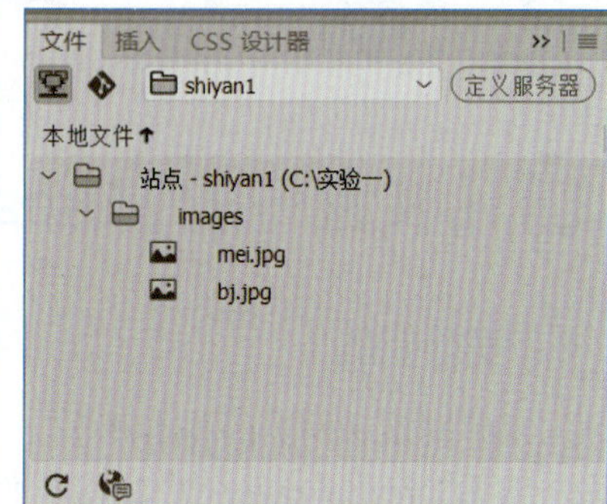

图 6-1-3 shiyan1 站点

3．新建网页并设置页面属性。

（1）新建标题为“古诗鉴赏”的网页文件并保存在站点 shiyan1 下，文件名为 home.html；设置网页背景为图片 bj.jpg，不平铺。

提示：

①执行“文件”|“新建”命令，在弹出的“新建文档”对话框中，设置标题为“古诗鉴赏”，文件类型为“HTML5”，单击“创建”按钮创建网页文件，如图 6-1-4 所示。

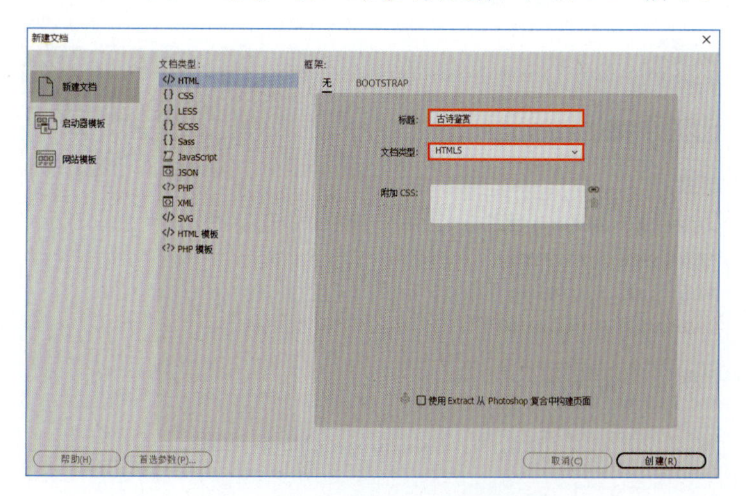

图 6-1-4 “新建文档”对话框

②执行“文件”|“保存”命令，将文件命名为“home.html”并保存在“..\实验一\”文件夹下，如图 6-1-5 所示。

③在空白的网页上右击，在弹出的快捷菜单中选择“页面属性”命令，打开“页面属性”对话框，如图 6-1-6 所示；在“外观 (CSS)”分类中设置背景图像为“images/bj.jpg”，并设置重复方式为“no-repeat”。

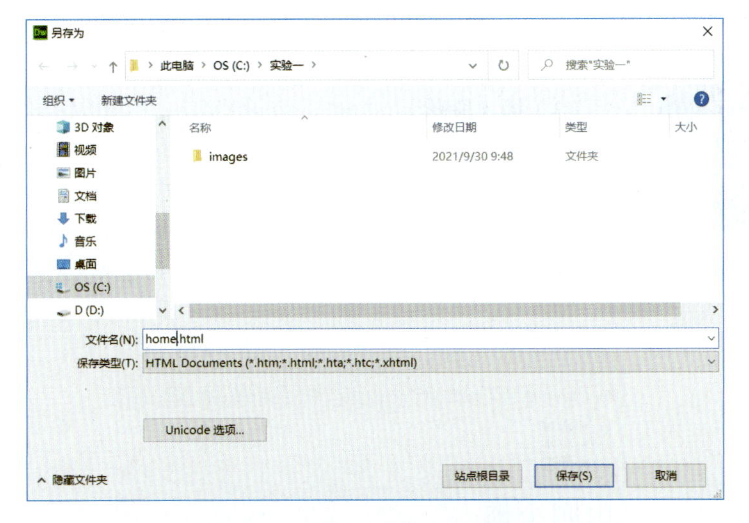

图 6-1-5　网页“另存为”对话框

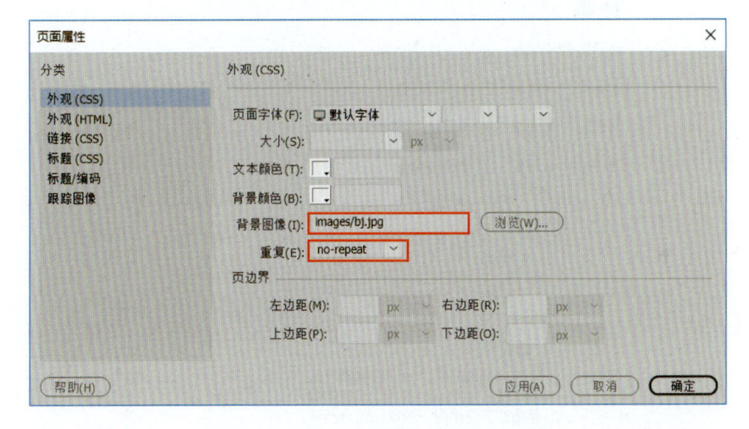

图 6-1-6　“页面属性”对话框

（2）新建网页 detail.html。

提示：

在“文件”窗格中选中站点“shiyan1”并右击，在弹出的快捷菜单中选择“新建文件”命令，在站点下新建名为“detail.html”的网页文件，如图 6-1-7 所示。通过快捷菜单还可以在站点下对网页进行多种编辑，如复制、删除、重命名等。

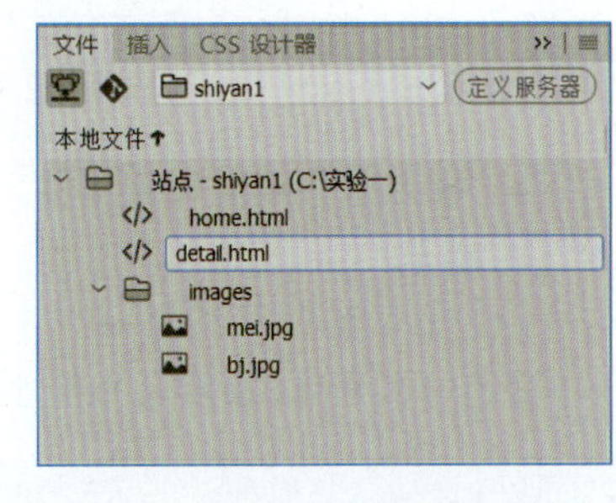

图 6-1-7　利用文件面板管理站点

4．插入元素。

（1）插入项目列表。

提示：

执行“插入”|“项目列表”命令，在 home.html 网页中依次插入“唐诗”“宋词”和“元曲”3 个列表项，通过按【Enter】键可添加新的列表项。

（2）插入标题。

提示：

执行“插入”|“标题”|“标题 1”命令，利用文字素材继续在网页中插入标题“山园小梅”，

网页的基本结构和组成

并设置作者“林逋”为“标题 2”。通过不同的标题可以控制文字的大小等格式。

（3）插入段落。

提示：

执行“插入”|“段落”命令，利用文字素材继续在网页中插入 4 个段落，分别对应 4 行诗句。可以在 Dreamweaver 的“拆分”视图下观察 HTML 语言与插入元素的对应关系，如图 6-1-8 所示。

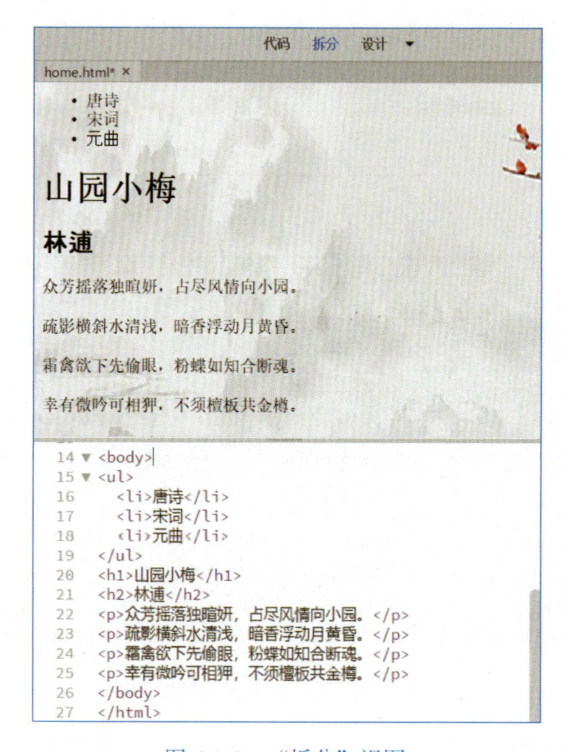

图 6-1-8 “拆分”视图

（4）插入水平线并设置属性。

提示：

①执行“插入”|“HTML”|“水平线”命令，在网页上插入水平线。

②选中水平线，在对应的属性面板上设置水平线宽“500”像素，“左对齐”，如图 6-1-9 所示。

图 6-1-9 “水平线”属性

（5）插入表格。

提示：

①执行“插入”|“Table”命令，在弹出的“Table”对话框中，设置表格为 1 行 2 列，宽

度“200”像素，边框粗细、单元格边距和间距均为 1，如图 6-1-10 所示。

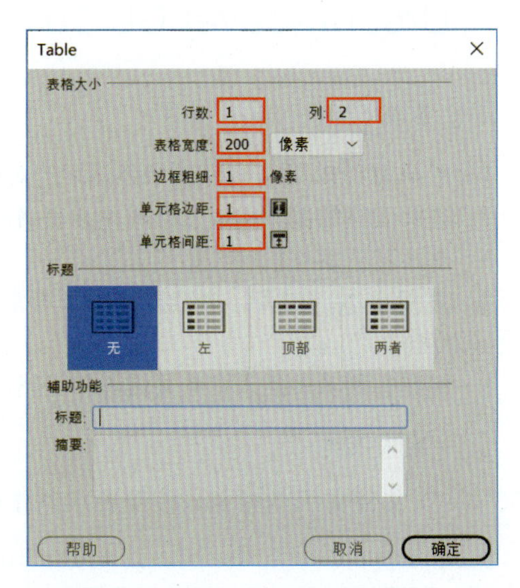

图 6-1-10　“Table”对话框

②在表格的两个单元格内分别输入文字“百度一下”和“详细介绍”。

（6）插入超链接。

提示：

选中文字“详细介绍”，在对应的属性面板（HTML）上，通过浏览设置链接至“detail.html”，目标为“_blank”，表示在新的窗口打开网页，如图 6-1-11 所示。

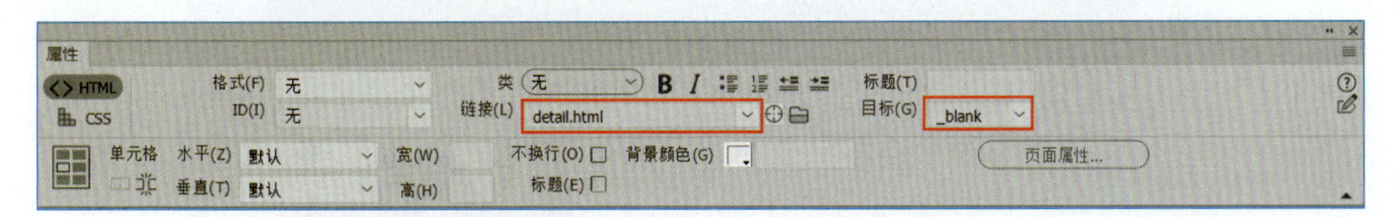

图 6-1-11　设置超链接属性

（7）插入 Div。

提示：

①执行“插入”|“Div”命令，在表格后插入一个 Div 区域，Div 区域在“设计”视图下以黑色虚线框标注。

②选中网页上除项目列表（“唐诗”、“宋词”和“元曲”）以外的所有内容，用拖动的方式将这些内容全部放入 Div 中。这里，Div 相当于一个容器，可以将插入的网页元素统一管理。

（8）插入图片。

提示：

打开网页 detail.html，执行“插入”|“Image”命令，将站点下 images 文件夹中的图片 mei.jpg 插入网页。

5. 保存网页，通过浏览器浏览网页。

 【实验二】 Dreamweaver CC 2018 图文混排基础

Dreamweaver工作界面介绍和基本操作

一、实验目的

1. 了解 HTML 语言与网页中各元素的对应关系。
2. 理解表格的基本构成、格式化和表格嵌套。
3. 理解基于表格的网页布局方法。
4. 掌握文本、列表、超链接、图像等常用标记的插入方法及格式化设置方法。
5. 掌握在网页中插入音频并设置相关属性的方法。

二、实验内容

1. 利用“..\实验二\SC\site\”文件夹下的素材，按照要求制作网页并保存，效果样张如图 6-2-1 所示。

图 6-2-1 Dreamweaver 实验二样张

2. 打开网页 index.html, 并设置页面属性。

（1）设置页面标题为“国际学校”。

（2）设置页面外观属性：字体为微软雅黑，白色，16px；背景图片为 bg.jpg。

（3）设置页面链接属性：链接颜色为白色，活动链接为红色，且始终无下划线。

提示：

①启动 Dreamweaver CC 2018，执行“文件”|“打开”命令，在弹出的“打开”对话框中选择“..\实验二\SC\site\”文件夹下的 index.html 文件并打开，选择“设计”视图，进入网页设计状态，如图 6-2-2 所示。

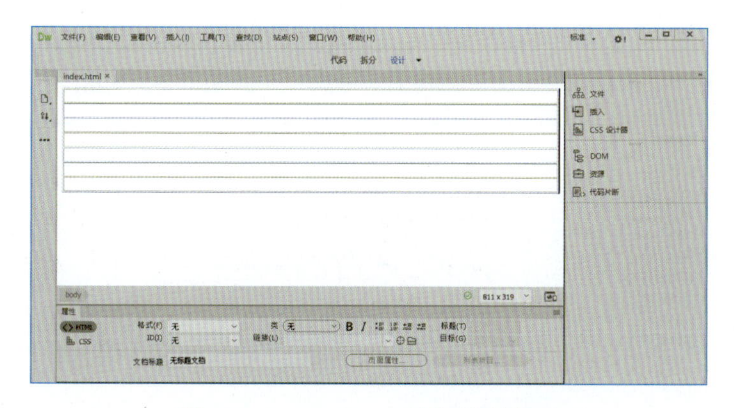

图 6-2-2　Dreamweaver 网页设计界面

②在网页空白处右击，在弹出的快捷菜单中选择“页面属性”命令，打开“页面属性”对话框。

③在左边“分类”中选择“标题 / 编码”，在右边的“标题 / 编码”中设置标题为“国际学校”，如图 6-2-3 所示。

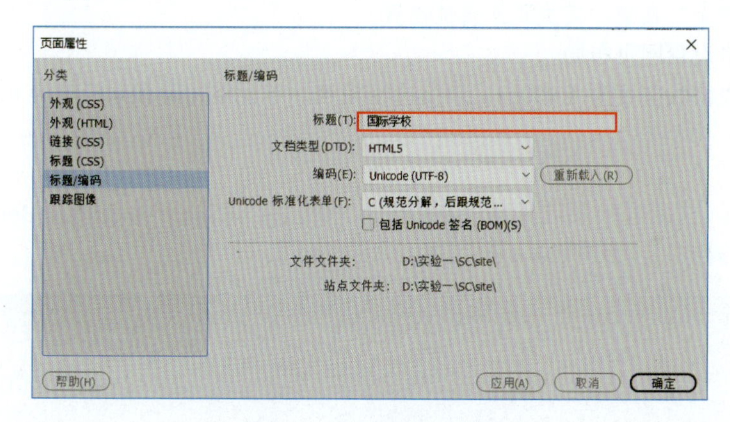

图 6-2-3　页面标题 / 编码

④在左边“分类”中选择“外观 (CSS)”，在右边的“外观 (CSS)”中设置页面字体为“微软雅黑”，大小为“16px”，文本颜色为“#fff”，背景图像则通过浏览选择“..\site\images”文件夹中相应的图片文件，如图 6-2-4 所示。

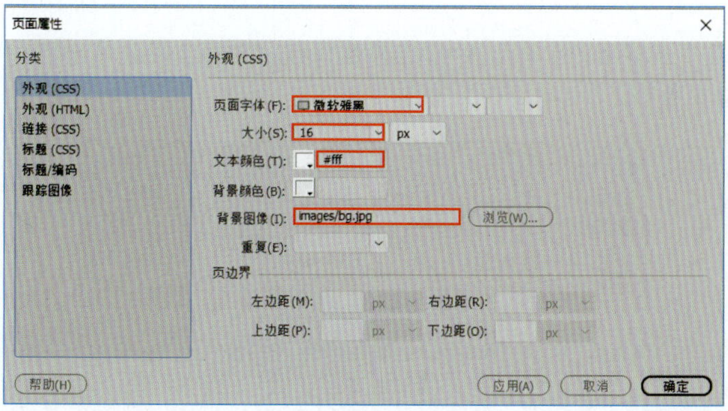

图 6-2-4　页面外观

⑤在左边“分类”中选择“链接(CSS)”，在右边的“链接(CSS)”中设置链接颜色为“#fff”，活动链接为“#f00”，下划线样式为“始终无下划线”，如图6-2-5所示。

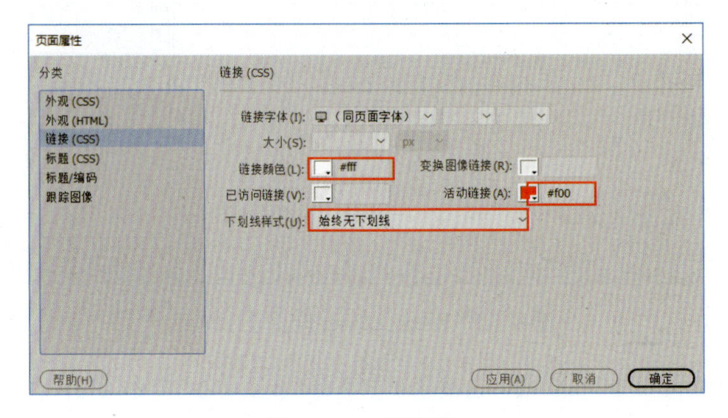

图6-2-5　链接属性

⑥单击“确定”按钮，完成页面属性设置。

3．基于表格设置网页布局。

（1）设置表格的宽度为1 000px，表格边框粗细、单元格边距和间距均为0，表格水平居中对齐。

提示：

选中表格，在属性面板上设置CellPad为“0”，CellSpace为“0”，Border为“0”，Align为“居中对齐”，如图6-2-6所示。

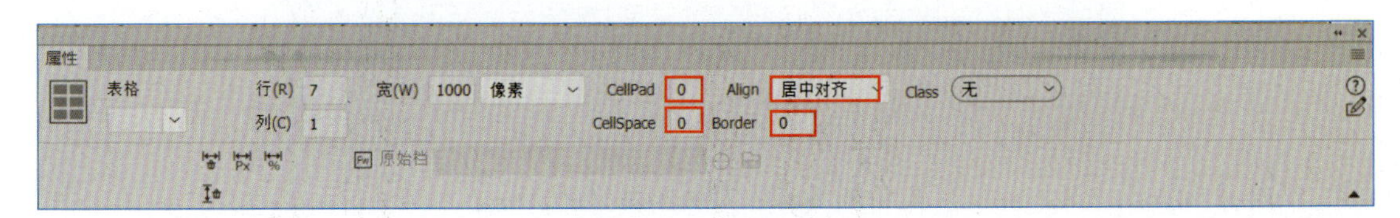

图6-2-6　表格属性

（2）在表格第2行右侧插入一个1行5列的表格，宽度为70%；设置5个单元格的宽度为20%，高度为35px，单元格内水平居中对齐，单元格背景颜色为#555，并按照样张添加文本。

提示：

①将光标定位于表格第2行单元格内，在属性面板（CSS）上修改单元格水平对齐方式为“右对齐”，如图6-2-7所示。

图6-2-7　单元格样式属性

②执行“插入”|“Table”命令，在弹出的“Table”对话框中，设置行数为“1”，列为“5”，表格宽度为“70%”，表格边框粗细、单元格边距和间距均为“0”，单击“确定”按钮，如图6-2-8所示。

图 6-2-8　新建表格

③分别将光标定位于第 2 行内嵌表格的 5 个单元格内，依次在属性面板（CSS）上设置单元格内为水平“居中对齐”，宽“20%”，高“35”，背景颜色为“#555”，如图 6-2-9 所示，并按样张输入文字内容，完成后的效果如图 6-2-10 所示。

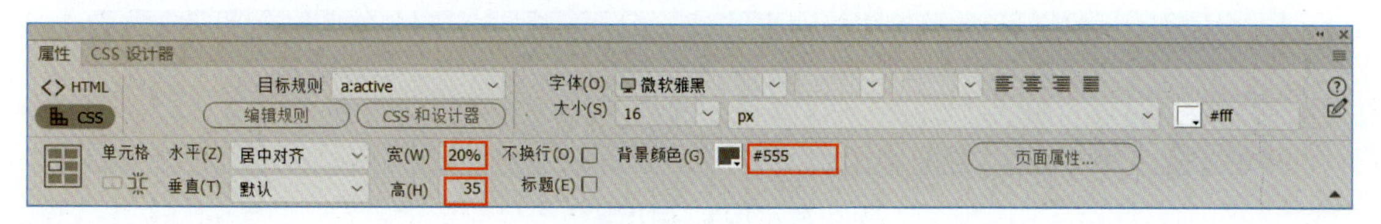

图 6-2-9　单元格样式属性

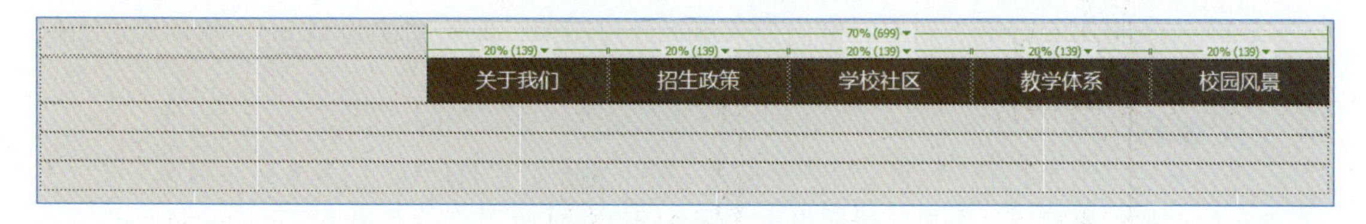

图 6-2-10　基于表格的布局

（3）拆分外层表格第 5 行单元格为 2 列，其中第 1 列宽 65%，第 2 列宽 35%，并设置单元格内水平居中，垂直居中。

提示：

①将光标定位于表格第 5 行单元格内，单击属性面板（CSS）上单击左下角的“拆分单元格为行或列”图标，在弹出的“拆分单元格”对话框中，设置把单元格拆分成“列”，列数为“2”，单击“确定”按钮，如图 6-2-11 所示。

②将光标定位于表格第 5 行第 1 列单元格内，在属性面板（CSS）上设置单元格内水平“居中对齐”，宽度为“65%”，如图 6-2-12 所示。

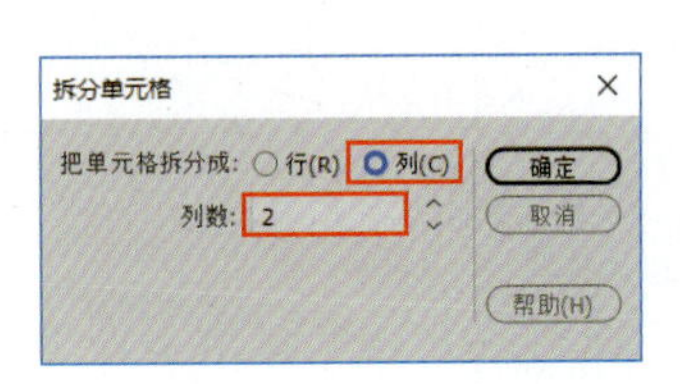

图 6-2-11　拆分单元格

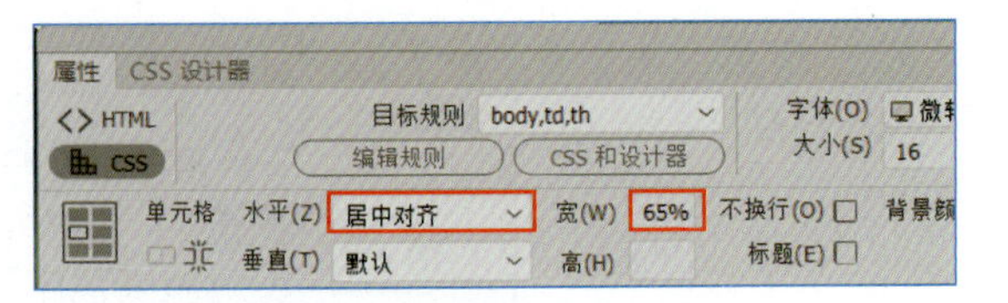

图 6-2-12　单元格样式属性

③同理，设置表格第 5 行第 2 列单元格内水平居中，宽 35%。

（4）将表格第 6 行的高度设置为 30px。

（5）将表格第 7 行的高度设置为 70px，背景色为 #555。

插入对象元素

4．插入图片。

（1）在表格第 1 行插入图片 logo.png，调整图片大小为宽 400px、高 75px。

提示：

①将光标定位于表格第 1 行单元格内，执行“插入”|“Image”命令，通过浏览选择“..\site\images”文件夹中相应的图片文件，单击“确定”按钮插入图片。

②选中图片，在属性面板上设置图片的宽为“400px”，高为“75px”，如图 6-2-13 所示。

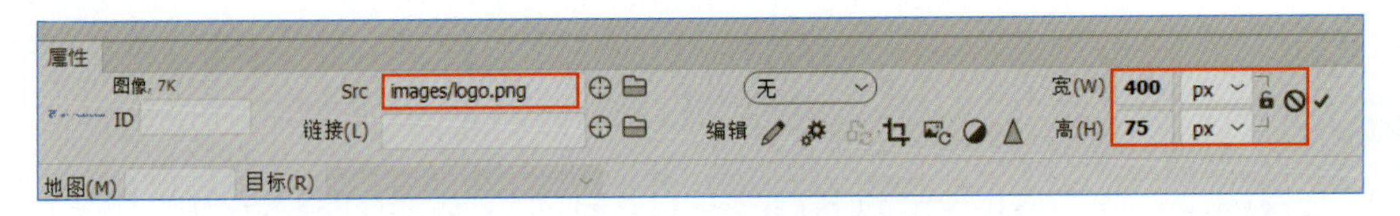

图 6-2-13　图片属性

（2）在表格第 3 行插入图片 banner.png。

（3）在表格第 5 行第 2 列单元格内插入鼠标经过图像，原始图像为 s1.jpg，鼠标经过图像为 s2.jpg。

提示：

将光标定位于表格第 5 行第 2 列单元格内，执行“插入”|“HTML”|“鼠标经过图像”命令，在弹出的“插入鼠标经过图像”对话框中，通过浏览方式设置原始图像为“images/s1.jpg”，鼠标经过图像为“images/s2.jpg”，单击“确定”按钮，如图 6-2-14 所示。

5．插入文本并编辑。

（1）按样张，在表格第 4 行插入文本，设置文本颜色为黑色。

提示：

在单元格内插入文本，选中文本所在的单元格（<td></td>），在单元格属性面板（CSS）上设置文字颜色为“#000”。

（2）按样张，在表格第 5 行第 1 列单元格内插入文本，设置文本字体为楷体，黑色，且每段开头空两个中文汉字的距离。

提示：

①在表格第 5 行第 1 列单元格内，插入一个 1 行 1 列的表格，表格宽度为“90%”，如图 6-2-15 所示。

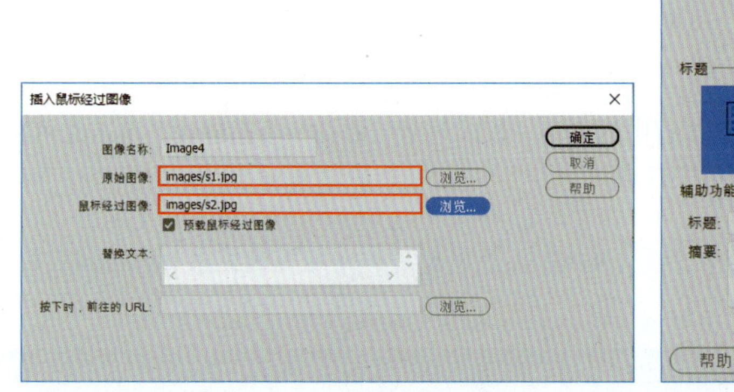

图 6-2-14　插入鼠标经过图像

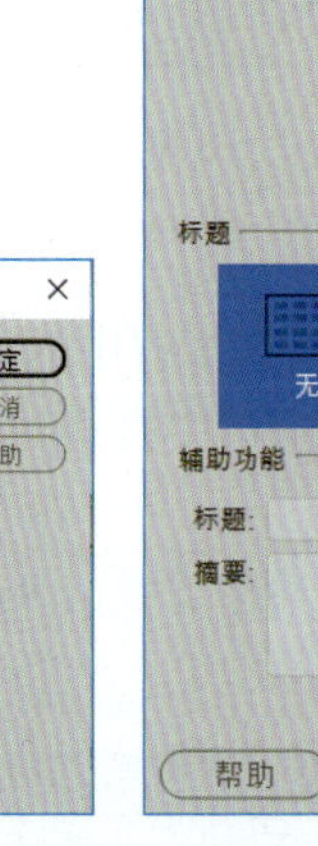

图 6-2-15　“Table”对话框

②在内层表格内插入文字素材，逐段（<p></p>）选中文本，在属性面板上设置字体为“楷体”，颜色为“#000”。

③分别将光标定位在三段段首“上海...”文字前，执行“插入”|“HTML”|“不换行空格”命令（或者按【Ctrl+Shift+Space】组合键），插入 2 个中文空格。

（3）按样张，在表格第 7 行插入版权信息和“联系我们”等文字信息。

提示：

①设置表格第 7 行单元格内的对齐方式为水平“居中对齐”，垂直“居中”。

②在单元格内插入两段文字（对应的段落标记为<p></p>），并逐段设置文字大小为“12px”，且加粗显示，如图 6-2-16 所示。

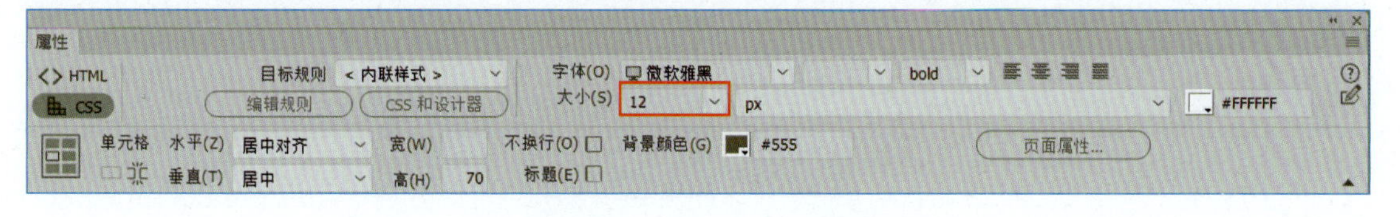

图 6-2-16　单元格样式属性

③光标定位在第 1 段文字“International School”之后，执行“插入”|“HTML”|“字符”|“版权”命令，插入一个版权符。

6. 插入水平线：在表格第 6 行插入水平线，宽为 900px，高 2，带阴影，颜色为白色。

提示：

①将光标定位在表格第 6 行，执行“插入”|“HTML”|“水平线”命令，在单元格内插入一条水平线。

②选中水平线，在属性面板上设置水平线宽为“900”像素，高为“2”，并打开右边的“快速标签编辑器”，如图 6-2-17 所示，输入颜色属性值。（注意：输入法为英文，属性与属性之间有空格。）

图 6-2-17 水平线属性

7. 插入超链接。

（1）设置文本超链接：为表格第 2 行中的文本“校园风景”添加一个超链接，单击时可跳转至站内网页“xy.html”，并在新窗口中打开。

提示：

选中文本“校园风景”，在属性面板（HTML）上，通过浏览设置链接为“xy.html”，目标为“_blank”，如图 6-2-18 所示。

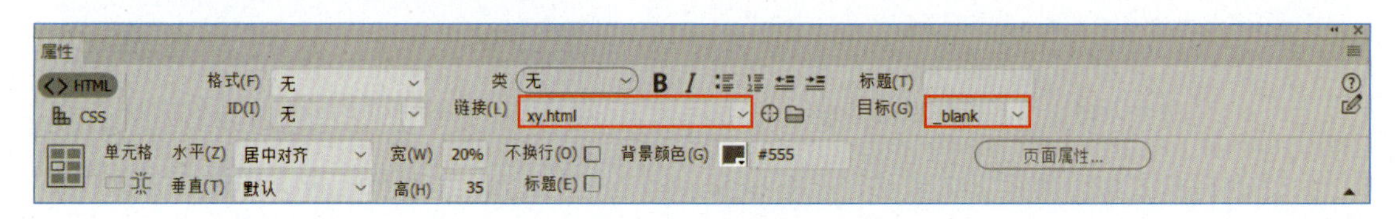

图 6-2-18 单元格 HTML 属性

（2）设置图像热点地图超链接：在表格第 3 行图片上添加矩形热点链接，指向 https://www.baidu.com，在当前窗口打开。

提示：

选中表格第 3 行图片，在属性面板上通过“矩形热点工具”在图片上创建热点区域，并设置链接为“https://www.baidu.com”，目标为“_self”，如图 6-2-19 所示。

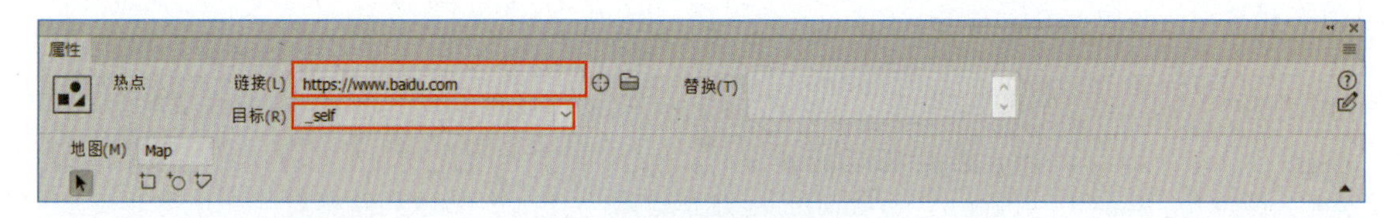

图 6-2-19 热点地图属性

（3）设置电子邮件链接：在表格第 7 行文本“联系我们”上添加邮件链接，邮件地址为 abc@163.com。

提示：

选中文本“联系我们”，执行“插入”|“HTML”|“电子邮件链接”命令，在弹出的“电子邮件链接”对话框中设置电子邮件为“abc@163.com”后单击“确定”按钮，如图 6-2-20 所示。

8. 插入背景音乐。

提示：

①光标定位在网页空白处，在“插入”窗格中选择“HTML5 Audio”选项，在网页上插入一个音频，如图 6-2-21 所示。

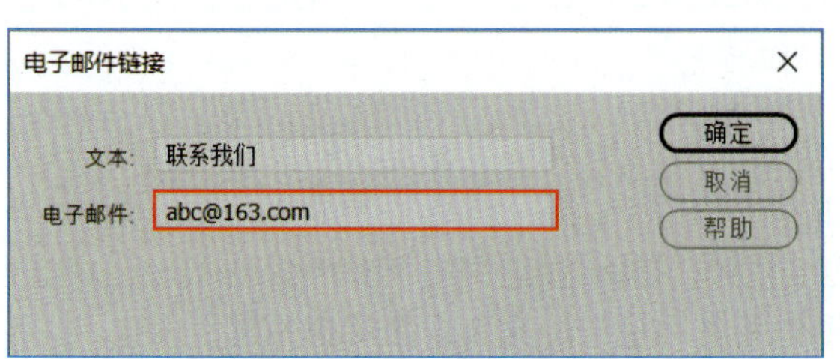

图 6-2-20　添加邮件链接

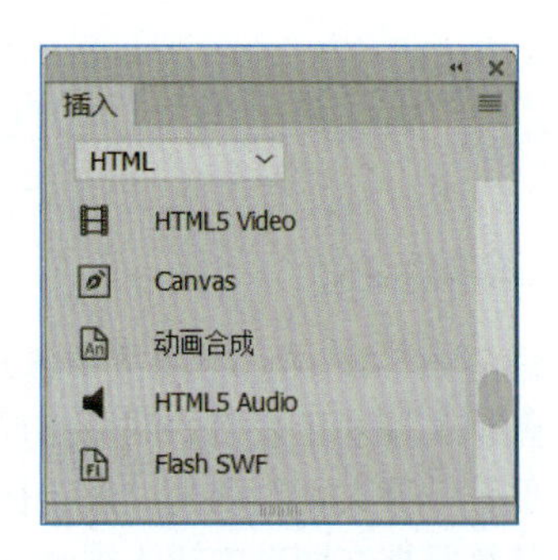

图 6-2-21　插入音频

②选中网页上的音频图标，在属性面板上通过浏览方式设置源为“audio/music.mp3”，并且设置音频为无控件（Controls）、自动播放（Autoplay）且循环播放（Loop），如图 6-2-22 所示。

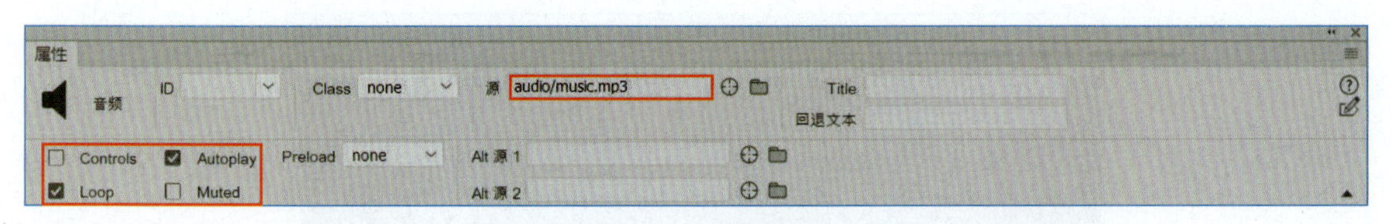

图 6-2-22　音频属性

9. 保存网页并浏览。

【实验三】 Dreamweaver CC 2018 图文混排进阶

一、实验目的

1．理解 HTML 语言与网页中各元素的对应关系。

2．熟练掌握基于表格的网页布局方法。

3．熟练掌握文本、列表、超链接、图像等常用标记的插入方法及相关属性设置。

4．熟练掌握在网页中插入视频并设置相关属性的方法。

二、实验内容

1．利用“..\ 实验三 \SC\site\”文件夹下的素材，按照要求制作网页并保存，效果样张如图 6-3-1 所示。

图 6-3-1 Dreamweaver 实验三样张

2．新建站点 shiyan3，导入多媒体资源，新建网页 index.html。

提示：

①启动 Dreamweaver CC 2018，执行“站点”|“新建站点”命令，在弹出的“站点设置对象”对话框中，设置站点名称为“shiyan3”，本地站点文件夹为“..\ 实验三 \SC\site\”，并保存设置。

②在“文件”面板中选择“站点 -shiyan3”目录，右击，执行“新建文件”命令，如图 6-3-2 所示，将新建的网页文件命名为“index.html”；双击打开 index.html, 在“设计”视图下开始编辑。

3．设置页面属性。

（1）设置页面标题为“个人主页”。

（2）设置页面外观属性：默认字体，大小 14px，颜色为 #fff，背景颜色为 #154081。

（3）设置页面链接属性：链接颜色为 #fff，已访问链接为 #aaa，且仅在图像变换时显示下划线。

提示：

①在“拆分”视图下，可以直接修改 HTML 代码，在 <title></title> 标记之间插入文本，如图 6-3-3 所示。

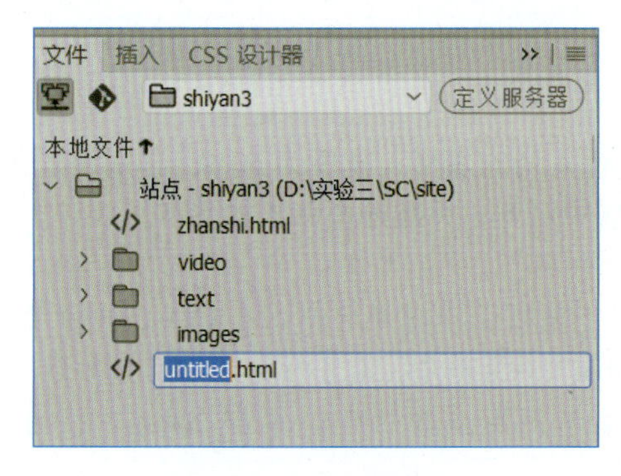

图 6-3-2　新建网页

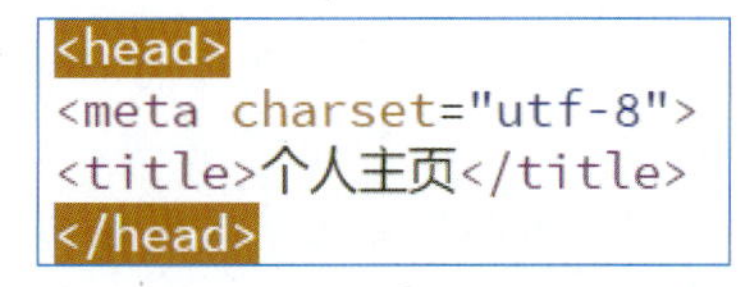

图 6-3-3　设置网页标题代码

②在“设计”视图下，在网页空白处右击，在弹出的快捷菜单中选择“页面属性”命令，打开“页面属性”对话框，对页面标题、外观和链接进行设置。

4．基于表格设置网页布局。

（1）在网页上插入一个 5 行 1 列的表格，宽为 900px，表格边框粗细、单元格边距和间距均为 0，且水平居中对齐。

基于表格的网页布局

提示：

①将光标定位在网页上，执行“插入”|“Table”命令（或者按【Ctrl+Alt+T】组合键），在弹出的“Table”对话框中设置行列数，表格宽度，边框以及单元格边距和间距等，如图 6-3-4 所示。

②选中表格，在属性面板上设置 Align 为“居中对齐”，如图 6-3-5 所示。

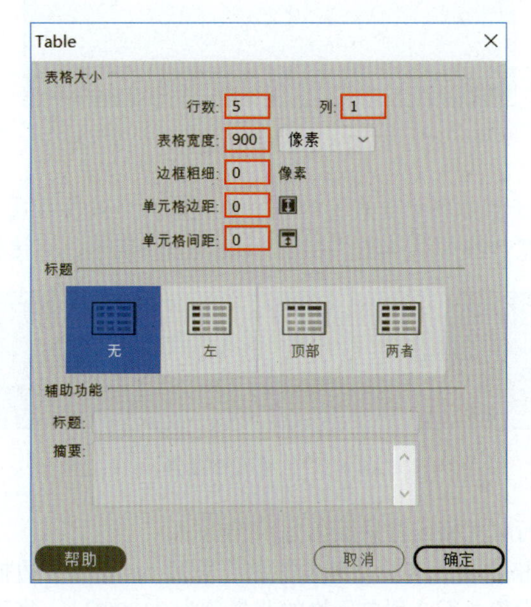

图 6-3-4　新建表格

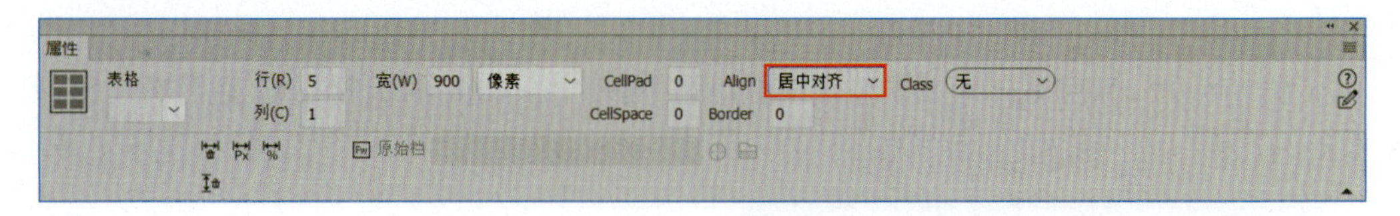

图 6-3-5 表格属性

（2）在表格第 1 行单元格内左侧插入一个 1 行 4 列的表格，宽度为 60%；分别设置 4 个单元格的宽度为 25%，高度为 30px，单元格内水平居中对齐；并按照样张添加文本。

提示：

①将光标定位于表格第 1 行单元格内，在属性面板上设置单元格水平对齐方式为“左对齐”。执行“插入”|“Table”命令，在弹出的“Table”对话框中，设置行数为“1”，列为“4”，表格宽度为“60%”，表格边框粗细、单元格边距和间距均为“0”，单击“确定”按钮，如图 6-3-6 所示。

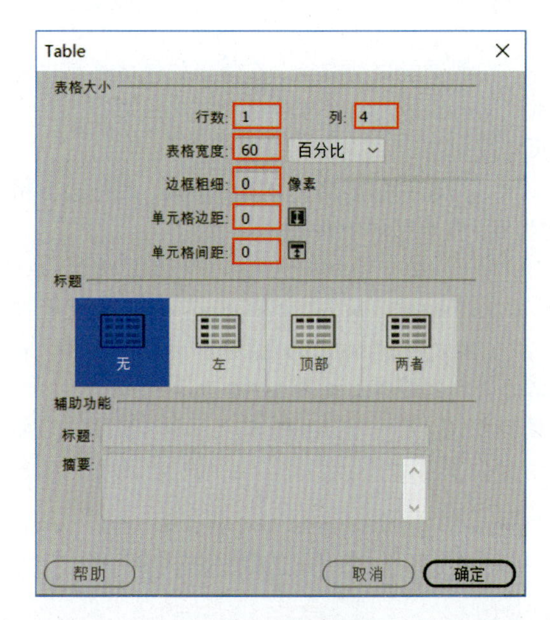

图 6-3-6 新建表格

②分别将光标定位于第 1 行内嵌表格的 4 个单元格内，依次在属性面板上设置单元格内为水平“居中对齐”，宽“25%”，高“30”，如图 6-3-7 所示，并按样张输入文字内容。

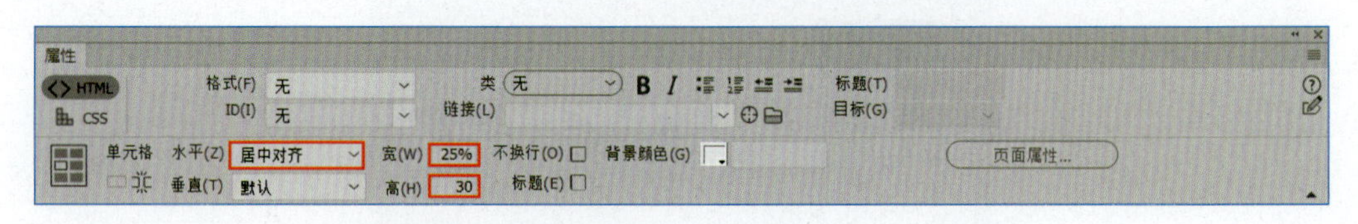

图 6-3-7 单元格属性

（3）设置表格第 2 行单元格的背景颜色为 #3990CA。

（4）在第 3 行单元格内插入 4 行 2 列的表格，宽度为 100%，边框粗细为 0，单元格边距为 0，单元格间距为 1；设置 4 行 2 列单元格的背景色为 #3990CA；将第 1 列单元格宽度设置为 270px；合并第 1 列第 2、3、4 行单元格。

提示：

①将光标定位于表格第3行单元格内，执行“插入”|“Table”命令，在弹出的“Table”对话框中，设置行数为“4”，列为“2”，表格宽度为“100%”，表格边框粗细和单元格边距为“0”，间距为“1”，单击“确定”按钮，如图6-3-8所示。

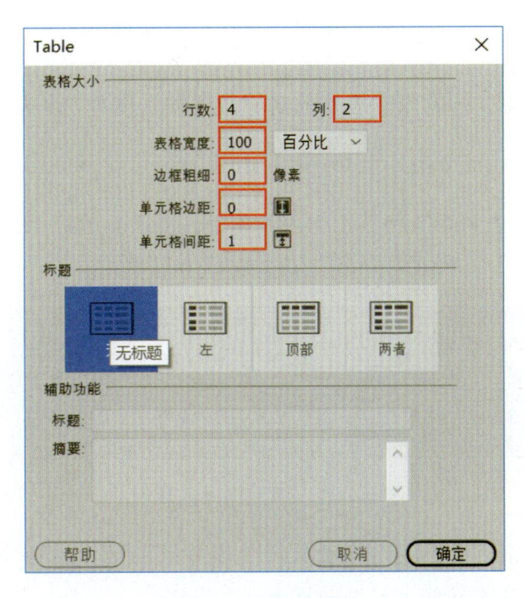

图6-3-8　新建表格

②选中内嵌表格的所有单元格，在属性面板上设置背景颜色为“#3990CA”。

③选中内嵌表格的第1列，在属性面板上设置宽为“270”，如图6-3-9所示。

④选中内嵌表格第1列第2、3、4行，在属性面板上单击左下方的“合并所选单元格，使用跨度”图标，如图6-3-9所示。

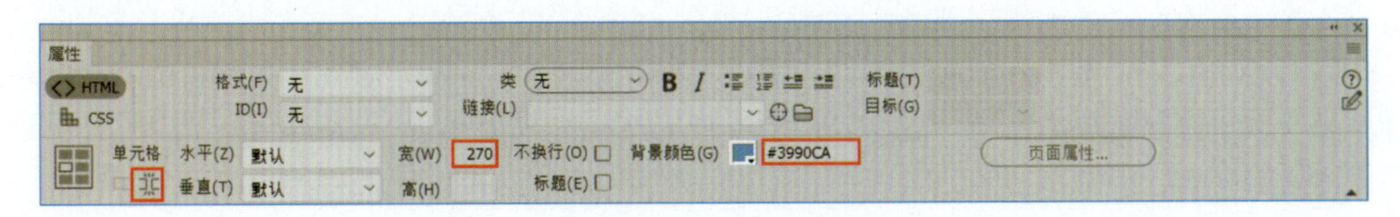

图6-3-9　单元格样式属性

（5）设置外层表格第4行单元格水平对齐方式为右对齐，插入文字“Top”。

（6）设置外层表格第5行单元格水平对齐方式为居中，插入文字“Copyright 2020 my name”。

基于表格布局设计后的网页效果如图6-3-10所示。

图6-3-10　基于表格的布局

5. 插入图片。

（1）在表格第 2 行左侧插入图片 logo.png。

提示：

①将光标定位在外层表格第 2 行，在属性面板上设置单元格水平“左对齐”。

②在“文件”窗口中，“站点 -shiyan3”目录下的 images 文件夹在选中 logo.png 文件，拖拽至表格第 2 行单元格内。

（2）按样张，在表格第 3 行的内嵌表格的对应位置插入图片“个人 .jpg”、“记录 .jpg”和“闲言 .jpg”。

提示：

①将光标定位在内嵌表格第 1 行第 1 列单元格内，在属性面板上设置单元格高度为“50”，对齐方式为水平“左对齐”，垂直“底部”，如图 6-3-11 所示。

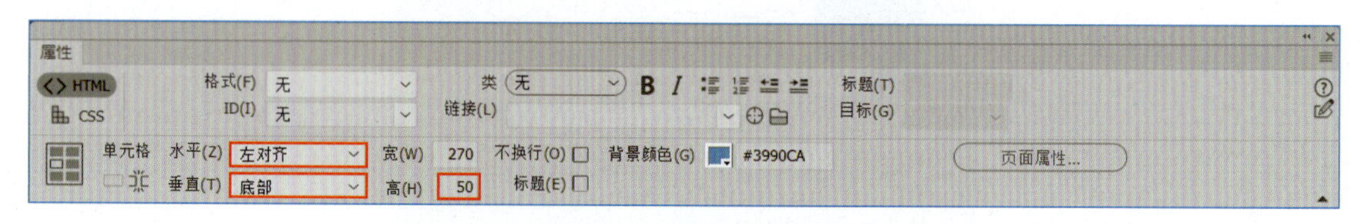

图 6-3-11 单元格样式属性

②在“文件”窗格中，在“站点 -shiyan3”目录下的 images 文件夹中选中图片“个人 .jpg”，拖拽至内嵌表格第 1 行第 1 列单元格内。

③同理操作，在样张对应的单元格内插入图片“记录 .jpg”和“闲言 .jpg”。

（3）在表格第 3 行的内嵌表格的第 1 列第 2 行中插入鼠标经过图像，图像大小为宽 200px，高 250px。

提示：

①将光标定在表格第 3 行的内嵌表格的第 1 列第 2 行中，在属性面板上设置单元格水平方向“居中对齐”，垂直为“顶端”对齐。

②执行“插入”|“HTML”|“鼠标经过图像”命令，在弹出的“插入鼠标经过图像”对话框中，通过浏览方式设置原始图像为“images/im1.jpg”，鼠标经过图像为“images/im2.jpg”。

③选中图片，在属性面板上修改图片的宽为“200px”，高为“250px”。

6. 插入本文并编辑。

（1）按样张，设置表格第 1 行内嵌表格中的文本字体加粗，大小 18px。

提示：

选中每一个单元格内容，在对应的属性面板（CSS）上设置属性，如图 6-3-12 所示。

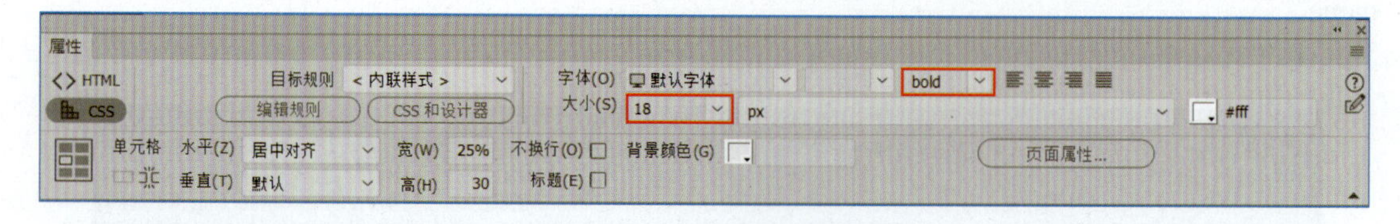

图 6-3-12 单元格样式属性

（2）按样张，在鼠标经过图像的下方插入日期，日期为可以在每次保存网页文件时自动更新。

提示：

将光标定位至鼠标经过图像的下方，执行“插入”|“HTML”|“日期”命令，在弹出的“插入日期”对话框中，选择日期格式为“年/月/日”且“储存时自动更新”，单击“确定”按钮，如图 6-3-13 所示。

（3）按样张，在表格第 3 行内嵌表格第 2 列第 4 行插入文字内容，设置文字内容为标题 <h2>，段落 <p> 和有序列表 <ol> 等。

提示：

①将光标定位在表格第 3 行内嵌表格第 2 列第 4 行单元格内，在属性面板上设置单元格的水平对齐方式为“居中对齐”，在其中插入一个 1 行 1 列的表格，表格宽度为“85%”，边框粗细、单元格边距和单元格间距均为“0”。

②将光标定位在插入的 1 行 1 列表格中，在“插入”窗格中选择“标题 :H2”，如图 6-2-14 所示，在网页中插入文字内容“何谓时尚”，选中文字，在属性面板（CSS）上设置文字居中对齐，如图 6-3-15 所示。

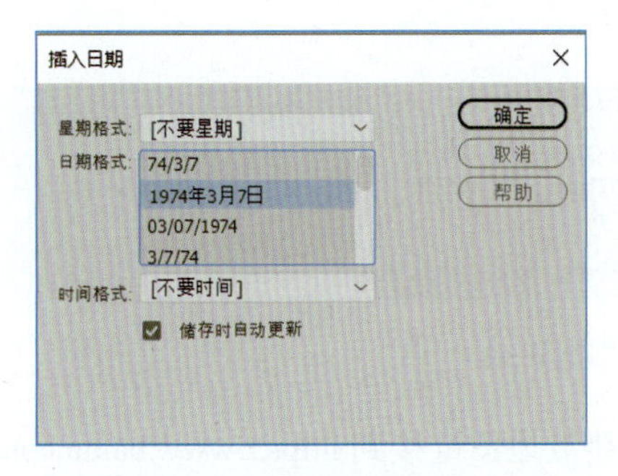

图 6-3-13 插入日期

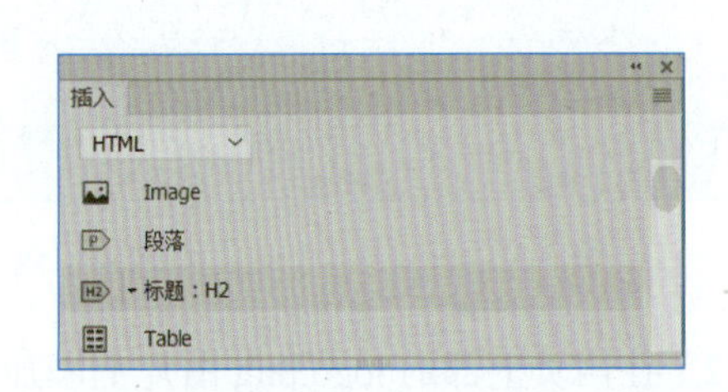

图 6-3-14 插入标题

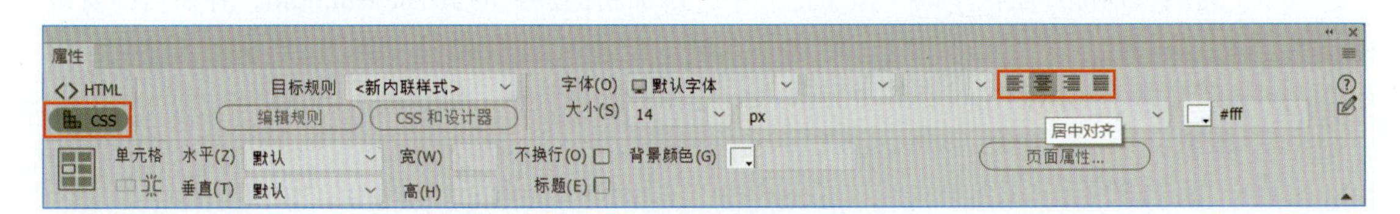

图 6-3-15 单元格样式属性

③将光标定位在 <h2> 标题之后，按【Enter】键（插入段落 <p></p>），并设置段落对齐方式为“左对齐”，将“文件”窗格“站点 -shiyan3”的 text 文件夹下的对应文字内容复制进来。

④选中最后 5 段文字，在“插入”窗格中选择“编号列表”，为后 5 段文字添加编号。

⑤选中编号列表，右击，在弹出的快捷菜单中选择“列表”|“属性”命令，在“列表属性”对话框中设置新建样式为“小写罗马字母”，如图 6-3-16 所示。

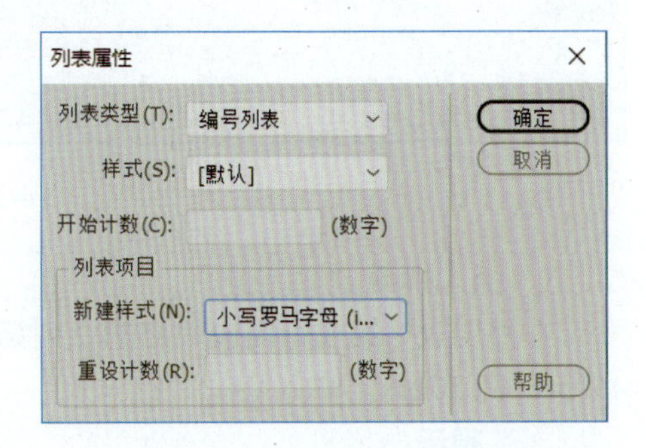

图 6-3-16 “列表属性”对话框

（4）插入半角空格。在段落“‘时尚’一词已是这个世界……”前插入半角空格，实现段首空两个汉字长度的效果。

（5）插入特殊字符。在外层表格第 4 行文本“Top”前插入两个“<”符号；在外层表格第 5 行文本“Copyright”和“2020”之间插入版权符“©”。

7. 插入水平线：在标题“何谓时尚”与正文之间插入水平线，居中，长度为 80%，颜色为 #154081。

8. 插入超链接。

（1）在网页顶端位置插入一个 Div，ID 为 PageTop，为网页底端文本“<<Top”插入超链接，使其链接到网页顶端的 PageTop。

提示：

①将光标定位在网页顶端，执行“插入” | “Div”命令，在弹出的“插入 Div”对话框设置 Div 的 ID 为“PageTop”，单击“确定”按钮，如图 6-3-17 所示。

②删除 Div 中默认添加的文字。

③选中文本“<<Top”，在属性面板（HTML）上设置链接为“#PageTop”，如图 6-3-18 所示。

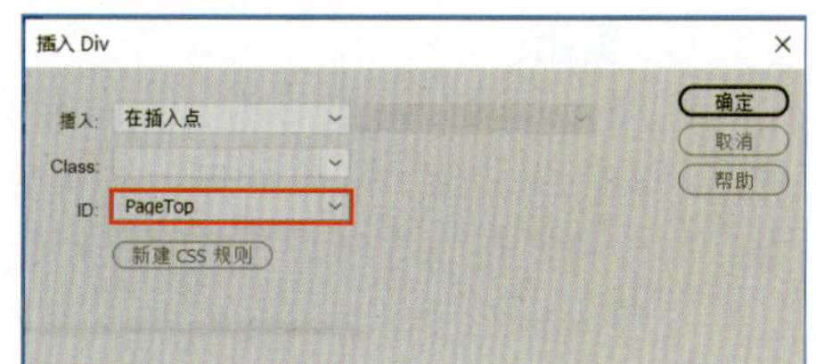

图 6-3-17 插入 Div

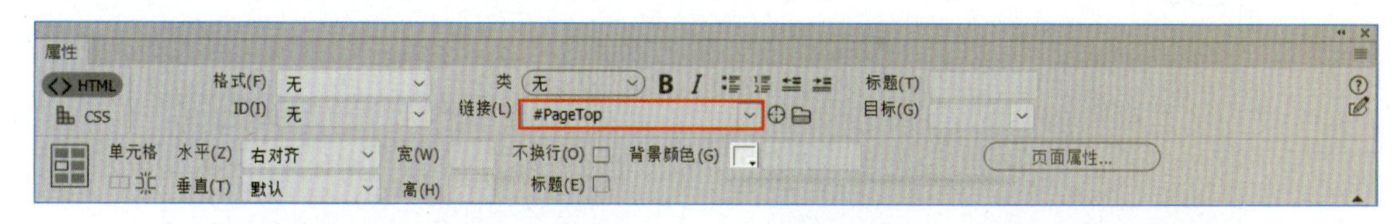

图 6-3-18 设置目标链接

（2）在网页上部的 logo.png 图片上添加圆形热点地图链接到 https://www.baidu.com，并在新窗口中打开。

（3）为网页顶部导航栏中的“慢生活”字样添加超链接到网页 zhanshi.html，并在当前窗口打开。

（4）按样张，在鼠标经过图像下方插入一个电子邮件链接，邮件地址为 admin@163.com。

提示：

选中“与我联系”，在属性面板上设置链接为“mailto:admin@163.com”，如图 6-3-19 所示。

图 6-3-19 设置邮件链接

9. 插入视频。

在外层表格第 3 行内嵌表格第 2 列第 2 行单元格插入视频“video.mp4”，并设置视频宽为 450px，高 300px。

提示：

①将光标定位至外层表格第 3 行内嵌表格第 2 列第 2 行单元格内，在属性面板（HTML）上设置单元格水平“居中对齐”。

②执行“插入” | “HTML” | “HTML5 Video”命令，在单元格内插入视频元素。

③选中表格中的视频元素，在属性面板上通过浏览方式设置源为“video/video.mp4”，宽为“450”，高为“300”，如图 6-3-20 所示。

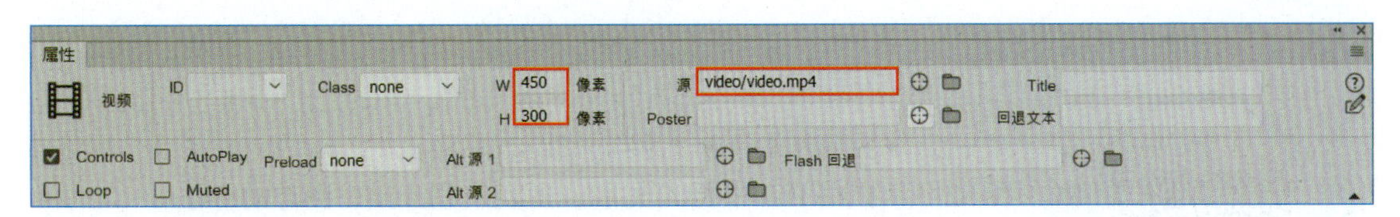

图 6-3-20　视频属性

10. 保存网页并浏览。

 【实验四】 Dreamweaver CC 2018 CSS 样式设计

基于Div+CSS3的布局

一、实验目的

1. 掌握使用 Div 进行网页布局的方法。
2. 掌握在 Div 中插入文本、列表、超链接、图像的方法。
3. 掌握基于 Div 的常用 CSS 样式属性 width、height、margin、padding 等的设置方法。
4. 学会在图形界面下设计 CSS 规则，掌握 CSS 设计器的用法。
5. 了解浮动与定位。

二、实验内容

1. 利用“..\实验四\SC\site\”文件夹下的素材，按照要求制作网页并保存，效果样张如图 6-4-1 所示。

图 6-4-1 Dreamweaver 实验四样张

2. 打开网页 index.html，设置网页标题为“个人主页”；字体为微软雅黑，大小为 14px，颜色为 #fff，背景颜色为 #154081；链接颜色为 #fff，且仅在图像变换时显示下划线。

提示：

①在“拆分”视图下，可以看到网页基本布局由 4 个 Div 区域组成，对应的 ID 属性为“nav”、“banner”“main”和“footer”，其中“main”区域还包含一个类名为“item”的子区域，如图 6-4-2 所示，完成内容和样式设计后，对应的 Div 如图 6-4-3 所示。

②在“设计”视图下，在网页空白处右击，在弹出的快捷菜单中选择“页面属性”命令，打开“页面属性”对话框，对页面的标题、外观和链接等进行设置。

代码　拆分　设计

index.html ×

插入项目列表
插入标题H1
添加文章内容

Copyright©2021 my name

```
6     </head>
7
8  ▼  <body>
9  ▼  <div id="nav">
10        插入项目列表
11    </div>
12 ▼  <div id="banner">
13        插入标题H1
14    </div>
15 ▼  <div id="main">
16        添加文章内容
17    </div>
18 ▼  <div id="footer">
19      <h5>Copyright&copy;2021 my name</h5>
20    </div>
21    </body>
22    </html>
23
```

图 6-4-2　基于 Div 的布局

图 6-4-3　基于 Div 的布局效果

3．设置网页基本样式，页面宽为 900px，水平居中，且内边距和外边距均为 0。

提示：

①在“CSS 设计器”窗格中添加一个选择器，名为“*”，在属性栏设置 margin 为“0”，padding 为“0”，如图 6-4-4 所示，* 为通配符，即表示所有 HTML 标记。

②继续在“CSS 设计器”窗格中添加一个选择器，名为“#nav,#banner,#main,#footer”（注意：名称中的逗号为英文），在属性栏设置 width 为“900px”，margin 为“0 auto”，实现 Div 区域水平居中对齐效果，如图 6-4-5 所示。

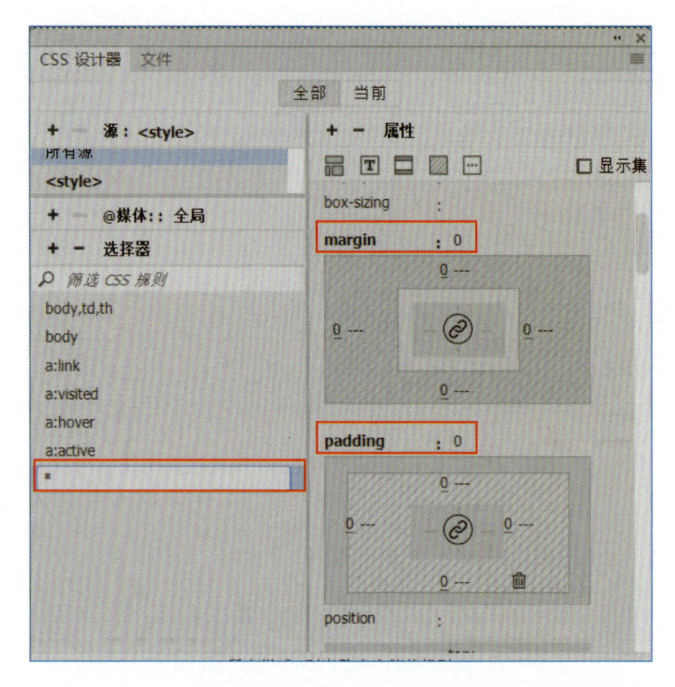

图 6-4-4 * 的 CSS 属性设置

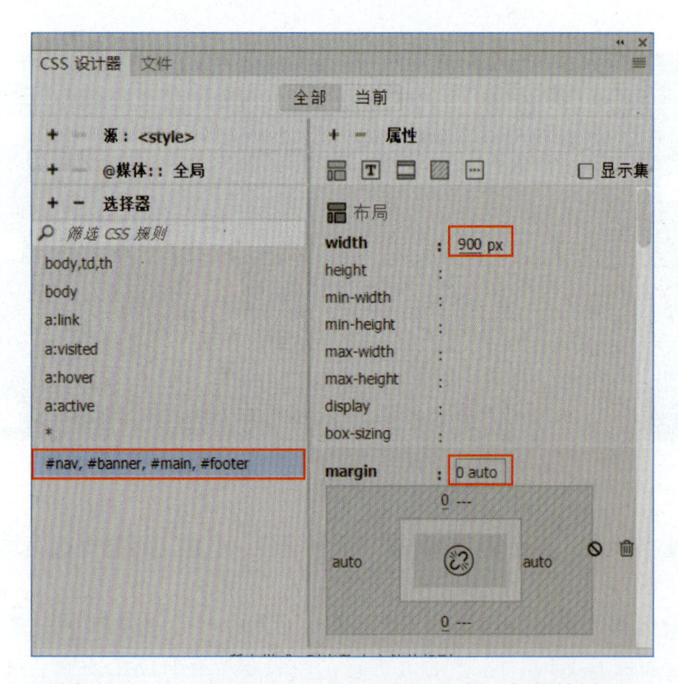

图 6-4-5 “#nav,#banner,#main,#footer”的通用属性设置

4. 按样张（见图 6-4-6）在 nav 区域插入一个项目列表，并完成 nav 区域的样式设计。

关于我 慢生活 秀展示 杂货铺

图 6-4-6 nav 区域的样式

提示:

①将光标定位于 nav 区域，在“CSS 设计器”上添加一个选择器，名为“#nav”，在属性栏设置 height 为“30px”，padding-top 为“10px”。

②将光标定位于 nav 区域，清除原有文字，执行“插入”|“项目列表”命令，在 nav 区域内插入项目列表，按样张输入文字；并为列表中的每项添加超链接，链接为“#”，如图 6-4-7 所示。

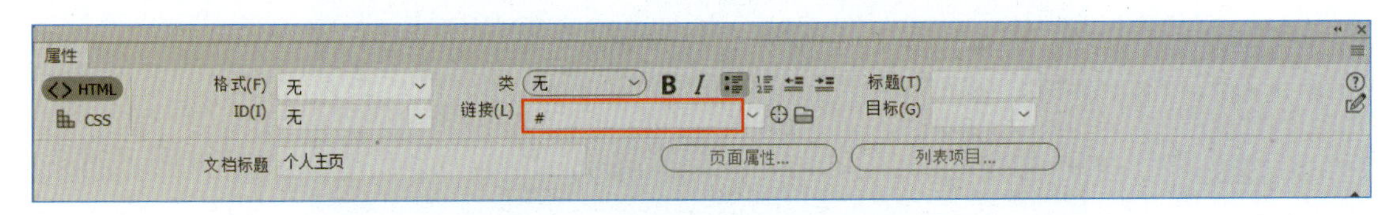

图 6-4-7　目标链接设置为“#”

③选中整个列表，在“CSS 设计器”窗格中添加一个名为“li”的选择器，并在属性栏设置 font-size 为“18px”，list-style-type 为“none”，float 为“left”，margin 为“0 30px”，如图 6-4-8 所示。

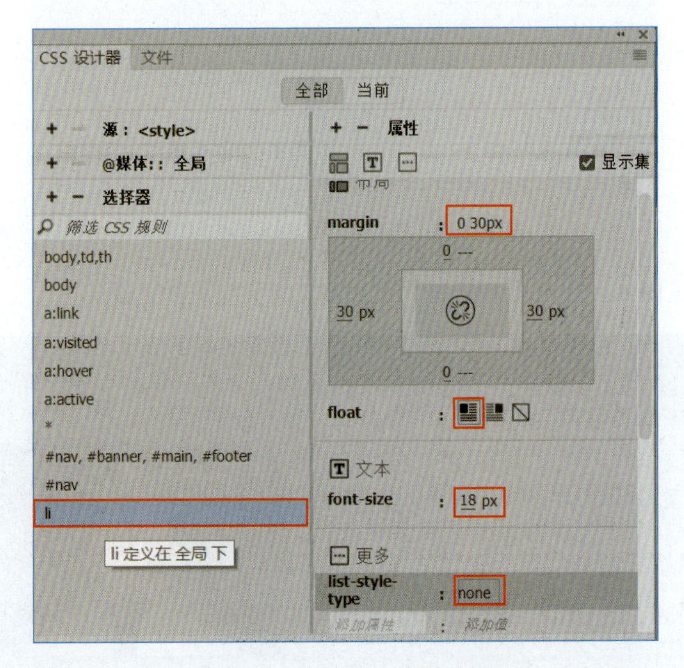

图 6-4-8　li 的 CSS 属性设置

5. 按样张（见图 6-4-9），在 banner 区域插入一个 H1 标题，并完成 banner 区域的样式设计。

图 6-4-9　#banner 区域的样式

提示:

①将光标定位于 banner 区域，清除原有文字；执行“插入”|“标题”|“标题 1”命令，

在 banner 区域插入一个标题，标题内容自己定义，例如“She’ s Blog”。

②将光标定位于 banner 区域，在“CSS 设计器”上添加一个选择器，名为“#banner”，在属性栏中设置 height 为“120px”，font-size 为“30px”；letter-spacing 为“7px”，text-align 为“left”；background-image 为“images/banner.jpg”，如图 6-4-10 所示。

图 6-4-10　#banner 的 CSS 属性设置

6．按样张（见图 6-4-11），在 main 区域添加文章并完成样式设计。

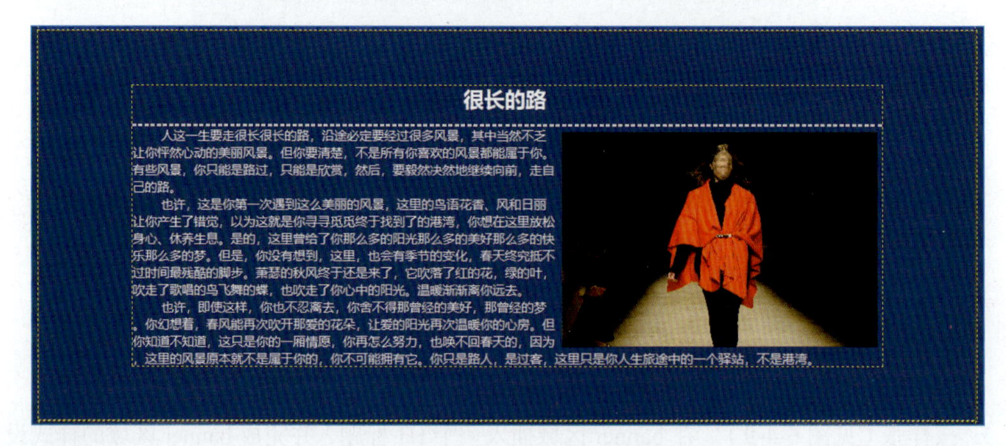

图 6-4-11　#main 区域的样式

提示：

①将光标定位于 main 区域，在“CSS 设计器”窗格上添加一个选择器，名为“#main”；在属性栏中设置边框颜色为“#555”，边框为“1px”的实线框；背景色为“rgba(57,144,202, 0.40)”；并为背景添加阴影效果，如图 6-4-12 所示。

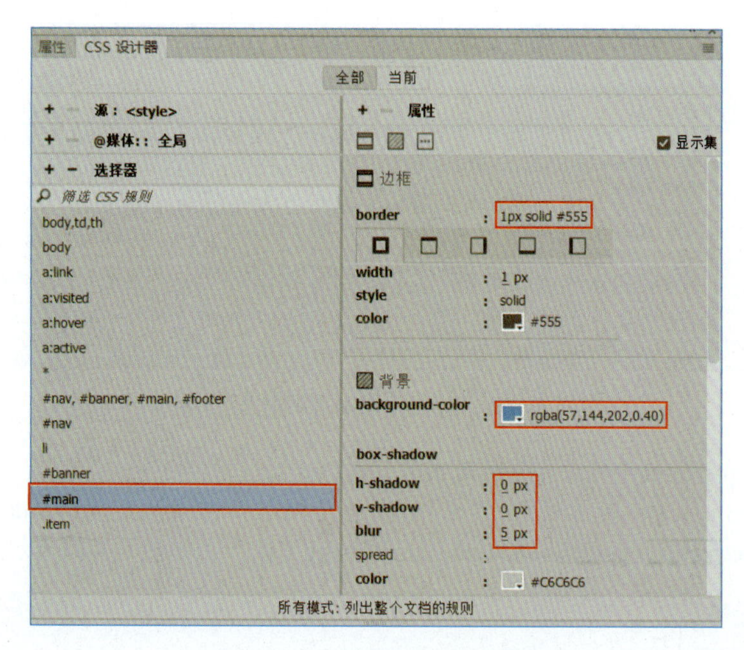

图 6-4-12　#main 的 CSS 属性设置

②将光标定位于 main 区域，清除原有文字；执行“插入”|“Div”命令，在弹出的“插入 Div”对话框中设置类名 Class 为“item”，并单击“新建 CSS 规则”按钮，如图 6-4-13 所示。

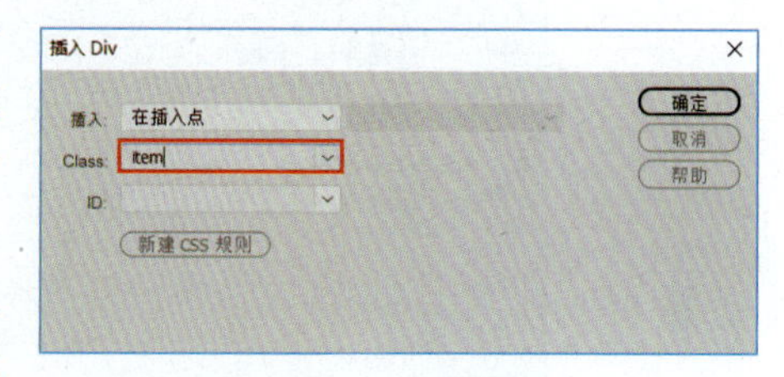

图 6-4-13　插入 Div

③在“新建 CSS 规则”对话框中设置，选择器类型为“类（可应用于任何 HTML）”，选择器名称为“.item”，单击“确定”按钮，如图 6-4-14 所示。在弹出的“.item 的 CSS 规则定义”对话框中，左边选择“方框”，在右边的方框分类中设置 Width 为“80%”，上下外边距“50px”，左右外边距“auto”，如图 6-4-15 所示；最后回到“插入 Div”对话框，单击“确定”按钮。

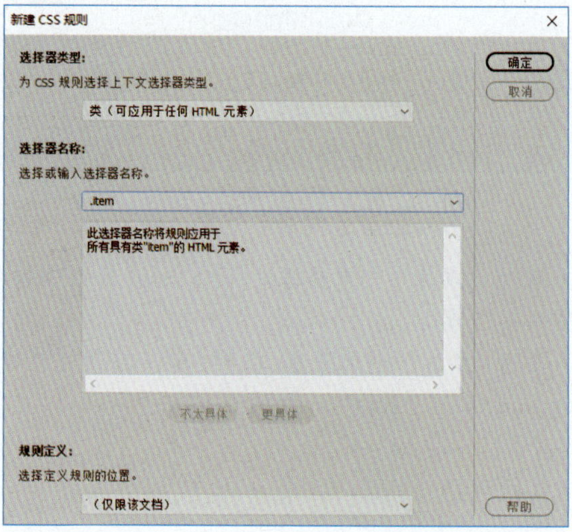

图 6-4-14　新建 .item 类选择器

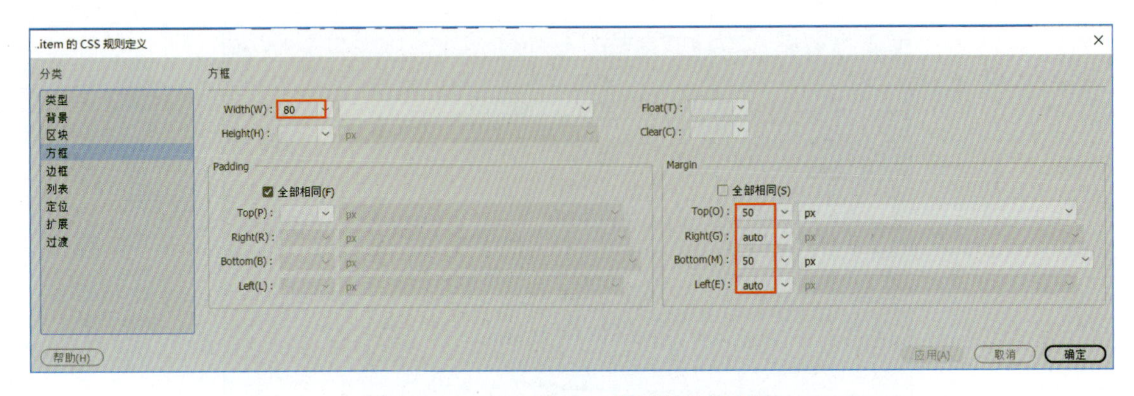

图 6-4-15 .item 的 CSS 规则定义之方框

④将网页 part.html 中的内容复制到 item 区域。

⑤在“CSS 设计器”窗格添加一个选择器，名为“h2”，在属性栏设置 width 为“100%”，text-align 为“center”，border-bottom 为“thin dashed #ddd”，如图 6-4-16 所示。

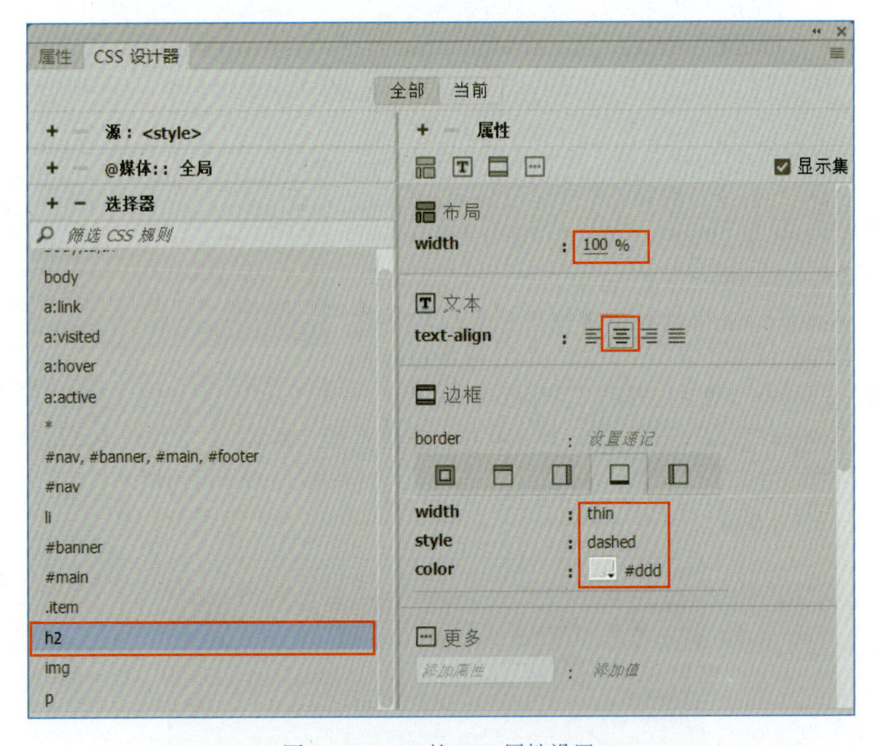

图 6-4-16 h2 的 CSS 属性设置

⑥在“CSS 设计器”窗格，添加一个选择器，名为“img”，在属性栏设置 float 为“right”，margin 为“5px”，如图 6-4-17 所示。

⑦在“CSS 设计器”窗格，添加一个选择器，名为“p”，在属性栏设置 font-size 为“12px”，text-align 为“left”，text-indent 为“2em”，如图 6-4-18 所示。

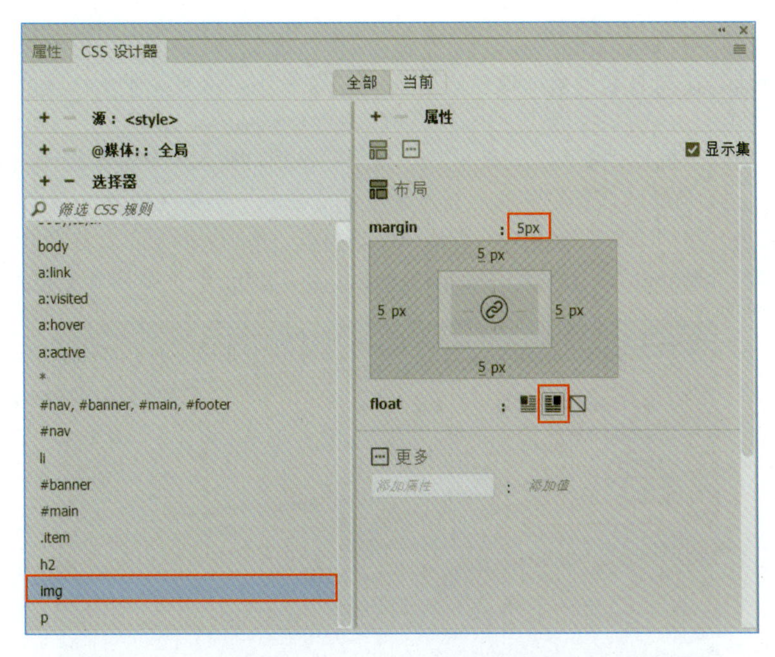

图 6-4-17 img 的 CSS 属性设置

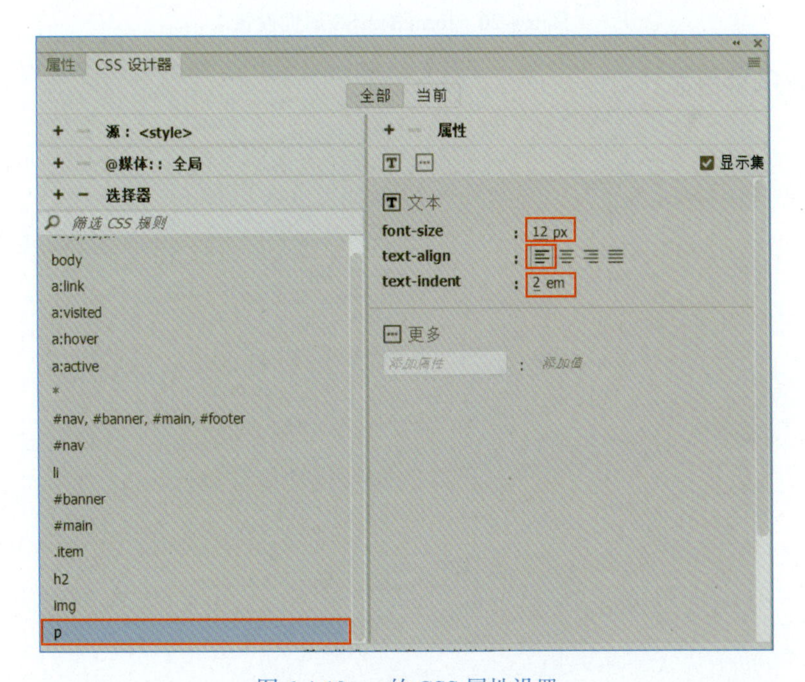

图 6-4-18 p 的 CSS 属性设置

7. 按样张（见图 6-4-19），在 banner 区域插入一个搜索表单。

图 6-4-19 #banner 区域的样式

提示：

①将光标定位于网页最顶端，执行“插入”|“表单”|“表单”命令，在网页顶部插入一个红色虚线框。

②在虚线框内。执行“插入”|“表单”|“搜索”命令，插入一个搜索组件；继续执行“插入”|“表单”|“‘提交’按钮”命令，在搜索组件后插入一个提交按钮。

③选中表单，在“CSS 设计器”中添加一个选择器，名为“form”，在属性栏设置布局，定位 position 为“absolute”，top 为“120px”，left 为“700px”，如图 6-4-20 所示。

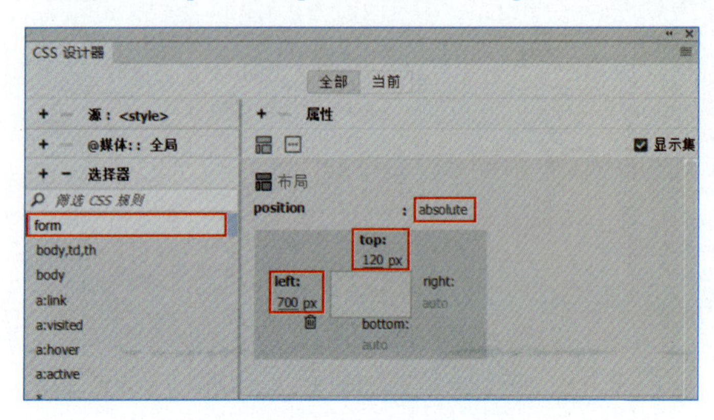

图 6-4-20　form 的 CSS 属性设置

8．保存网页并浏览。

【实验五】 Dreamweaver CC 2018 表单设计基础

一、实验目的

1. 掌握表单的创建和编辑方法。
2. 掌握常用表单元素的编辑方法。

表单设计

二、实验内容

1. 利用“..\ 实验五 \SC\site\”文件夹下的素材，按照要求制作网页并保存，效果样张如图 6-5-1 所示。

图 6-5-1 Dreamweaver 实验五样张

2. 打开网页 biaodan.html，设置网页标题为“表单”，在网页中插入表单。

提示：

执行“插入”|“表单”|“表单”命令，在网页中插入一个红色虚线框。

3. 编辑表单。

（1）插入标题 H2“学生信息登记”。

提示：

执行“窗口”|“插入”命令，打开“插入”窗格，选择“HTML”中的“标题：H2”选项，如图 6-5-2 所示；在网页设计视图的光标处输入文本“学生信息登记”。

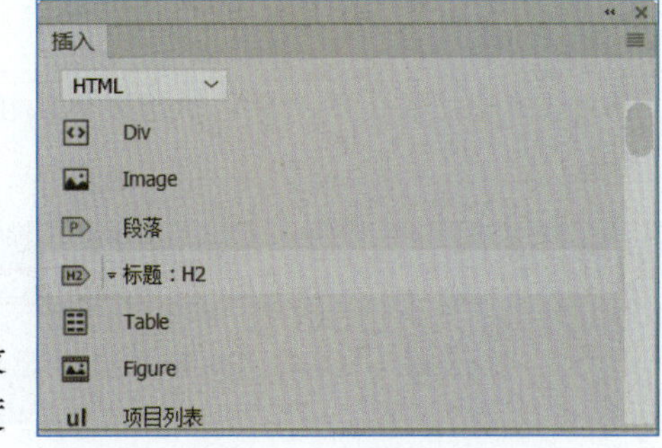

图 6-5-2 插入标题 H2

（2）插入文本域，对应标签显示“姓名:”，设置文本框的字符宽度为 20，允许输入的最大字符长度为 30。

提示：

在“插入”窗格，选择“表单”中的“文本”选项，在表单中插入一个文本域，如图 6-5-3 所示；修改文本域对应的标签（label）为“姓名”；选中文本域，在对应的属性面板上设置 Size 为“20”，Max Length 为“30”，如图 6-5-4 所示。

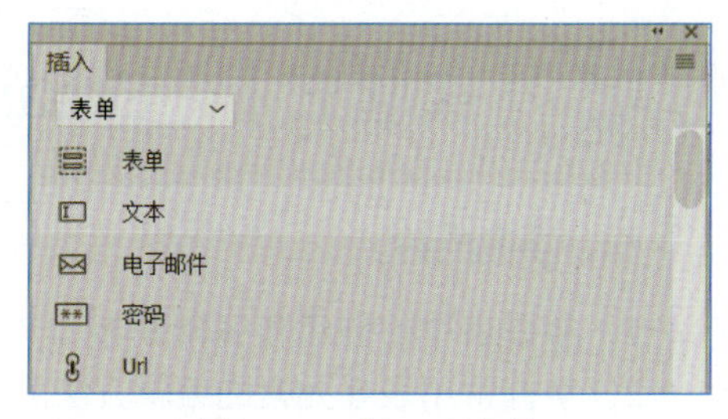

图 6-5-3　插入文本域

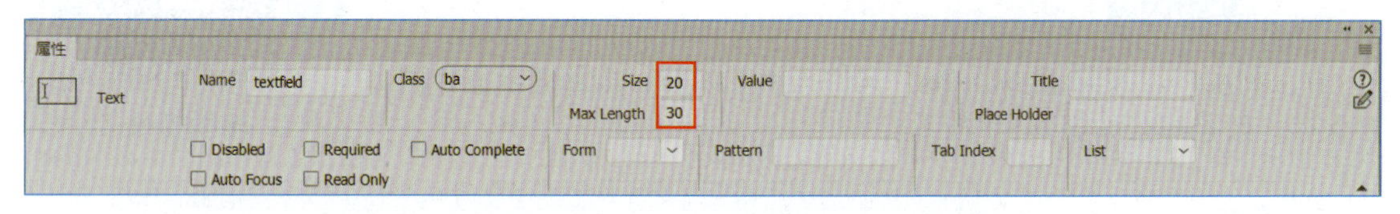

图 6-5-4　文本域的属性面板

（3）插入密码域，对应标签显示“密码：”，文本框的字符宽度为 20。

提示：

在“插入”窗格，选择“表单”中的“密码”选项，在表单中插入一个密码文本域。

（4）插入单选按钮组，名称为 G1，选项为“男”和“女”，默认项为“男”。

提示：

①光标定位到表单合适位置，在“插入”窗格，选择“表单”中的“单选按钮组”选项，在弹出的“单选按钮组”窗格中设置标签和值，如图 6-5-5 所示。

②在“拆分”视图下，删除 HTML 代码中“男”标记与“女”标记之间的换行标记
，如图 6-5-6 所示。

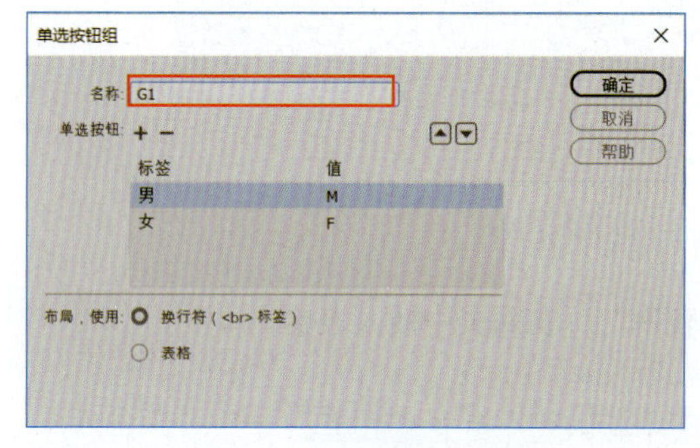

图 6-5-5　单选按钮组的选项

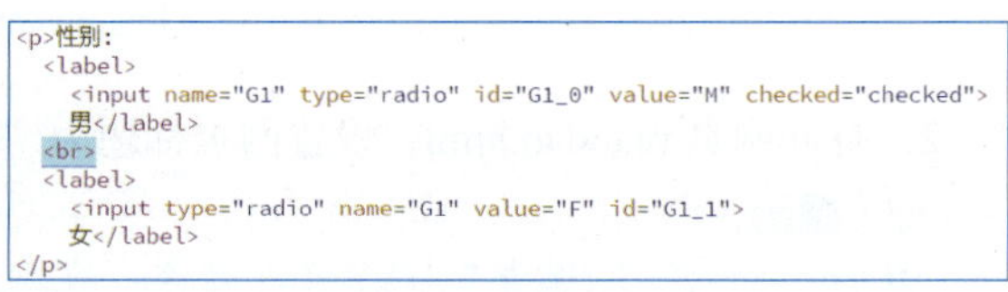
```
<p>性别:
  <label>
    <input name="G1" type="radio" id="G1_0" value="M" checked="checked">
    男</label>
  <br>
  <label>
    <input type="radio" name="G1" value="F" id="G1_1">
    女</label>
</p>
```

图 6-5-6　删除

③选中网页上的“男”单选按钮，在属性面板上将 Checked 属性设置为 True，如图 6-5-7 所示。

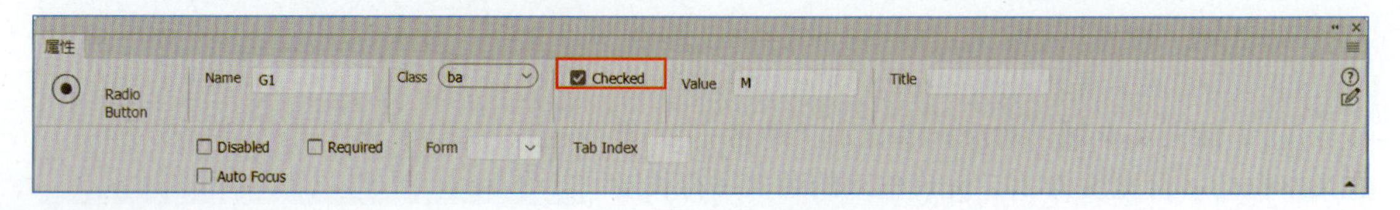

图 6-5-7　单选按钮的属性面板

（5）插入下拉列表框（选择域），对应标签显示“所在地”，选项为“浦东新区”“杨浦区”，

“虹口区”和“普陀区”。

提示：

①光标定位到网页合适位置，在“插入”窗格，选择“表单”中的“选择”选项，插入一个下拉列表框，修改对应的标签为“所在地”。

②选中下拉列表框，在属性面板上单击“列表值”按钮，在弹出的“列表值”对话框中设置项目标签，如图 6-5-8 所示。

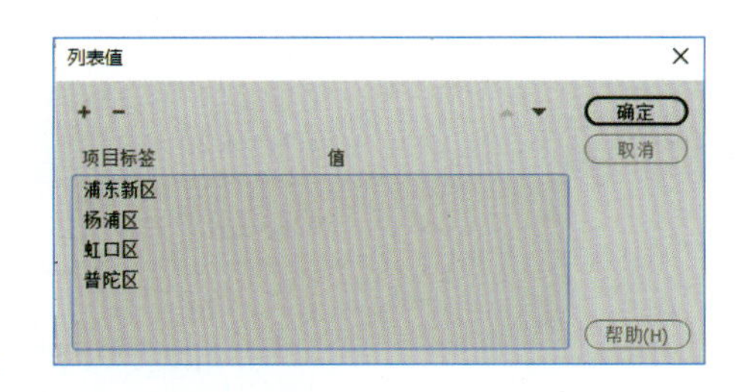

图 6-5-8　选择元素的列表值

（6）插入复选框组，名称为 C1，对应标签显示“爱好”，选项为“游泳”“爬山”和“阅读”。

提示：

光标定位到表单合适位置，在“插入”窗格，选择“表单”中的“复选框组”选项。

（7）插入文本区域，对应标签显示“介绍”，4 行 25 列，并在文本区显示提示性文字“请输入”。

提示：

①光标定位到表单合适位置，在“插入”窗格选择“表单”中的“文本区域”选项，插入文本区域。

②在表单上选中文本区域，在属性面板上设置 Rows 为“4”，Cols 为“25”，Value 为“请输入”，如图 6-5-9 所示。

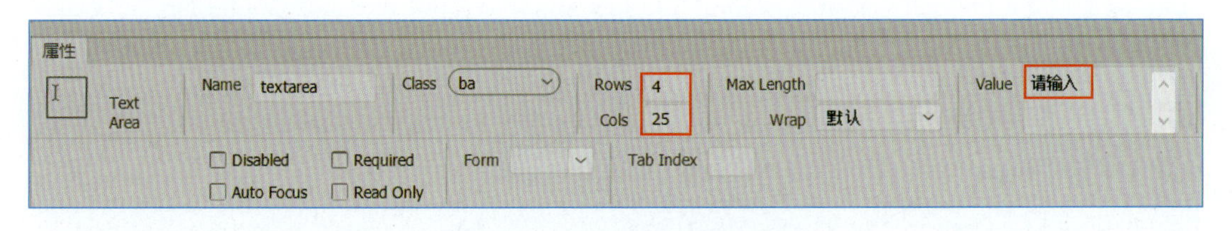

图 6-5-9　文本区域的属性面板

（8）插入“提交”按钮和“重置”按钮。

提示：

光标定位到网页合适位置，在“插入”窗格选择“表单”中的“提交按钮”选项插入按钮。

4．设置表单的样式。

（1）设置表单区域的样式：宽为 250px，高为 400px，左内边距 30px。

提示：

①在“设计”视图下选中表单，右击，在弹出的快捷菜单中选择“CSS 样式”|“新建”命令，如图 6-5-10 所示。

②在弹出的“新建 CSS 规则”对话框中，设置选择器类型为“ID（仅应用于一个 HTML 元素）”，选择器名称为“form1”，单击“确定”按钮，如图 6-5-11 所示。

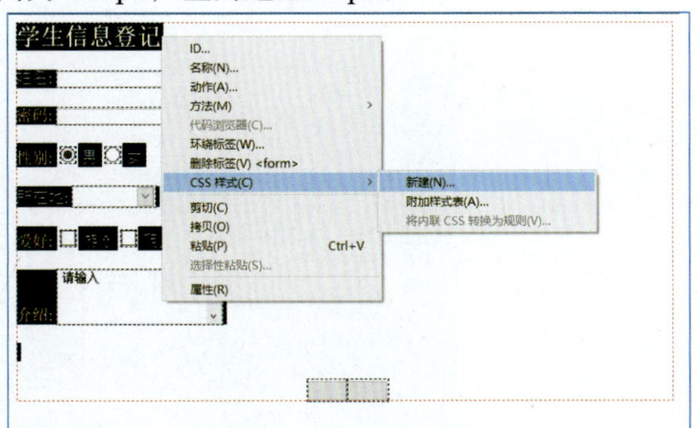

图 6-5-10　新建 CSS 样式

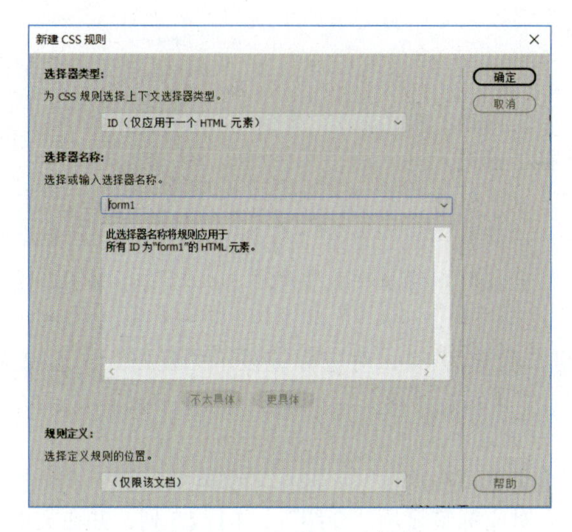

图 6-5-11　新建 ID 选择器

③在弹出的“#form1 的 CSS 规则定义”对话框中，在左边“分类”中选择“方框”，在右边方框中，设置区域的宽 Width 为“250px”，高 Height 为“400px”、左内边距 Padding Left 为“30px”，如图 6-5-12 所示；左边“分类”中选择“定位”，在右边定位中，设置 Position 为“relative”，Placement Top 为“80px”，Left 为“80px”、如图 6-5-13 所示。最后单击“确定”按钮完成设置。

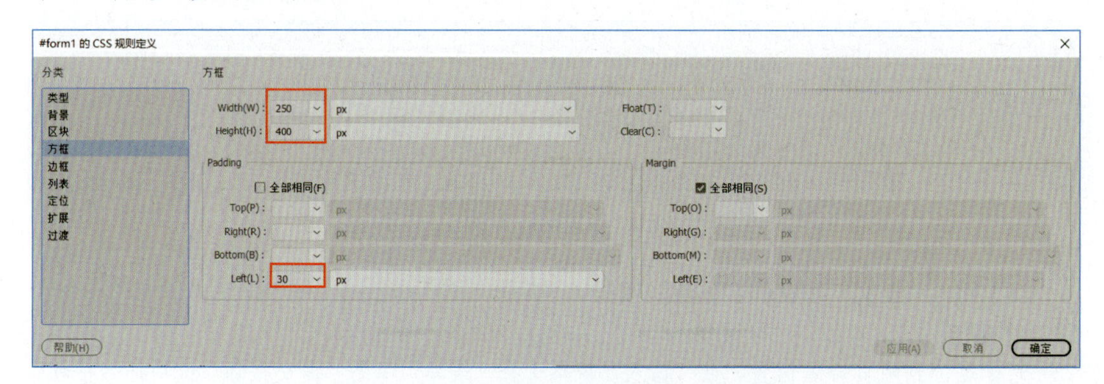

图 6-5-12　#form1 的 CSS 规则定义之方框

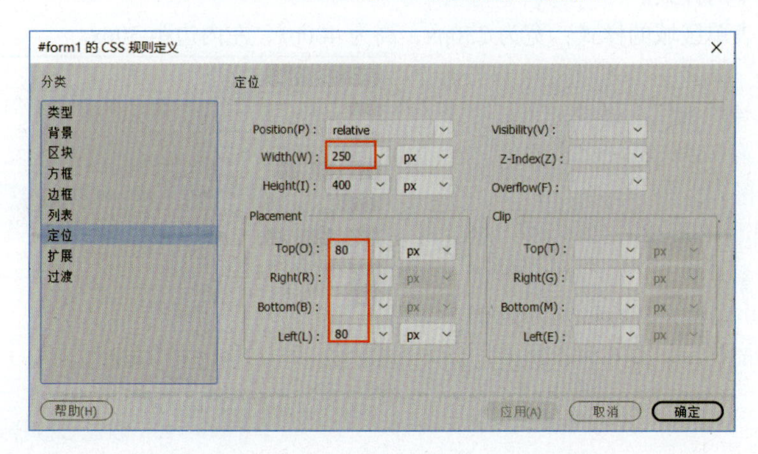

图 6-5-13　#form1 的 CSS 规则定义之定位

（2）在表单之前插入一个 Div 区域，宽为 1000px，高为 500px，水平垂直居中，以 schoolbanner.jpg 为背景。

提示：

①将光标定位至表单之前，执行“插入”|“Div”命令，在弹出的“插入 Div”对话框中单击“新建 CSS 规则”按钮，在弹出的“新建 CSS 规则”对话框中，选择器类型设置为“类（可应用于任何 HTML 元素）”，选择器名称设置为“.ba”，单击“确定”按钮。

②在“.ba 的 CSS 规则定义”对话框中，在左边“分类”中选择“背景”，在右边背景中，通过浏览设置背景图片和重复方式，如图 6-5-14 所示。在左边“分类”中选择“方框”，在右边方框中，设置区域的 Width 为“1000px”，Height 为“500px”，Margin Top 为“auto”，如图 6-5-15 所示，最后单击“确定”按钮完成设置。

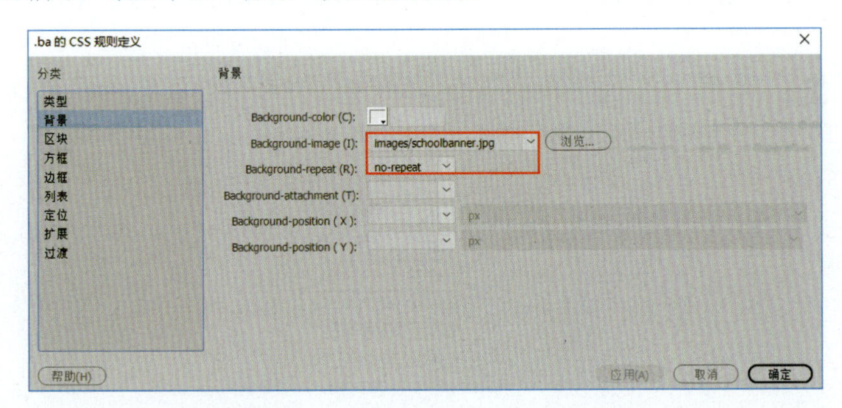

图 6-5-14　.ba 的 CSS 规则定义之背景

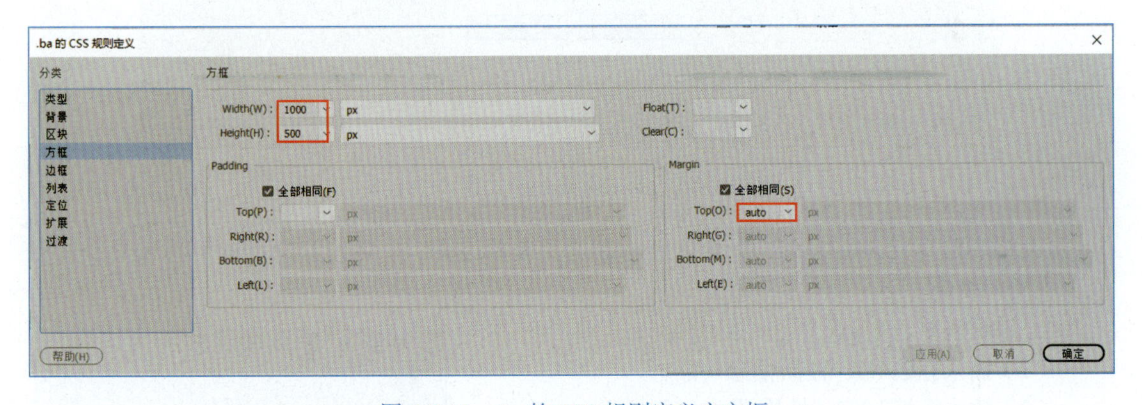

图 6-5-15　.ba 的 CSS 规则定义之方框

（3）将整个表单拖动入 Div 区域，并按样张效果显示。

5．保存网页并浏览。

【实验六】 Dreamweaver CC 2018 表单设计进阶

一、实验目的

1. 掌握表单的创建和编辑方法。
2. 掌握常用表单元素的编辑方法。
3. 学会灵活使用 CSS 样式。

二、实验内容

1. 利用“..\实验六\SC\site\”文件夹下的素材，按照要求制作网页并保存，效果样张如图 6-6-1 所示。

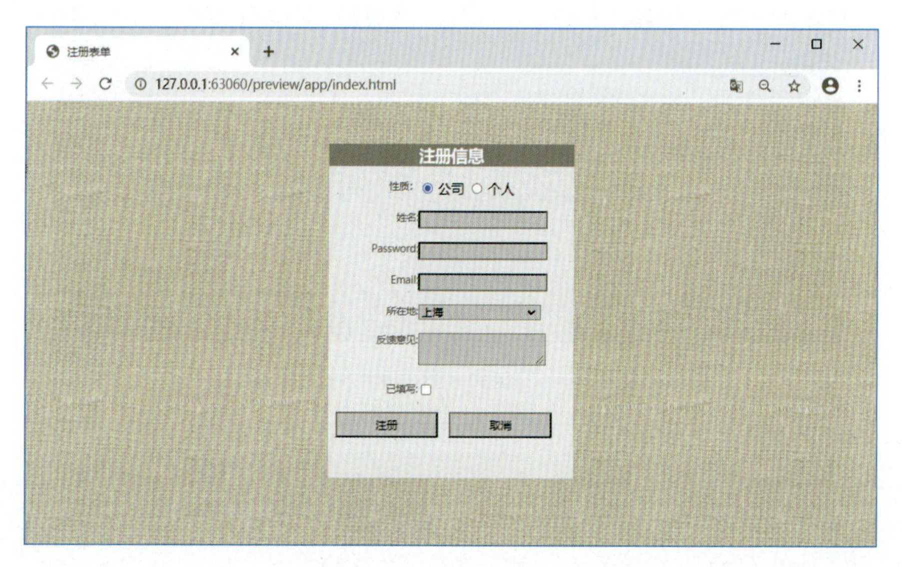

图 6-6-1 Dreamweaver 实验六样张

2. 打开网页 register.html，设置网页标题为“表单注册”，并设置网页背景为 bg1.jpg；在网页中插入表单。

3. 编辑表单。

（1）插入标题 H1“注册信息”。

（2）插入标签 label“性质 :”。

（3）插入两个单选按钮 Radio Button“公司”和“个人”，并设置默认选项为“公司”。

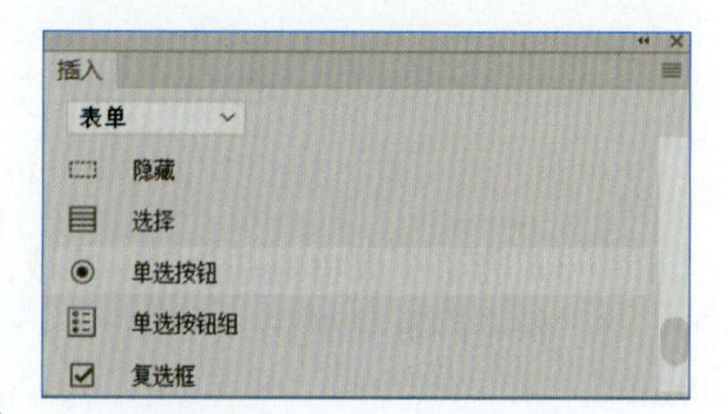

图 6-6-2 插入单选按钮

提示:

①将光标定位在“性质 :”之后，在“插入”窗格中，选择表单，在表单元素中选择“单选按钮”，如图 6-6-2 所示。

②编辑网页上两个单选按钮的显示文字为“公司”和“个人”，并在属性面板上设置两个单选按钮的 Name 属性均为“radio”（两个单选按钮 Name 属性值相同），且“公司”单选按钮的 Checked 属性为 true，如图 6-6-3 所示。

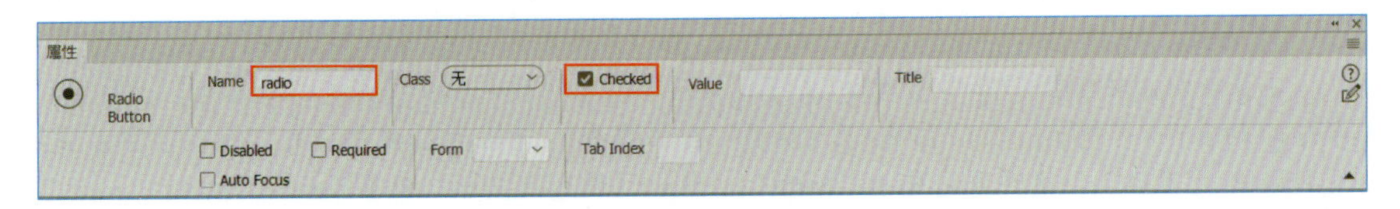

图 6-6-3 单选按钮的属性面板

（4）插入文本域，对应标签显示“姓名 :”。

（5）插入密码域，对应标签显示“密码 :”。

（6）插入电子邮件域，对应标签显示“Email:”。

（7）插入选择域，对应标签显示“所在地 :”，选项为“上海”“北京”和“广州”。

提示：

①将光标定位在之前插入的电子邮件域之后，按【Enter】键；在“插入”窗格中选择“表单”，在表单元素中选择“选择”，如图 6-6-4 所示。

②编辑网页上选择域对应的标签内容为“所在地 :”，选中网页上的选择域图标，在属性面板上单击“列表值”按钮，在弹出的“列表值”对话框中设置项目标签和值，如图 6-6-5 所示。

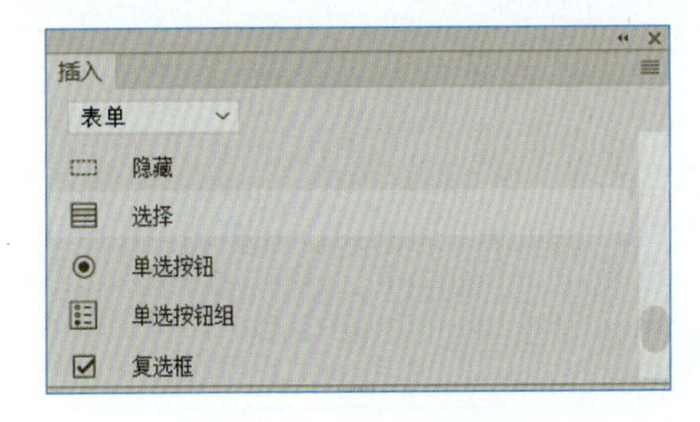

图 6-6-4 插入选择元素

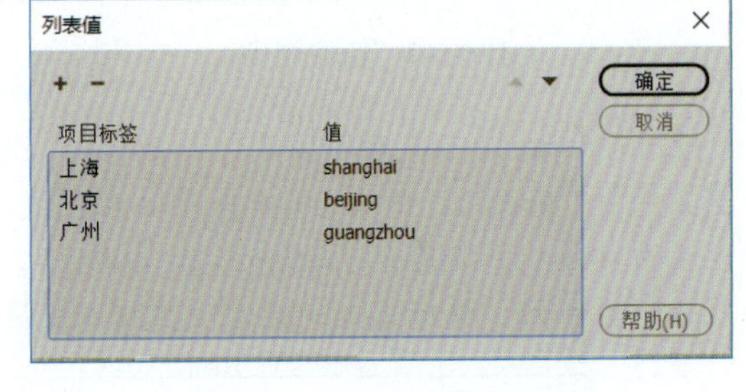

图 6-6-5 选择元素的列表值

（8）插入文本区域，对应标签显示“反馈意见 :”。

（9）插入标签 label“已填写”；继续插入复选框，清除对应标签。

（10）插入“提交”按钮和“重置”按钮，修改按钮上显示内容为“注册”和“取消”。

提示：

①将光标定位在之前插入的复选框之后，按【Enter】键；在“插入”窗格中选择“表单”，在表单元素中选择“提交按钮”，在网页中插入“提交”按钮。

②选中“提交”按钮，在属性面板上将“提交”按钮的 Value 属性设置为“注册”，如图 6-6-6 所示。

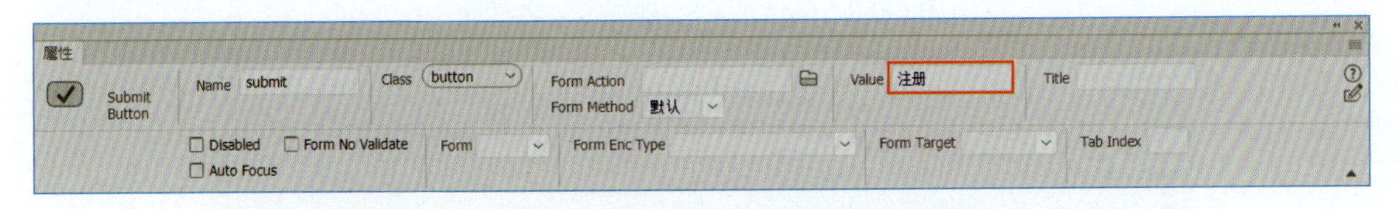

图 6-6-6 “提交”按钮的属性面板

4．设置表单的样式。

（1）设置表单区域的样式为宽为 300px，高为 400px，水平居中且上外边距为 50px，背景色为 #eee。

提示：

①在网页上选中整个表单（form），右击，在弹出的快捷菜单中选择“CSS 样式” | “新建”命令，如图 6-6-7 所示；在“新建 CSS 规则”对话框中，设置选择器类型为“标签（重新定义 HTML 元素）”，选择器名称为“form”，单击“确定”按钮，如图 6-6-8 所示。

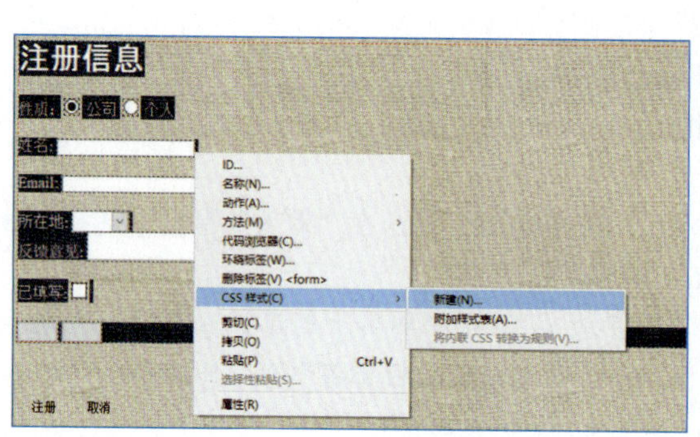

图 6-6-7 新建规则

图 6-6-8 新建 form 的 CSS 规则

②在“form 的 CSS 规则定义”对话框中，左边“分类”中选择“背景”，在右边背景中，设置颜色为“#eee”，如图 6-6-9 所示；在左边“分类”中选择“方框”，在右边方框中，设置区域的 Width 为“300px”、Height 为“400px”、上下外边距为“50px”、左右外边距为“auto”，如图 6-6-10 所示，最后单击“确定”按钮完成设置。

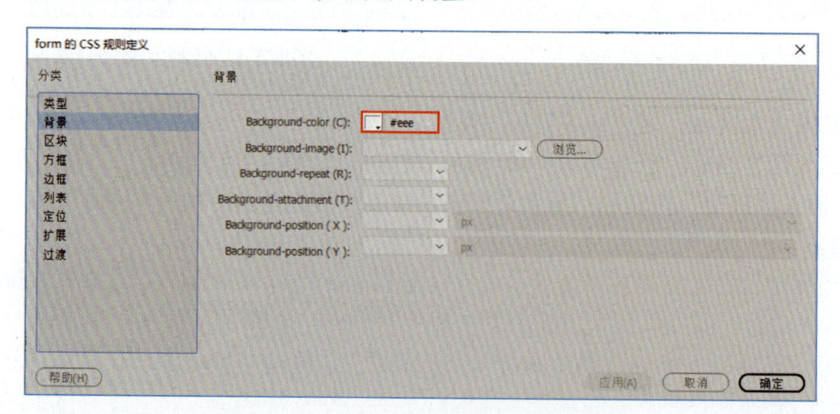

图 6-6-9 form 的 CSS 规则定义之背景

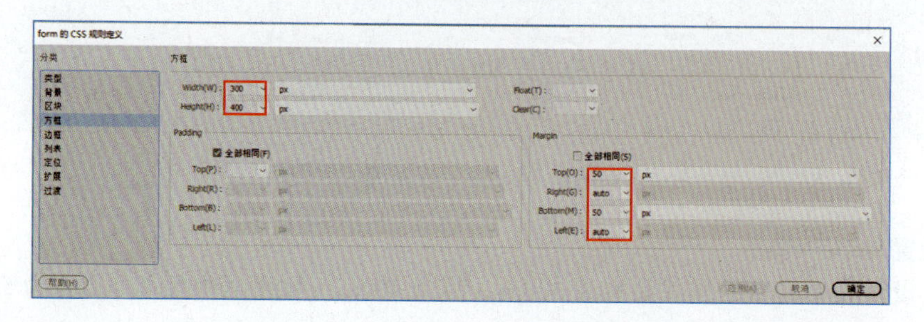

图 6-6-10 form 的 CSS 规则定义之方框

（2）设置标题 H1 的样式：字体为微软雅黑，大小 20px，白色，背景色为 #878787，文字居中显示。

提示：

在“CSS 设计器”窗格中添加一个选择器，名称为“h1”，在属性栏上设置文本 color 为“#fff”，font-family 为“微软雅黑”，font-size 为“20px”，text-align 为“center”；设置背景 background-color 为“#878787”，如图 6-6-11 所示。

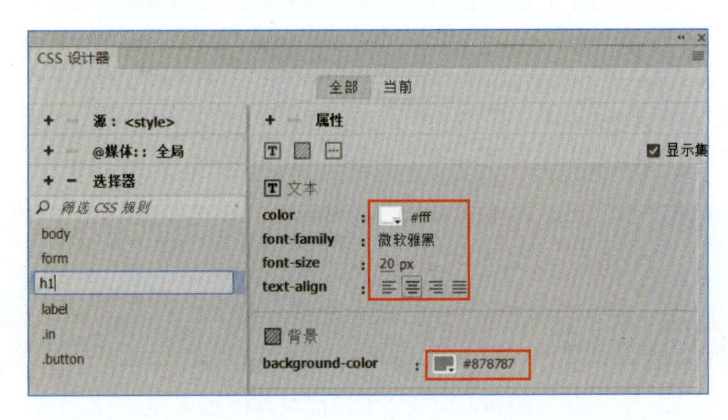

图 6-6-11　h1 的 CSS 属性设置

（3）设置所有标签的样式：宽 110px，右对齐，字体为“微软雅黑”，12px，颜色为 #555，并根据样张调整标签显示方式。

提示：

在“CSS 设计器”窗格中添加一个选择器，名称为“label”，在属性栏上设置布局，width 为“110px”，display 为“block”，float 为“left”；设 置 本 文，color 为“#555”，font-family 为“微软雅黑”，font-size 为“12px”，text-align 为“right”，如图 6-6-12 所示。

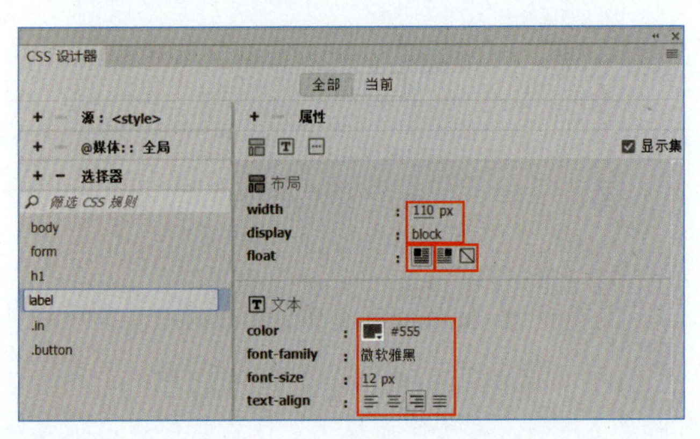

图 6-6-12　label 的 CSS 属性设置

（4）设置所有输入标记 <input>、选择标记 <select> 和文本区域 <textarea> 的样式：宽 150px，背景色为 #ccc。

提示：

①在“CSS 设计器”窗格中添加一个选择器，名称为“.in”，在属性栏上设置布局，width 为“150px”；设置背景 background-color 为“#ccc”，如图 6-6-13 所示。

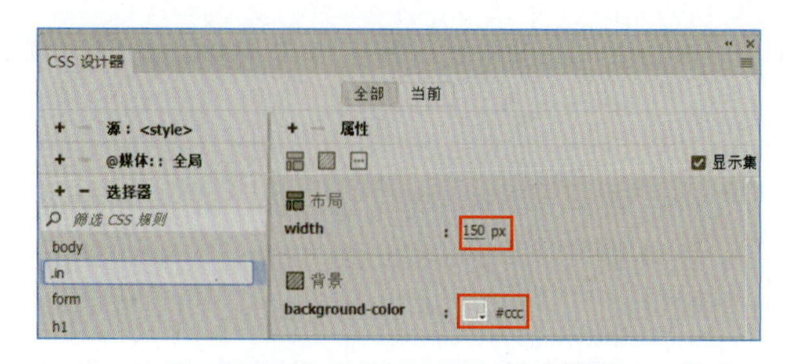

图 6-6-13 .in 的 CSS 属性设置

②在表单上逐个选择 <input> 标记元素、<select> 标记元素和 <textarea> 标记元素，在属性面板上，设置它们的 class 属性为“in”，如图 6-6-14 所示。

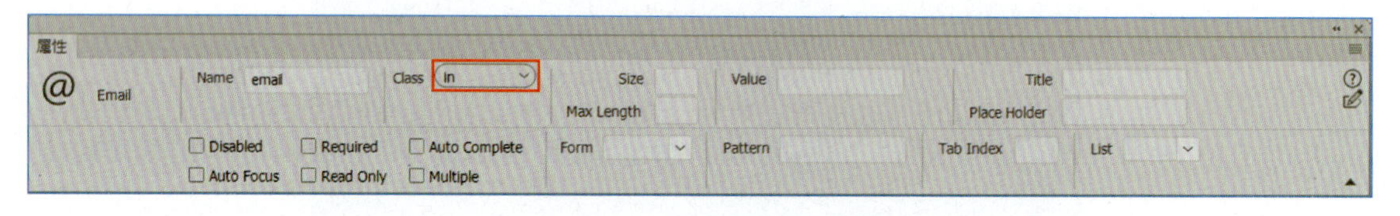

图 6-6-14 文本域的属性面板

（5）设置所有按钮的样式：宽 125px，高 30px，背景色为 #ccc，间距 10px。

提示：

①在“CSS 设计器”窗格中添加一个选择器，名称为“.button”，在属性栏上设置布局，width 为“125px”，height 为“30px”，margin-left 为“10px”；设置背景，background-color 为“#ccc”，如图 6-6-15 所示。

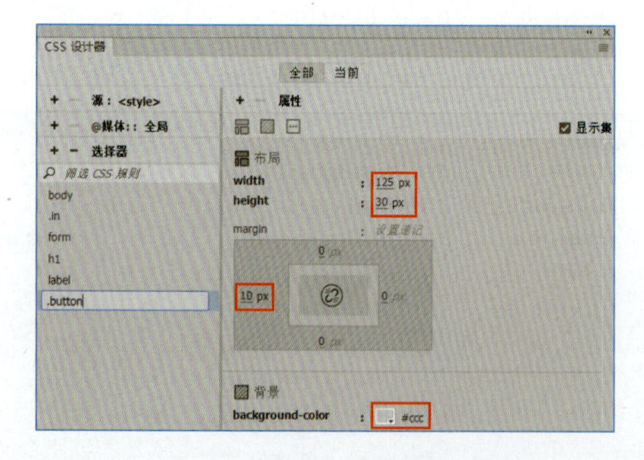

图 6-6-15 .button 的 CSS 属性设置

②在表单上选择两个按钮，在属性面板上，设置它们的 class 属性为“button”，如图 6-6-16 所示。

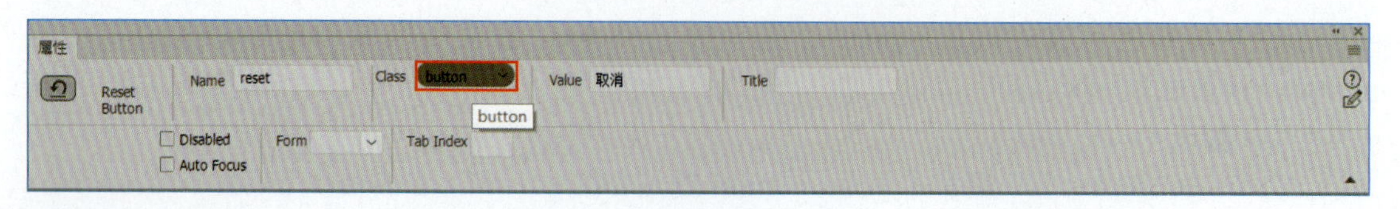

图 6-6-16 按钮的属性面板

5．保存网页并浏览。

【实验七】 Dreamweaver CC 2018 网页设计综合实训

一、实验目的

1．掌握简单网页的制作方法。

2．综合掌握 Dreamweaver 软件的常用设计功能。

二、实验内容

1．利用“..\ 实验七 \SC\site\”文件夹下的素材，按照要求制作网页并保存，效果样张如图 6-7-1 所示。

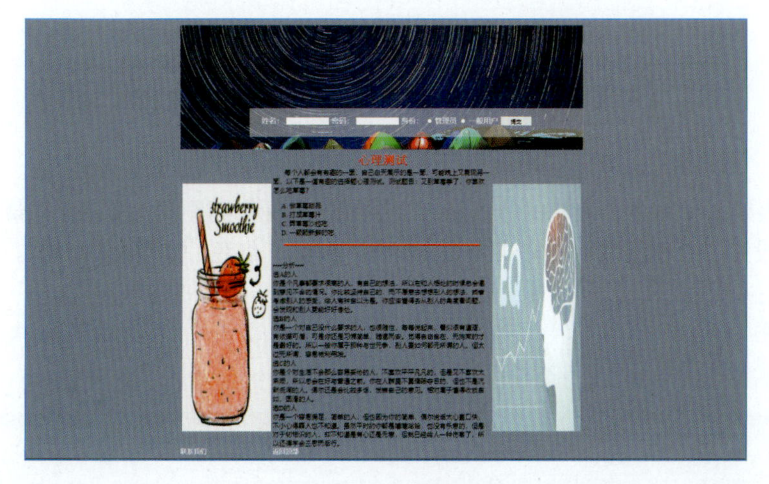

图 6-7-1　Dreamweaver 实验七样张

2．打开网页 index.html，设置网页标题为“心理测试”；设置网页背景颜色为 #7788aa，网页链接颜色为 #FFF，活动链接颜色为 #000，链接下划线样式为“仅在变换图像时显示下划线”。

3．在表格之前插入 Div 区域，新建一个 CSS 选择器，名为“.banner”，设置区域布局为宽 1000px，高 300px，上外边距 30px，下外边距 10px，水平居中；设置区域字体为微软雅黑、18px、白色；设置区域背景图片为 ba1.jpg，不重复显示。

提示：

在“CSS 设计器”窗格中添加一个选择器，名称为“.banner”，在属性栏上设置布局，width 为“1000px”，height 为“300px”，margin 左右为“auto”，margin-top 为“30px”，margin-bottom 为“10px”；设置文本，color 为“#fff”，font-family 为“微软雅黑”，font-size 为“18px”；设置背景，background-image 为“images/ba1.png”，background-repeat 为“no-repeat”，如图 6-7-2 所示。

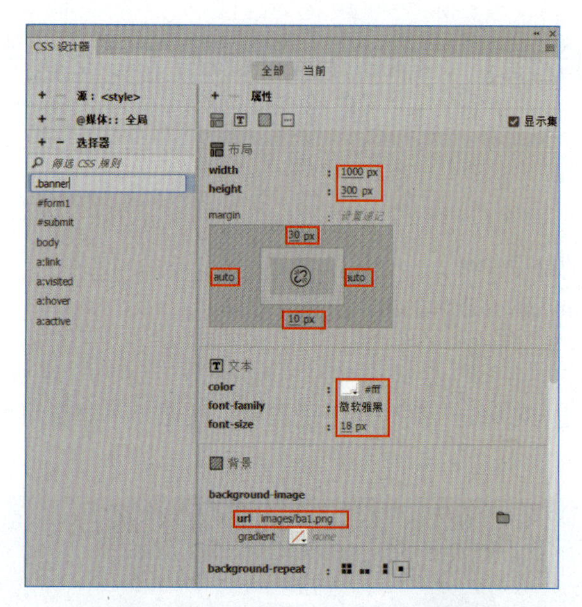

图 6-7-2 .banner 的 CSS 属性设置

4. 设置表格居中对齐，表格的边框粗细、单元格边距和间距均为 0；合并第 1 行第 1、2、3 列单元格；设置“心理测试”的格式为华文楷体、30px、红色、水平居中显示。

提示：

选中文字“心理测试”所在单元格，在属性面板上设置字体为“华文楷体”，大小为“30px”，居中对齐，颜色为“#FF0000”，如图 6-7-3 所示。

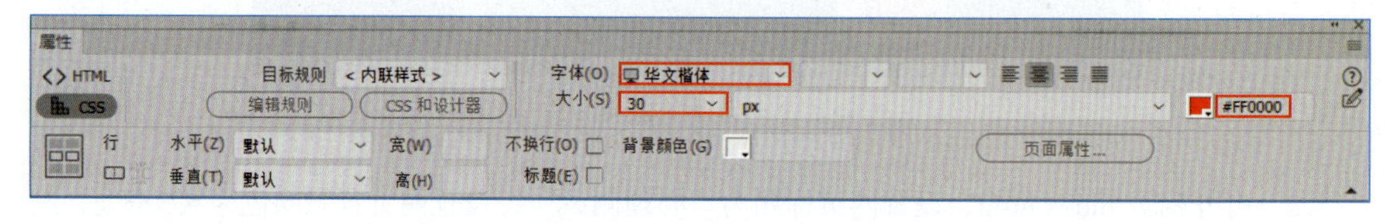

图 6-7-3 设置单元格样式

5. 将整个表单（#form1）拖入网页上方的 Div 区域；编辑表单，在“姓名”后插入文本域，宽度为 10；在“密码”后插入密码文本域，宽度为 10；在“身份”后插入一个名为“dx”的单选按钮组，选项为“管理员”和“一般用户”；插入一个“提交”按钮。

6. 新建一个 CSS 选择器，名为“#form1”，设置区域布局为：宽 800px，高 70px，上外边距 200px，左内边距 30px，右浮动；设置区域背景颜色为 rgba(233,233,233,0.5)。新建一个 CSS 选择器，名为“#submit”，设置区域布局为：宽 80px。

提示：

①在“CSS 设计器”窗格中添加一个选择器，名称为“#form1”，在属性栏上设置布局，width 为“800px”，height 为“70px”，margin-top 为“200px”,padding-left 为“30px”，float 为“right”；设置背景，background-color 为“rgba(233,233,233,0.5)”，其中 0.5 表示透明度，如图 6-7-4 所示。

②在“CSS 设计器”窗格中添加一个选择器，名称为“#sumbit”，在属性栏上设置布局，width 为“80px”，如图 6-7-5 所示。

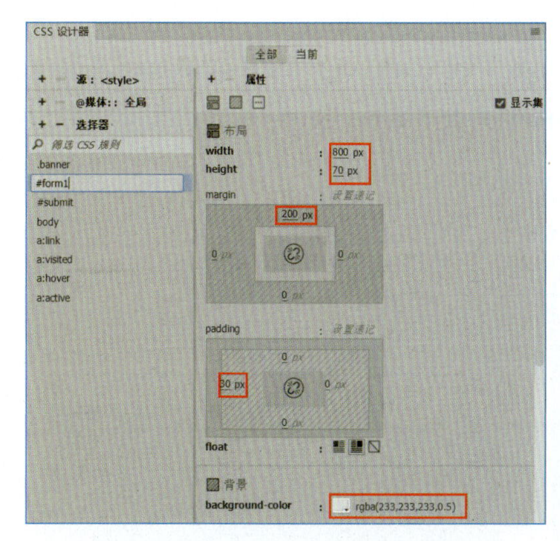

图 6-7-4　#form1 的 CSS 属性设置

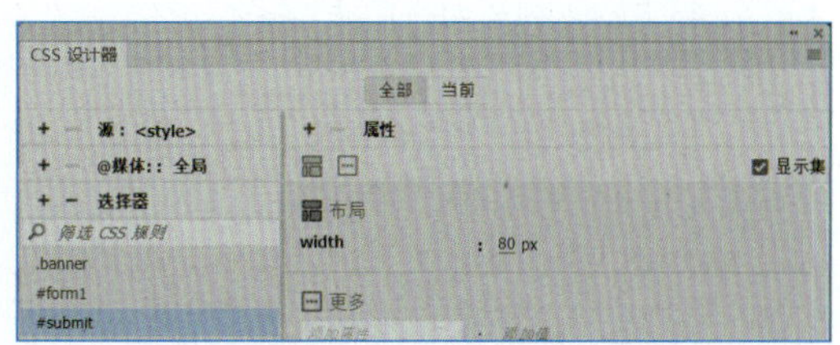

图 6-7-5　#submit 的 CSS 属性设置

7. 在表格第 2 行第 1 列插入鼠标经过图像，原始图像为 jg1.jpg，鼠标经过图像为 jg2.jpg，图像宽 220px，高 600px，单击后可在新的窗口打开网页 ceshi.html，图像在单元格中居中显示；在表格第 2 行第 3 列插入图片 right.jpg，图像宽 220px，高 600px，在图片上的文字“EQ”上添加方形热点链接，指向 https://www.baidu.com，并在新窗口打开。

8. 在表格第 2 行第 2 列的文字前插入 8 个半角空格（英文输入法状态下）；按样张，为“做草莓甜品”等 4 个选项添加编号（A、B、C、D）；在文字“分析”之前插入水平线，宽度 90%，高度 5，颜色为红色；在文字“分析”的前后插入符号“•”，左右两边各 4 个。

提示：

①选中“做草莓甜品”等 4 段文字，执行“插入”|“HTML”|“编号列表”命令，为 4 段文字插入编号；在“拆分”视图下，将光标定位在标记 <ol> 内部，输入空格，输入“type=”，在下拉提示菜单中选择“A”，如图 6-7-6 所示。

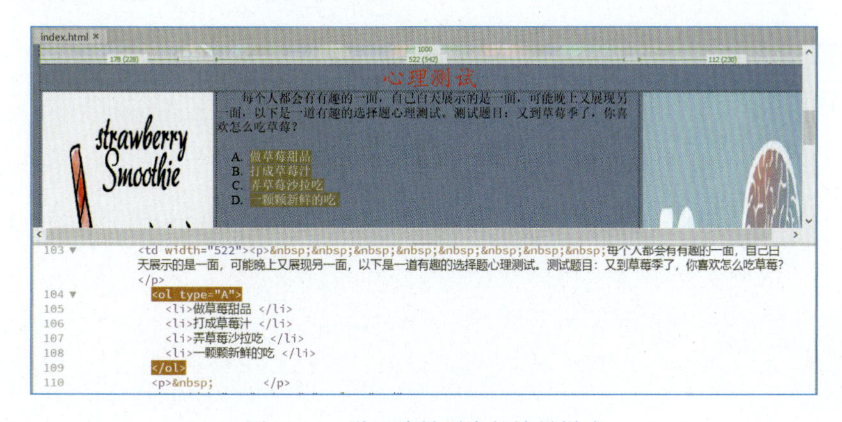

图 6-7-6　设置编号列表的编号样式

②将光标定位在文字“分析”之前，执行“插入”|“HTML”|“字符 / 其他字符”命令，在图 6-7-7 中选择“•”并单击“确定”按钮。

9. 在表格第 3 行第 1 列插入一个电子邮件链接“联系我们”，邮件地址为 abc@163.com；在网页最顶端插入一个 Div，ID 为 top；在第 3 行第 2 列插入文字“返回顶部”，超链接到 top。

提示：

①将光标定位到网页顶端，执行“插入”|“Div”命令，在“插入 Div”对话框中设置 ID 为“top”，如图 6-7-8 所示，并在网页上删除 Div 区域默认添加的文字。

图 6-7-7　插入其他字符

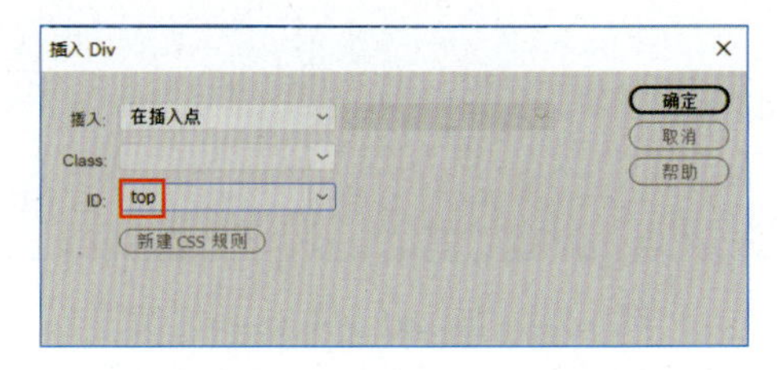

图 6-7-8　插入 ID 为“top”的 Div

②在表格第 3 行第 2 列插入文字“返回顶部”，选中文字，在属性面板（HTML）上设置链接为“#top”，如图 6-7-9 所示。

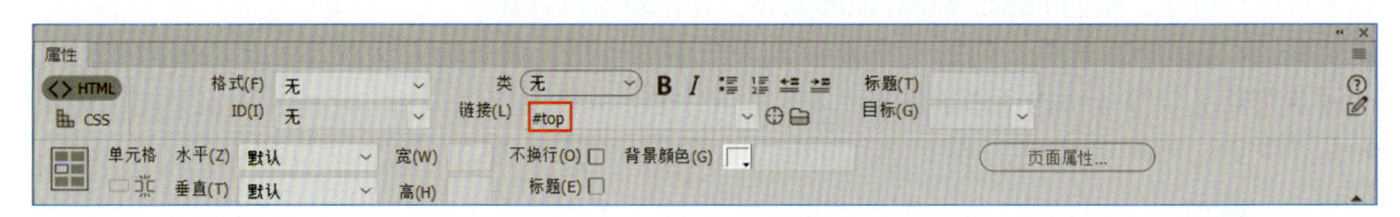

图 6-7-9　“返回顶部”属性面板

10. 保存网页并浏览。